国家自然科学基金资助成果（50878162）

全国高校城市规划专业推荐教学用书

群落生态设计

王云才　韩丽莹　王春平　编著

中国建筑工业出版社

图书在版编目（CIP）数据

群落生态设计／王云才，韩丽莹，王春平编著．—北京：中国建筑工业出版社，2009

全国高校城市规划专业推荐教学用书

ISBN 978－7－112－11347－7

Ⅰ．群…　Ⅱ．①王…②韩…③王…　Ⅲ．生态型－园林设计－华东地区－高等学校－教材　Ⅳ．TU986.2

中国版本图书馆 CIP 数据核字（2009）第 170272 号

本书重点讲述了群落设计的理论基础、江南生态园群落生态设计、群落系统中通道应用与设计三大部分。包括宏观生态实现之微观途径、以地方性为核心的整体人文生态系统理论、以物种—生境为核心的群落生态理论、以节点—网络为核心的通道理论、案例区域生态调查与分析、江南生态园的生态设计、江南生态园群落生境营造、江南生态园的群落设计、通道类型与应用、通道体系的建立、陆地通道的规划设计、水域与鸟类通道的规划设计。

本书适用于高等学校城市规划、景观、风景园林专业的教师、学生，同时也可供社会相关人员使用。

* * *

责任编辑：杨　虹
责任设计：张政纲
责任校对：陈　波　陈晶晶

全国高校城市规划专业推荐教学用书
群落生态设计
王云才　韩丽莹　王春平　编著
*
中国建筑工业出版社出版、发行（北京西郊百万庄）
各地新华书店、建筑书店经销
北京嘉泰利德公司制版
世界知识印刷厂印刷
*
开本：787×1092 毫米　1/16　印张：16¾　字数：480 千字
2009 年 11 月第一版　2009 年 11 月第一次印刷
定价：**33.00** 元
ISBN 978－7－112－11347－7
（18558）

前言

PREFACE

生态规划设计一直是推动景观规划设计在新时期发展的动力之一。景观在减碳、降低城市热岛效应、防灾减灾、国土整治、水环境治理、景观环境技术、生态恢复、生境与群落设计、资源保护、生态过程与人地过程等领域发挥着越来越显著的作用。自从20世纪60年代早期麦克哈格（IAN. L. Mcharg）提出了“生态规划”的新领域和新思维之后，自己很快就成为“生态设计”新途径的积极倡导者。在20世纪末可持续发展研究的世界趋势中，可持续景观设计（Sustainable Landscape Design）成为近年来广泛探索的一个领域和新技术，它以维持生命系统关系、生态过程与功能的持续性为核心，超越传统景观设计中以减少场地破坏为出发点的保守目标，通过重建必要的生态过程，促进场地的恢复（Carol Franklin，1997）。景观是认知生命与土地之间相互复杂关系的载体，体现土地所蕴涵的文化与自然特征之间的有机性和整体性，构成自然与文化交融的地方性基因（The genius of place）所呈现的众多景观可视化特征。景观是动态的和因时而变的，具有完整的自然过程和变化节奏。对自然过程的模仿成为生态规划设计的重要方式。景观生态规划就是限制、引导和管理人类行为，并使景观以自然过程和节奏变化的一种方式与规划途径，是科学与技术知识的一体化集成（Foster Ndubisi，1997）。景观规划师必须具备必要的生态思想，认识到人与自然相互作用的复杂性，知道规划设计是有限的而不是万能的，其基本任务就是始终做生命与土地的看护者。

在景观规划设计的各种类型中，植物一直是景观的主体，也是景观多样化的重要体现，更是自然生态过程最直接的载体和可持续景观设计的重要切入点和依据。近年来，美国景观规划设计完成的自然生境设计（Worldwide Headquarter，West Chester，Pennsylvania)、植物群落与生境设计（Garrison，New York）的实践成为可持续景观设计的重要成果，标志着生态设计成为一种全新注解景观与环境关系的方式与途径，是景观生态规划设计和可持续景观设计的全新方法。

《群落生态设计》是在《景观生态规划原理》（中国建筑工业出版社，2007年）的基础上，就“物种—通道—生境”环节进行的可持续设计探索。一改过去传统的为建筑物、场地等进行绿地配置的景观设计弊端，立足自然环境与地方性人文精神，从功能性空间出发，进行规划范围内生境需求分析，通过生境设计与营造，建立适宜于生境的逻辑可能性树，完成群落物种、结构和功能的选择决策与设计。同时，立足群落生态原理和景观生态原理，在植物群落设计的基础上，通过群落中维持群落物种的多样性和连续性的通道设计，在群落生态系统中建立动植物一体的群落生态体系。

《群落生态设计》是在同济大学建筑与城市规划学院景观学系开展多年景观生态规划设计教学的基础上对可持续景观设计的一个探索。不足之处在所难免，期盼得到各位专家的指正。目的在于抛砖引玉，通过对生态规划设计的不断努力，为我国景观生态规划设计和可持续景观设计发展贡献微薄的力量。

编者

2009年5月

目录
CONTENTS

第一部分

群落设计的理论基础 1

第1章 宏观生态实现之微观途径 3

1.1 风景园林发展与国家生态建设 3

1.2 风景园林在不同尺度生态规划中的应用 4

1.3 面向风景园林的比较生态体系 7

1.4 宏观生态实现之微观途径 9

第2章 以地方性为核心的整体人文生态系统理论 16

2.1 地方性与整体人文生态系统概念与内涵 16

2.2 地方性与地方性环境 18

2.3 地方性与地域文化景观 23

2.4 地方性景观传承与规划设计 28

第3章 以物种—生境为核心的群落生态理论 31

3.1 理论背景与意义 31

3.2 理论重点与框架 33

3.3 研究进展与不足 39

3.4 群落生态设计的理论基础 …… 42
3.5 群落生态设计的核心 …… 57

第4章 以节点—网络为核心的通道理论 …… 72
4.1 理论背景与意义 …… 72
4.2 理论重点与框架 …… 75
4.3 国内外应用现状与进展 …… 78
4.4 生物通道的基础理论 …… 81
4.5 通道设计的核心 …… 89

第二部分
江南生态园群落生态设计 93

第5章 案例区域生态调查与分析 …… 95
5.1 自然生态因子与生态格局 …… 95
5.2 人文生态因子与生态格局 …… 97
5.3 区域生态整体特征与机理 …… 99
5.4 生态建设面临的主要问题 …… 100

第6章 江南生态园的生态设计 …… 104
6.1 解读江南整体人文生态系统 …… 104
6.2 江南生态园规划设计 …… 106
6.3 生境与群落构成 …… 113

第7章 江南生态园的群落生境营造 …… 118
7.1 林地生境特点及营造 …… 118
7.2 草地生境特点及营造 …… 123
7.3 湿地生境特点及营造 …… 125
7.4 其他类型生境营造 …… 133

第8章 江南生态园的群落设计 …… 138
8.1 群落功能分类与设计 …… 138
8.2 不同功能群落生态设计模式探索 …… 140
8.3 群落生态设计模式的综合应用 …… 174

第三部分
群落系统中通道应用与设计 175

第 9 章 通道类型与应用 …… 177
9.1 通道的类型 …… 177
9.2 通道的典型应用 …… 189
9.3 通道应用现存问题 …… 198

第 10 章 通道体系的建立 …… 202
10.1 通道体系构成 …… 202
10.2 通道体系规划 …… 205

第 11 章 陆地通道的规划设计 …… 208
11.1 通道设计原则与布局 …… 208
11.2 通道设计 …… 211
11.3 引导动物使用通道的方法 …… 220
11.4 通道及周边生境营造 …… 224
11.5 通道的监测与维护 …… 230

第 12 章 水域与鸟类通道的规划设计 …… 233
12.1 水域与鸟类通道的类型与特点 …… 233
12.2 鱼道设计 …… 234
12.3 鸟类通道设计 …… 240

主要参考文献 …… 242

附录 植物索引 …… 254

后 记 …… 259

第一部分
群落设计的理论基础

第 1 章 宏观生态实现之微观途径

1.1 风景园林发展与国家生态建设

中国共产党第十七次全国代表大会报告提出的新时代“建设生态文明”的发展模式，彰显了可持续发展途径和人类社会生态文明的哲学体系，其核心是基本形成节约能源资源和保护生态环境的产业结构、增长方式、消费模式；形成较大规模的循环经济，显著提升可再生能源的比重；有效控制主要污染物排放，明显改善生态环境质量；在全社会牢固树立生态文明观念。从广义角度来看，生态文明是人类社会继原始文明、农业文明、工业文明后的新型文明形态。以人与自然协调发展为行为准则，建立健康有序的生态机制，实现经济、社会、自然环境的可持续发展。从狭义角度来看，生态文明是与物质文明、政治文明和精神文明并列的现实文明形式之一，强调人类在处理与自然关系时所达到的文明程度。

21 世纪是中国经济、社会和环境协调发展的世纪。快速的经济发展和社会变革对国家生态建设提出了严峻的挑战，也突显我国生态建设的紧迫性。风景园林以地球表层景观环境保护、土地资源利用、人居环境塑造和提供健康的生活环境为目标，生态是风景园林最基本的特征。风景园林如何利用专业优势融入到国家生态建设的潮流中，既是时代呼唤风景园林的新发展，也是风景园林面对着的前所未有的发展机遇和新挑战。回顾我国风景园林的历史发展，长期以来风景园林的主导工作的领域被行政体制人为限定在中小尺度场地规划设计上，大多数都是从事锦上添花的工作，空间多集中在城市绿地、公园、广场、风景名胜区及旅游区等类型区中，无论是理论研究还是工程实践都无法与国家重大发展方向相融合。因此，如何发挥地球表层和大地规划（孙筱祥，2002）的专业优势，将不同尺度空间生态规划设计和生态建设融合到风景园林的发展中，承担起国家生态建设的重担，成为新时期风景园林发展的新使命。

1.2 风景园林在不同尺度生态规划中的应用

在风景园林和景观生态学中，尺度特征是最为基本的特征。大中小尺度之间的关系非常复杂且大多数尺度间的生态关系还无法被我们认识。小尺度生态过程和格局具有自己的独立性和完整性；同时，小尺度生态过程和格局经过系统的叠加过程又形成更大尺度生态格局的过程特征，这种特征同样具有与生态尺度相应的独立性和完整性。因此大尺度不是小尺度的简单加和，小尺度也不是简单服从于大尺度。每个尺度都具有各自的生态过程、生态格局、生态问题以及相互转换特征等，成为风景园林应用的基本框架（表1-1）。

国民经济建设中风景园林在不同尺度的重大应用 **表1-1**

尺度	项目类型	生态规划设计的重大应用范例
大中尺度生态规划	省域国土规划	辽宁省国土规划开展的国土生态空间、生态网络、自然生态通道和历史文化遗产走廊以及国土主体功能区的规划（辽宁省政府发展研究中心、同济大学、北京师范大学等）
		广东省国土规划开展的绿色空间、建设空间以及国土战略空间的规划（中国科学院等）
	流域规划	麦克哈格以美国大河谷区域为典型进行区域土地资源和景观资源的生态最佳利用方式和利用模式研究
		刘易斯在威斯康星州的规划中提出的可持续的区域规划研究体系，形成了以廊道体系为框架，构建区域景观和生态建设的技术途径
		巩乃斯河流域游憩景观生态评价与景观规划设计研究（同济大学）
	自然保护区规划	对特殊生态系统的保护，在于保护景观的多样性和生物的多样性（全国各个林业院校、生态专业和生态院所以及国际保护机构广泛参与）
	人工运河景观规划设计	京杭大运河的保护、生态建设与历史文化景观的恢复（北京大学）
	大型湖泊	西湖西进的论证与规划设计（多家风景园林学校和单位参与）
		玄武湖的保护与合理利用，以持续发展为目标的景观规划设计（同济大学）
		青海湖的保护与合理利用（中国科学院）
		太湖的保护与合理利用（中国科学院南京湖泊与湿地研究所、风景园林规划设计院校与社会机构）
		张家港暨阳湖（人工湿地湖泊）的生态景观规划设计（同济大学）
	风景名胜区规划设计	全国重点风景名胜区以风景名胜资源保护、生态保护和生态建设以及产业协调发展为核心的生态规划体系（全国各个风景园林设计单位）
	矿区生态恢复与景观营造	对各种矿产废弃地进行合理的生态建设并发挥风景园林的专业优势营造符合人类需求的积极的生态景观体系（矿产勘察设计院、风景园林设计机构等）
	旅游区规划设计	以旅游资源保护与合理利用、产业建设和设施营造为核心的景观规划设计。生态旅游和景观生态规划设计成为旅游区设计的关键（全国众多设计院所和机构广泛参与），其中跨区域进行的大尺度空间的旅游整合战略规划更显示风景园林在大地表层空间规划上的优势（同济大学）

续表

尺度	项目类型	生态规划设计的重大应用范例
小尺度生态规划设计	城市公园	以生态设计为途径，在提供城市居民户外活动场地的基础上极大化地实现城市公园的生态功能，以提供城市生态体系的完整性和稳定性（全国各个城市规划、风景园林院所与设计机构，是风景园林传统的主流领域）
	居住区	城市居住区，天津水晶城（万科集团）
		乡村聚落（江南水乡村镇保护、徽州村落与民居）
		生态村与新农村建设（北京大兴留民营国际生态示范村、浙江奉化藤头村生态旅游示范区）
	绿地生态设计	群落设计［上海滨江森林公园（阿特金斯、上海园林设计院、奥林匹克森林公园）］
	庭园生态设计	乡土生态建筑、庭园经济、庭园生态循环等构成的生态工程设计（同济大学学生浴室庭园）
	生态建筑及其立体绿化	生态材料、生态结构与小生境、小群落设计、营造生态建筑及环境（同济大学文远楼）
	生态道路	生态高速公路，上海崇明岛生态高速公路（同济大学）
		其他类型道路
	滨水岸线景观规划设计	成都活水公园、上海化工区生态湿地（EDAW）、浙江省台州市永宁公园（土人景观）
	遗址与废弃地的再生	废弃的工厂、撂荒地、老旧的厂房、垃圾山（安徽省淮北市沉陷区环境综合治理项目）

1.2.1 风景园林与大尺度生态规划

在国际LA（Landscape Architecture）的发展过程中，风景园林都在不同时期参与了国家和地方大尺度生态建设的工作。以美国为例，有麦克哈格（IAN L. Macharg）开展的美国大河谷区域的规划设计，刘易斯（Philips H. Lewis）开展的威斯康星州（Wisconsin）区域规划，曼宁（Manning）开展的全美景观规划和密西西比河、田纳西河的流域治理以及美国东部地区开展的阿巴拉契亚山区的整治工作。荷兰开展的大范围的低地整治规划和德国南部开展的区域景观格局规划、美国开展的绿道网络规划和新英格兰的区域范围的绿道规划等都成为风景园林规划在大尺度规划中的典范。近年来，我国风景园林界主动积极地参与到大尺度生态规划之中，主持和参与了若干省域国土规划、流域规划、自然保护区规划、跨区域的综合整治规划和大尺度绿地通道规划设计等国家重点生态建设任务。然而由于很多大尺度生态问题的内在过程和机制不为人们所知，如在相互作用复杂又有机联系的大尺度空间中绿地面积（或绿地生态量）与氧气平衡之间的关系；在土地资源紧缺的未来到底需要多少绿色生态空间；风景园林如何在减碳时代发挥作用等问题，直接困扰生态建设的基本依据。在自然科学界广泛深入开展的土地利用与景观变化（LUCC）、全球气候变化、全球碳循环、氮循环等研究正试图破解大尺度生态问题。但形势的发展迫使人类必须现在就开始行动，当前，作为历史最悠久、经验最丰富的综合安排土地上与人类相关各种（自然与社会）事物的学科，风景园林在大尺度生态空间规划中具有明显的优势：①在其他相关学科研究的基础上，将生态过程中的关键环节和关键指标通过土地空间配置尽可能地实现大尺度生态过程的完整性和平衡性。②通过对地球表层大尺度空间的规划，合理保护和利用地球表层资源，并起到防灾减灾作用。③立足大尺度空间的地景规划，开展跨区域、跨流域层面的生态建设的政策研究，为区域生态建设作出贡献。④在国家层面开展以可持续发展为导向的“主体功能区”体系和“国土景观规划与评价”研究，成为全国土地利用规划的参考依据。只有这样，风景园林学科的作用才能真正全面发挥出来，体现出独特的学科价值和理论方法体系。

1.2.2 风景园林与中尺度生态规划

王绍增教授认为“人类对于大尺度的生态关系不是基本掌握，而是所知甚少。中尺度要好一些，比如风景区规划、城市规划，都有了明确目标和比较固定的工作程序，但仍然问题重重。对此贡献最大的是景观生态学，它使学科的工作有了依据和形成体系；但问题最大的也是景观生态学，它造成一些受过很多 pattern 训练的规划工作者以为搞出个所谓的‘格局’（不过仍然是 pattern）就解决了生态问题”。[①] 中尺度空间是风景园林比较成熟，也开展工作较多的层面。主要集中在城市国土规划、城市绿地系统规划、大型湿地规划、风景名胜区规划、大型矿区生态恢复与整治规划和旅游区规划等方面。中尺度空间的生态问题总体来说是区域性的，是整体中的局部和局部上的整体。中尺度空间生态除了具有自身的完整性外，还具有与大尺度和小尺度生态空间的相互包含和相互转换关系，这也就决定了中尺度生态问题的复杂性。风景园林在中尺度生态空间规划中的优势在于：①中尺度空间的完整性和整体性。整体性和完整性是中尺度空间的主要特征，具有完整的生态过程、有机的系统联系和整体的生态格局。②对风景景观资源的独特评价体系。风景园林的核心价值之一就是对视觉美感的认识和表现，以风景美为特征的规划设计兼顾生态美、自然美和精神美的共性特征。③对区域和地方性景观的独特认知体系。风景园林对中尺度的生态规划设计不仅仅关注自然生态系统，而且关注独特的地方性人文精神，将地方和区域规定为整体人文生态系统，作为风景园林学的主要对象。

---

① 引自王绍增教授对本文提出的思考意见。原文为：“首先，人类对于大尺度的生态关系不是基本掌握，而是所知甚少。比如，大约1/3的二氧化碳最后跑到哪里去了（最近提出的土壤说，仍有待确证），农田在地球生态中的作用性质，地球人口的极限容量等。所以问题最大或危险最大的不是小尺度，而是对大尺度的掌控。当然，大尺度中包含大量小尺度，总体上小尺度要服从大尺度，但这不意味着其间只有顺从关系。中尺度要好一些，比如风景区规划、城市规划，都有了明确目标和比较固定的工作程序，但仍然问题重重。对此贡献最大的是景观生态学，它使学科的工作有了依据和形成体系；但问题最大的也是景观生态学，它造成一些受过很多 pattern 训练的规划工作者以为搞出个所谓的‘格局’（不过仍然是 pattern）就解决了生态问题。这里有两个方面值得注意：第一，pattern 只是生态问题的一个方面，远远不是全部；第二，景观生态学研究的是动植物的生态，这并不等于人类的生态，更不等于为人类服务的城市的生态。在讨论中尺度时，我觉得特别有必要划分两类空间，即为动植物的空间和为人类的空间，否则城市建设就失去了基本依据。”

④对中尺度景观及其结构的确定。中尺度的生态空间本身就是一个景观，具有完整的景观特征和景观结构。⑤对风景园林整体美和空间联系的规划设计能力。⑥风景园林对不同尺度空间问题的把握和转换能力。风景园林以美好环境规划设计为核心，风景美、生态美、完善的空间联系和健康的生活环境创造成为风景园林的优势能力。

1.2.3 风景园林与小尺度生态空间规划

小尺度空间生态设计是风景园林的传统优势领域，在20多年前上海市园林局就提倡“生态园林”，还为此出版了学术专著。科学技术的发展也为小尺度生态度量提供了技术途径，如土壤酸碱度、温度、水分条件、植株的生态量、动植物群落构成等，为小尺度生态规划设计奠定了若干方面的科学基础。以绿地、公园、居住区、庭院、道路、厂区、园区、滨水岸线以及废弃地等相对独立的地块进行园林设计。但由于目前生态设计和生态技术都处在初期发展阶段，生态关系和生态过程有待更深入的了解。从目前来看，生态设计和生态技术的应用还很难在小尺度空间中形成明确的生态关系和生态过程或者是生态现象，因此虽然在小尺度风景园林规划设计中人们极力实现生态建设的目标，但由于小尺度空间中不明确的生态关系和过程，同时没有建立明确的生态设计的切入点和技术途径等原因，真正实现生态设计的成功案例仍然十分有限。小尺度空间生态规划设计的关键在于：①细小生态因子差异和小生境的营造；②立地条件与物种选择和群落设计；③小尺度空间中存在的独特的生态过程和生态联系；④生态桥与小尺度空间中生态依存性和连接性；⑤人群活动行为特征与环境之间的健康性关系；⑥人群聚居的人文生态特征与文化景观；⑦如何正确处理提高小尺度空间的生物生产量和人群活动之间的关系。

1.3 面向风景园林的比较生态体系

1.3.1 生态园林建设突显三个层次的比较生态体系

生态园林建设涉及三个层次的生态问题：①宏观生态。大区域和较大尺度的生态系统是地球表层规划和生态建设的基本，是地带性宏观生态和区域性中观生态特征的相互融合。②中观生态。中观尺度特征是地方生态格局和过程，具有整体性和完整性以及独立性；同时生态格局和过程又与外部宏观生态体系有机联系。区域内部环境差异的多样性决定了中观生态格局的多样性。③微观生态。由于居住、生产、休闲、贸易、聚会等人类活动与小尺度环境的相互作用形成的系统和完整的小尺度生态格局和过程，是生态复杂性的具体体现，同时又是生态规划设计的重要切入点。在宏观、中观和微观生态格局中，微观生态的建设是构建中观和宏观生态体系的基础和可操作的技术途径。通过微观生态规划设计的实现推动宏观和中观生态目标的实现，是实现宏观生态建设目标的微观生态途径的重要体现（表1-2）。

通常状态下的生态尺度与特征 表1-2

对比项目	宏观生态特征	中观生态特征	微观生态特征
空间尺度	全球化和国家尺度空间	区域尺度空间	地方、局部及场地尺度空间
生态过程	全球性和地带性生态过程	区域性生态过程	地方和局部生态过程
生态依存	国家或国际大尺度空间生态单元、大流域生态空间之间、地带性生态特征与生态依存	区域与区域之间，以及地带性内部生态差异形成的生态区域之间、城乡之间的生态依存关系	小尺度区域、地方生态空间、微地貌单元、景观组合、居住空间等之间形成复杂共生的生态依存关系
生态特征	宏观生态呈现出大尺度的生态空间和过程，宏观生态的整体性、完整性、共同性是宏观生态的主要特征	地带性生态中呈现出的生态差异性和多样性。在区域内部生态的共性大于生态的差异性，同时是大地景观多样性的重要特征	微观生态是空间小尺度独立生态过程复合交织的产物，是生境多样性、景观多样性、物质多样性的重要体现
生态问题	全球变化，自然灾害加剧，恶性灾害频繁发生，灾害后果日益严重	生态破坏； 景观破碎化； 景观孤岛化； 生物多样性降低	人本主义与主宰行为； 资源破坏与浪费； 生产污染与过度消费； 创造生态与过度设计
建设重点	地带性生态特征的继承， 园林生态城市建设的生态本底特征	区域景观生态的完整性和整体人文生态系统的个性特征， 生态过程与生态联系的保护	格局—过程—界面 物种—通道—生境 扰动—足迹—健康
比较体系	宏观生态的主导性和可持续战略；宏观生态实现的微观途径	区域生态的整体性和可持续目标，区域生态管理的可操作性与生态桥梁	微观生态设计的科学性、实用性和经济性，通过个体的生态追求实现宏观生态的可持续目标。微观生态从属于宏观生态

1.3.2 生态园林建设突显两个导向的比较生态体系

深生态和浅生态都关注生态保护，是生态园林建设的重要思想和方法体系。但由于生态园林的复杂性和广泛性，生态园林的建设更注重形式和技术方式的生态途径，将复杂的生态园林简化为表象特征和技术应用。从现有的生态园林规划设计方法、生态园林的标准和类型来看，局部环节所采用的技术实现占据主体地位，忽视了生态园林建设的本质所具有的系统整体性、完整性、均衡性、开放性和持续性。风景园林建设呈现出浅生态思想和方法取代深生态思想和方法的不科学现象（表1-3）。

风景园林建设中的深生态与浅生态特征 表1-3

对比项目	深生态特征	浅生态特征
哲学基础	来自对存在的本质、生命的意义和科学的价值。是现代环境伦理学新理论，现代西方环境主义最具革命性和挑战性的生态哲学。倡导人与自然的共生、平等发展。继承和发展生物中心论和生态中心论，是整体主义的环境伦理思想	保护人类物种自身的生存和延续，维护人类社会的可持续发展。浅生态伦理学是功利主义伦理学和人类中心主义
生态理念	自我实现。个体的特征和整体特征密不可分，人和生态系统的利益是完全相同的。生物中心主义的平等	以人类幸福为目的，以科学技术为手段，通过科学的方案保护生态环境
生态功能	长远地在环境保护运动中发挥持续性作用	现实地在环境保护运动中发挥短期作用

续表

对比项目	深生态特征	浅生态特征
核心内容	①以互相关联的全方位思想，反对人在环境中的随意想象，任何有机体都是生物圈网络中的一个节点，没有万物之间的联系，有机体不能存在。②生物圈平等原则。任何生命形式，生存与发展的权利平等。③多样性和共生原则。鼓励生活、经济和文化的多样性。生活并让他人生活（live and let live）的生态原则。④反对等级的态度。⑤反对污染和资源枯竭。深生态运动担负起伦理责任。⑥复杂而不混乱。在生态系统复杂过程之间存在有序的动态平衡。⑦区域自治和分散化。注重生态环境保护中的区域自我管理和物质及精神上的自我满足	①自然界的多样性作为一种资源是对人类有价值的，自然环境是人类的资源。②主宰自然。物质和经济的增长为人类的人口增长服务，相信丰富的资源储藏。③高技术的进步和结论，生态破坏之后人类可以创造生态。④消费主义和民族的/中心化的社会。⑤反对污染和资源枯竭，但没有考虑采取措施的社会意义。⑥中心目的在于发达国家人民的健康和物质上的富裕
生态特征	人类面临的生态危机本质上是文化危机，人类必须确立保证人与自然和谐相处的新的文化价值观念、消费模式、生活方式和社会政治机制，才能从根本上克服生态危机	解决环境问题的方案是技术主义的，试图在不触动人类的伦理价值观念、市场和消费模式、社会政治、经济结构的前提下，单纯依靠改进技术的方式来解决人类面临的生态环境危机
建设重点	生态教育和现代环境伦理学的理念；改变传统的人的价值观、生活观、生产观和消费观。建立健康和创新的社会政治新机制，构建“绿色星球”	生态教育和现代环境伦理学的理念；以生物中心主义取代人本主义；以前向和谐取代后向的技术补偿；有效控制人类不断增长的物质需求
比较体系	①在多元化的生态园林城市类型中，生态城市、山水城市、健康城市等体现出本质上的城市生态系统特征和城市生态的整体性特征，但建设标准中仍然存在绝大多数浅生态的理念和措施；②在绿地系统设计中贯穿群落生态和生态系统的设计；③注重场地生态格局和过程，形成结合自然的场地设计	①园林城市、生态园林城市、花园城市等建设的标准绝大多数体现出的是浅生态的理念和生态措施。生态园林城市建设的标准和评价体系没有从本质上解决生态城市的发展和建设途径；②绿地系统建设中以绿化和美化取代生态设计；③场地形态和空间设计取代场地内在生态特征

1.4 宏观生态实现之微观途径

1.4.1 重点思路

面对人居环境的三大类型系统，LA引申出三个规划设计理念：①设计结合自然（Design with nature）。经典著作为麦克哈格在20世纪60年代出版的《设计结合自然》（Design with nature）。设计结合自然的宗旨在于在理解和认识自然过程、自然格局和自然界面特征和规律的基础上，规划设计能够保证自然格局的整体性、自然过程的完整性和自然界面的原生性。要避免出现“不知自然如何结合自然”的规划设计怪圈。②结合地方性的设计（Design with place）。经典著作为John Tillman Lyle在20世纪90年代出版的《Design for Human Ecosystem》。地方性是对规划区域史脉、文脉的延续和继承，是形成协调景观的内在因素和规划设计思想的灵魂。③和谐健康的设计（Design for Health）。经典著作为Philips H. Lewis的《Tomorrow by Design》（1998年）、Frederick Steiner的《Living Landscape》（2000年）。整体人文生态系统的规划设计是立足复合生态系统的结构与功能，对系统要素及其结构设计，实现整体人文生态系统平衡性、和谐性和健康性（图1-1）。

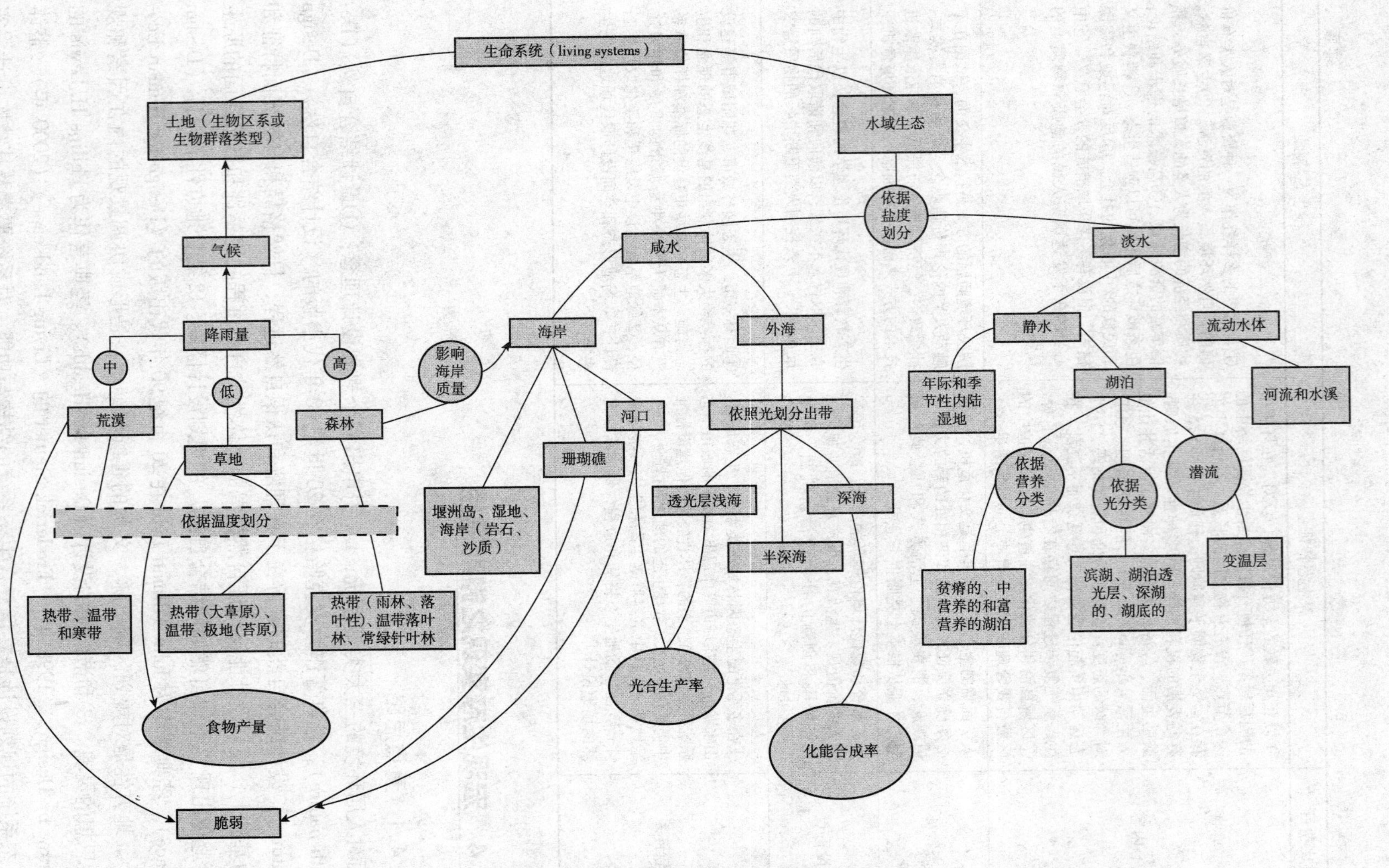

图 1-1 地球生命系统的框架结构图

1.4.2 重点法则

面向生态文明倡导下的风景园林发展，要求依据以下生态法则指导规划设计，实现宏观生态体系的微观途径构建。依据 G. Tyler Miller 的生态规划思想体系，生态规划设计的基本法则应包括能源、生命和人与环境三大系统特征。能源系统主要包括能源质量与效率法则。生命系统主要包括能量流 - 重力作用 - 物质循环法则、生物耐受范围法则、生态限制因素法则、气候与生物区系法则、种群动态法则、承载力法则、遗传变异法则、自然选择法则、生态演替法则、生态进化法则、生物多样性法则、适应性法则和生态极限法则。人与环境系统则包括地球主导法则（principle of earth capital）、遵从自然法则（humility principle）、可持续性法则、最低伤害法则（least-harm principle）、物种权利法则（rights of species principle）、生态系统保护法则、与动物友好相处法则（principle of humane treatment of animals）、复杂性法则、人文生态系统法则、万物依存法则、资源保护法则、可持续生活法则、可持续生产法则、可再生资源替代法则、环境冲击法则、污染防治与浪费降低法则、适度污染法则（principle of optimum pollution）、经济 - 生态可持续法则、全额成本定价法则、生态预见性法则（precautionary principle）、微观决定法则（individuals matter principle）和全球化与地方行动法则。从历史经验来看，由人类行为导致的重大生态变化都是由自下而上（bottom up）的微观个体决定的，人类必须立足全球，着手地方性的风景园林才能构建起生态时代的风景园林新体系。

1.4.3 重点领域

1. 以国土整治为核心的生态保护与恢复设计

因不合理的土地利用和矿产资源开采为核心的国土问题成为地球表层系统存在的最大问题，不仅破坏大而且尺度大、覆盖度广，是我国风景园林开展生态规划设计的重要拓展领域。国土整治不仅仅是环境、生物和生活生产问题，而且是以生态为核心，保护和建设健康和可持续发展的人居环境的重大问题。因此，应以人地关系为纽带，以生态建设为核心，有效控制国土利用，科学设计高效且积极的生态系统，促进国土生态的治理和恢复，实现人居环境的可持续发展。

2. 以整体人文生态系统为核心的文化景观传承与遗产保护

传统地域文化景观是人地长期相互作用和相互适应的历史产物，具有“天人合一”的典型特征，也是人文生态格局与过程的典型代表。在现代国际风景园林和景观生态规划设计中视此为“整体人文生态系统”（Total Human Ecosystem）。因此，整体人文生态系统规划设计是基于自然生态规划设计之上的人文生态系统的构建，两者有机结合形成风景园林的整体地方性特征和体系，也成为地方文化景观和遗产保护的核心和切入点。

3. 以服务人群活动为主体的绿地系统规划设计

从广义上讲，绿地系统可以涵盖地球表层所有的植被系统，包括荒野地区的自然植被、农耕地区的半自然半人工植被和城市地区的人工植被系统。依照动物系统与植被系统相共生原则，绿地系统的建设不仅包括植物群落的建设，还应当包括动物群落的建设，形成以绿地系统为核心的群落生态设计体系。群落设计将打破单纯以美化和绿化环境为主的绿地建设格局，立足土地生境，依据微地貌、小气候、温度差和湿度差等生态因子的差异，立体设计生产力最大的群落构成、群落结构并实现综合功能的群落系统。

从群落设计的空间类型来看，王绍增教授将此划分为两种类型，即为动植物服务的空间和为人类服务的空间，否则城市建设就失去了基本依据。因此在群落设计中可以划分出以动植物群落设计为核心的绿色生态空间设计和以服务人群活动为主体的绿地系统规划设计。两者共同构成绿地系统规划设计并成为规划思想不同、规划方法不同、生态特征不同、服务群体不同、功能导向不同的群落生态设计体系。

4. 以动植物群落适应性设计为核心的绿色生态空间设计

在城市和乡村广泛存在自然生态空间或自然遗留的绿地空间，这些空间的价值主要在于其作为生物多样性保护、生物栖息地、生物避难所的巨大生态效应。自然生态空间着重保护绿地空间的完整性、连续性和原生性生境特征，拒绝人类活动对自然生态空间的干扰。此类绿地空间是以动植物生态保护和动植物群落适应性设计为核心的绿色生态空间设计，是对处于“孤岛化”和“破碎化”特征的原始生境的修复性和保护性设计。

5. 以场地营建为核心的人类生态空间设计

场地是人类生态设计最基本的空间之一，场地生态存在两个层面的关系，一是场地内部独特的立地条件、生态构成、生态过程、生态格局以及生态联系；二是场地周边环境的生态过程与场地内部之间的耦合关系。场地生态设计不仅要在内部生态条件的基础上设计，而且要把场地内部的生态过程与外部的生态过程统一起来，建立完整、连续的生态系统。而不是规划之后将场地变成一个独立的生态小岛。

场地设计还包括建筑本身及其周边小环境存在小空间和小生境的营造和利用，它也可被视为绿色建筑设计的领域。无论是在建筑内部形成的线性空间、公共露台，还是在建筑外部墙面、屋顶和建筑周边的空间，由于受建筑阴阳面、迎背风面、高度变化的影响，形成了不同部位具有不同生态因子构成的建筑生境，为众多动植物生长提供了良好的栖息地，也成为风景园林开展生态设计的重要领域。

1.4.4 重点途径

风景园林的生态性特征是在确定生态规划设计内涵和以整体人文生态系统设计为对象的基础上，以生态过程和规律为指导，全面揭示整体人文生态系统规划设计中高度结合自然的设计（design with nature），融合地方精神的设计（design with place）和为健康生活的设计（design for healthy living）等生态规划设计的各个层面。风景园林生态设计的微观途径在于九个基本的设计环节：①整体性的格局设计。保持自然骨架的完整性是衡量生态规划设计的重要标准。②完整的生态过程设计。生态建设必须保持自然过程的完整性，才能保障过程的连续性和景观的稳定性。③生态界面的延伸性设计。界面一方面具有物质、信息、能量交换功能，另一方面具有物种扩散功能。界面设计要尽量将自然界面进行延伸，促进界面的丰富性与多样性，适度把握界面的延伸程度，保障遗留物种在保护的同时又在竞争中进化。④物种的多样性设计。多样性在于形成物种多样性的种群生态系统和进行生物物种多样性保护，物种多样性保护是景观生态规划设计的核心。核心栖息地、缓冲带、生物桥、景观异质性、乡土景观斑块、生物跳板等都是规划设计生物物种多样性的有效途径。⑤生物通道的连接性设计。通道一方面要处理好现有通道的连接和功能耦合；另一方面通过设计一系列合理通道以提高连接性并形成良好的生态功能；再者，在构建场地景观通道的同时，重视不同通道之间的耦合连接。⑥原生性的生境设计。生境的形成是生态系统长期进化演化的结果，改变原有的生境而创造全新的生境，将会使生态系统因生境突变而崩溃。应该尽力避免大面积、大幅度改变原生生境。通过规划设计对原有生境进行局部的调整，新成分会通过生物的自组织作用而吸收，成为生境中的有机组成部分，并达到生境丰富化、景观多样化的生态规划设计效果。⑦扰动的有限性控制与设计。生态规划设计需要进行人类活动行为的分类与制定景观行为的标准，以进行生态化的景观管理。目的是通过规划设计实现人类活动对景观干扰的有限性。⑧平衡性的生态足迹设计。保持生态供给与经济需求之间的平衡就是生态足迹的平衡性，是LA实现生态规划设计的重要科学依据。⑨健康的环境设计。通过对人生活的各个环节的生态设计实现健康性设计的追求，如生态建筑的设计、生态材料的使用、生态文化的构建、生态场景的恢复、生态梦境的想象，使人生活在健康的景观环境中，拥有健康的环境、健康的设施、健康的文化、健康的身体和健康的精神。

从风景园林的发展历程来看，生态建设一直是风景园林的基本特征之一。现代生态学特别是景观生态学的发展，为风景园林的理论建设提供了新的基础，并为设计方法和工程实践的发展提供了新的生命力。以我国生态文明建设为契机，建立风景园林整体人文生态系统观应是风景园林研究、规划设计和管理的核心。风景园林将大地表层所具有的整体人文生态系统为对象，所呈现出的不同尺度空间生态规划设计是风景园林立足国家生态发展趋势，与国家重大发展课题相融合的切入点，也是风景园林新时期的新使命。将宏观生态、中观生态、微观生态体系有机联系在一起，同时探索实现深生态目标的浅生态的途径，深入风景园林的生产功能、服务功能、聚居功能、健康安全性以及管理及其影响体系，是建立生态景观的科学内涵的指导思想。

1.4.5 可持续设计的全息途径

可持续设计的全息途径不仅包括建筑，还包括场地及周边的整体环境，对建筑—整体环境的可持续设计才能实现宏观意义和中观意义上的生态价值。然而，可持续设计不能仅仅立足区域、城市—乡村以及国土的可持续性设计，中观、宏观可持续目标的实现必须通过对不同尺度微观环境和景观的可持续设计得以实现。因此，可持续设计的技术可以划分出三个层面六个环节的技术体系（表1－4）。

可持续设计的全息途径　　表1－4

技术分类	技术途径	技术应用
生态设计的自然途径	地形与微地貌应用	
	光照获取与截留	附加的太阳能绿色温室、太阳能收集设备、泥瓦能物质、光反射技术
	防风与通风处理	
	防水与除湿	
	雨水收集与利用	
	隔声与降噪	
	土地修复技术	植物修复技术、生态工程修复技术
	生境多样性	建筑与野生动物的栖息
生态设计的技术途径	太阳能应用技术	太阳能吸热散热墙、光生伏打、太阳能电池
	地热应用技术	地源热泵系统、土壤热交换器、水源热泵空调系统、空气源热泵空调系统
	风能应用技术	
	人造湿地系统技术	地表水流湿地系统、芦苇—岩石地下水湿地系统
	污水处理与中水利用技术	
	生物能应用技术	生物能源利用、沼气利用、油脂、酒精、植物油等
	智能控制	光、热、水分和风等生态因子的智能控制
	中央吸尘与垃圾真空分类收集	
生态设计的材料途径	墙体保温材料	超低能耗围护结构、多层复合墙体
	隔热材料技术	真空玻璃（中空玻璃）
	透光材料	透明混凝土
	无辐射材料	低辐射玻璃、复合地板、卷材地板、利废陶瓷
	无毒材料	涂料、无挥发性物质
	可再生材料	绿色混凝土
	易降解材料	植物秸秆砖
	材料内部附加的能源	
	材料的生命周期	
	透水性地面材料	透水混凝土砖
	相变储能材料	纳米石墨
生态设计的文化途径	地方文化习俗	聚落与建筑文化形态
	生活习惯与行为	土地利用形态与肌理
	新的人居方式	聚落与环境组合模式

续表

技术分类	技术途径	技术应用
生态设计的景观途径	生物量与植物种植	减碳植物
	水体与湿地环境	湿地一氧化碳释放控制技术
	屋顶绿化	
	墙体绿化	垂直绿化
	二氧化碳转化技术与应用	
	建筑与绿化地带的整体设计	增湿降温的网络技术
	植物墙与屏障	防噪声隔离技术
	污染物吸收绿化技术	重金属污染物吸收植物筛选
生态设计的结构途径	凸起结构	
	接地房屋	
	阳光室	
	非轻型结构	
	建筑空间	中庭、天井与井深
		地下室自然空调系统
		底部架空空间
		依附性外部缓冲空间
		半地下式掩土建筑与屋顶覆土

第2章

以地方性为核心的整体人文生态系统理论

2.1 地方性与整体人文生态系统概念与内涵

2.1.1 地方性的概念与内涵

1. 地方性的概念

地方性是保持风景园林多样性和文化性的重要属性，地方性园林就是文化园林，是传统地域文化景观的大成。风景园林的地方性设计更是学科发展的根本和营建可持续景观的核心。在传统地方性认知中大多存在以建筑为传统地域文化景观的核心，忽视传统地域景观在土地利用、水资源利用方式和居住模式上的独特地域文化特征，因而也就形成了在传统村镇保护过程中形成的建筑和村镇保护体系，忽视了对周边与生活空间紧密联系的生产空间的景观延续，更忽视了土地利用景观、水资源利用方式和居住模式展现的文化地方性和景观地方性和综合特征保护。以传统地域文化景观为切入点，以整体人文生态系统为核心，建立解读传统地域文化景观的图示语言体系，系统展现风景园林的地方性，将成为未来生态景观和可持续景观营造的重要方式和发展前景。

2. 地方性的内涵

地方性的内涵主要包括：①地方性自然环境。温度、水分、地形、植物、土壤等自然因子的分异性导致自然环境的差异性和多样性，成为地方性自然环境的具体表现，是地方性景观形成的本底特征和内在机制。②地方性知识体系（非物质文化景观）。地方性知识是根植于地方社会特定人群的文化传统和对文化现象的整体理解，是具有文化的多样性和差异性和悠久历史的地方性知识。③地方性物质空间体系。在地方性环境和知识体系的作用下，直接表达在地方性物质空间上，塑造出了独具特色和独特认知体系的物质景观体系，主要包括建筑与聚落景观、土地利用景观和地方性居住模式三个方面，成为认识地方性环境和地方性知识体系最直接的方式和便捷途径。通过物质景观的特征能够更好地认识和理解地方性文化体系。

2.1.2 整体人文生态系统概念与内涵

1. 整体人文生态系统的概念

景观是整体人文生态系统（Total Human Ecosystem，Zev Naveh，1994），景观规划设计的核心和主体对象是整体人文生态系统。整体人文生态系统是人与自然环境协同演化发展形成的有机整体，人与自然环境相互融合，自然赋予人生存的智慧，人尊重自然并利用自然，取得人生存与发展的根本。自然生态系统的特征和过程是景观环境系统的重要特征；为生存对自然的合理利用方式和途径是经济景观形态的重要特征；在人与自然相互作用过程中，人地关系决定的环境伦理、价值伦理以及行为与观念形成社会系统的重要特征。因此自然生态系统、社会文化系统、产业经济系统是三个不可分割的有机整体，构成整体人文生态系统的全部特征。由于景观环境存在着节律、恢复、容量等自然规律和生态系统阈限，使人类活动受到了限制，而不是无限满足人类的需求。

2. 整体人文生态系统的内涵

整体人文生态系统是指在人与自然相互作用过程中，人在特定自然环境中通过对自然的逐步深入认识，形成了以自然生态为核心，以自然过程为重点，以满足人的合理需求为根本的人—地技术体系、文化体系和价值伦理体系，并随对环境认识的深入而不断改进，寻求最适宜于人类存在的方式和自然生态保护的最佳途径，即人地最协调的共生模式，综合体现出协调的自然生态伦理、持续的生产价值伦理和和谐的生活伦理。整体人文生态系统的内涵主要包括：①整体人文生态系统是在景观形成的历史过程中，人与自然环境高度协调、统一发展的结果。②在整体人文生态系统中，人与自然是平等的生态关系。既不是以人为中心的人本主义，也不是以自然生态为中心的环境主义，而是人地协调的生态价值伦理。③在整体人文生态系统中，自然景观要素、自然生态过程与自然生态功能充分体现出地方性自然生态的特点，并得到持续的利用和延续，这种自然生态特征经历悠久的历史过程而小有变化，维持自然生态的稳定性。④在整体人文生态系统中，人在认识自然、利用自然和改造自然的经济活动体系中所形成的产业体系控制在与自然环境相适宜的产业类型、生产规模和生产强度内。自给自足成为摆脱超负荷生产行为的根本，从而有效地建立起了良好的产业体系。生产与自然环境产生最大的关联。⑤在整体人文生态系统中，人类经历长期的历史发展，形成、积累和继承了大量的地方文化，并逐步形成了代表一个地方独具特色的文化体系，也是该地区人所共有的民俗文化。这种地方文化的形成是人与自然相互作用的过程中，人与自然、人与人不断交换自己的认知并逐步固定下来的自然崇拜、文化崇拜、人类崇拜以及相应的价值观念。地方文化是人类的文化，更是自然的文化。⑥传统的整体人文生态系统是历史的和古典的，是农业社会的产物，已经成为现代社会中最为珍贵的文化遗产，保护与延续成为传统整体人文生态系统的主题。与此同时，社会是发展的，在新环境、新技术、新观念、新经济形态下，现代整体人文生态系统的发展则更具有现代社会的特征。面对更加脆弱的自然生态系统、更大规模的社会人口与消费、更加深入的干扰方式，技术与效率成为现代整体人文生态系统发展的核心。科学发展和可持续发展成为构建整体人文生态系统的根本。

2.2 地方性与地方性环境

2.2.1 地方性环境构成

地方性是指地球表层特定空间或区域存在的区别于其他区域的景观属性，这种属性是地球表层特定空间在自然过程、生物过程和人文过程的长期历史作用下形成的综合特点。其构成可以包括以下三大部分。

1. 非生命物质景观

是指由地球非生命进化过程所产生和形成的物质客体环境。这类环境构成主要包括由地质过程形成的地貌和地形，是地球表层景观的基本框架，通常形成较大的地貌单元和局部的地形形态特征。岩石与矿物质是构成地球的基本物质，是地形和地貌景观的组成要素，也是土壤的母质。由于岩石和矿物质构成的差异决定了土壤的物理和化学属性的不同，形成了不同的土壤类型。同时，由于地球与太阳的关系决定了地球表层光照、热量分布的不同和地表温度的不同，形成了冷暖的差异。再者，由于地球表层海洋和陆地的相对关系决定了地球表层水体形态、水体储量和水循环过程及其作用的千差万别，形成了干、湿的差异。

2. 地球生命景观

生命过程是地球演进过程中重要的自然过程。地球表层的生命形态主要包括动物、植物和微生物三种类型。动植物是地方性环境中具有重要景观特征的构成，其中植物是构成地方性景观最具标志性的景观要素。在地球的生命系统中，植物以光照、水分和岩石土壤中的矿物质为基础，形成了具有物质能量（生态空间）分配的种群、群落的生命结构，也形成了乔木、灌木和草本三个层次的植物分化。动物以植物群体为基础进行演化，进一步分化为植食性和肉食性动物的构成。微生物、植物、动物等生命形态与其所在的非生命物质环境一起构成地球表层的生态系统。

3. 文化与文明景观

文化和文明景观是人类产生之后漫长的社会过程的结果。文化和文明景观主要包括供人类居住的建筑、从事农业生产的土地及其形态、从事加工制造的工业厂房，以及融合生活、居住、生产功能于一体的聚落与城镇景观。文化和文明景观是建立在人类社会对非生命物质环境和地球生命系统的认识、利用和改造的基础之上的。环境不同，动植物群体不同，建立起来的文化和文明景观也不同，是文化和文明景观多样性的内在基础。

2.2.2 地方性环境形成机理

1. 自然分异体系中的地方性环境

自然分异是地方性环境形成的主导生态机理之一。在自然分异的体系中主要包括水分的分异、热量和温度的分异、土壤的分异、植物的分异等，但在众多的分异机理中水分的分异和温度的分异是自然分异体系中最基本的分异过程。从空间维度上讲主要包括南北向分异、东西向分异和垂直分异三种类型。地方性的环境都是在这三大分异过程中形成的（图2-1）。

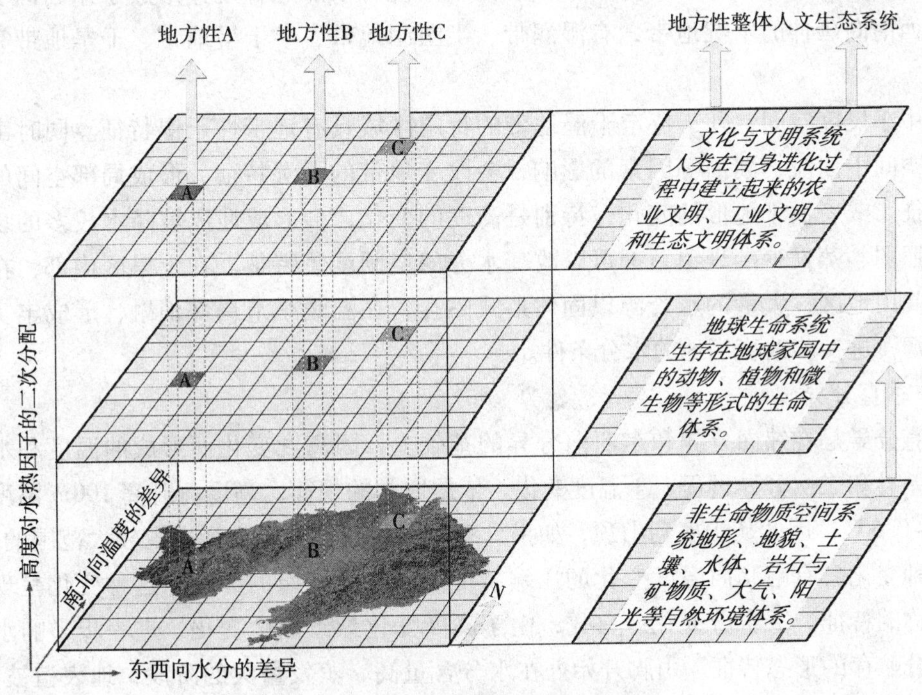

图2-1 地方性环境构成与形成机理

1）纬向分异

南北向分异也称为纬向分异，是由地球和太阳的关系决定的。由于太阳照射角度的差异，在地球表面形成了以赤道为中心，向两极逐渐减少的热量分异，从而在地球表层形成了热带、亚热带、温带、寒温带、寒带和极地的温度带划分。正是温度和热量的南北向带状差异，加之土壤的地带性差异，形成了植物的地带性分布。正是这种全球性的大尺度的南北分异奠定了自然环境南北向分异的最主要特征。

在中小尺度空间中，位于特定气候带中的特定区域虽然南北也存在温度的分异特征，但已经远不如全球尺度的分异特征典型。特别是在局部微地貌空间中南北温度的分异很有可能被因光照形成的阴阳面的温度分异所取代。也有可能因高度的变化而形成垂直空间上热量和温度的分异，这种分异存在温度随高度递减特征，也存在温度随高度出现的逆温层现象。

2）东西向分异

在全球尺度中，由于大陆和海洋呈东西向分布、南北向延伸的特征；同时，由于大陆和海洋在光照的基础上具有不同的热容量特征，决定了在大陆和海洋之间因热量不平衡而形成巨大的大气运动和环流，在大陆和海洋之间形成频繁的物质和能量交换。水分循环是地球大陆和海洋之间主要的循环过程之一。海洋成为全球水分循环过程中水分供给的源泉，并通过降雨过程输送到大陆，成为地球表层生命系统的重要支撑。陆地上各种水体通过贮存后经过河流注入大海。因此东西向分异主要是水分因子在大陆内部依据距离海洋远近而形成的空间差异。通常来说，距离海洋越远的内陆水分越低，气候越干旱，而沿海地区则具有丰富的降水，气候比较潮湿。依照这种规律形成了东西向变化或东北—西南向延伸的干湿地带，有湿润带、半湿润地带、半干旱地带、干旱地带等分异特征。

在中小尺度空间，处于特定干湿地带的特定区域具有地带性干湿特征。同时由于中小尺度空间中河流、湖泊等因素的影响，会改变地带的干湿特征，形成局部空间的水分配置特征。或者由于地形的变化，特别是高度的变化，会形成迎风坡降水较多的现象和阴坡光照弱、蒸发少的现象，都可以改变水分的空间配置特征。在干旱区内部，在冰雪发育的高山地区，大量的水资源以固体形式贮存，在温暖季节局部消融，形成丰富的地下水资源，进一步改变当地的水分条件。

3）垂直分异

垂直分异是在纬向分异和东西向分异的基础上，因高度变化而形成的温度和水分的含量的差异和二次分异过程。①温度变化。依据通常的规律，高度每升高 100m 温度会下降0.5～0.6℃，因此从山底到山顶，如果具有足够的高度，温度会出现较大范围的变化，而且这种变化具有南北向温度变化的压缩特征。而且因光照的原因，这种变化呈现南北坡不对称的特征。②水分变化。首先，由于高度变化导致温度变化，进一步影响水分含量及水分贮存的形态特征。山脚开始处在水分含量高、蒸发量大的阶段，地表植被丰富，林地广布；随着高度升高，水分含量下降，同期蒸发量也逐步下降，植被逐渐单一，过渡到针叶林、草地、草甸等类型。随着高度的再升高，空气中的水分含量极低，但由于蒸发量较小，在土壤中能够贮存足够的水分，植被形成了结构单一的高山林地。跨过该高度层，由于温度降到冰点以下，土壤中的水逐渐以固态形式存在，无法满足生命形式的需要，进入到岩石和荒漠高度。

2. 生态因子主导下的生命生境选择

1）生境的多样性

正是由于地表形态的千差万别和地表存在的三大分异过程，在分异过程的交互作用下，地球表层形成了复杂多样的光、热、水等生态因子的组合结构，加之土壤和矿物质的差异，形成了地表丰富多样的生境类型。可以说没有任何两个空间的生境条件是绝对相同的。但也不是说没有任何两个空间的生境没有相似性。由于各种生态因子大都呈现出渐变过程，在空间分布上呈现出连续变化的特征，因此生境的变化也是渐变的，在空间上呈现出连续性的整体性特征。一种生境类型就出现内部的单一性、主导性和边缘生境的多样性和过渡性。

2）生态位的典型性

正是由于生境的特殊性决定了与之相适应的生命群体。地球的生命群体在自然竞争和选择过程中形成了与生境相适应的机体，并长期稳定生活在特定的生境中，形成与生境之间的对应关系。某种生境生长着最适宜的物种，某种物种成为某种生境的典型代表。

由于生命群体对生态因子的变化具有耐受能力，因此，一种生物可以存在多个生境之中，同时由于每个生境都存在最适应的生命群体，因此生命群体的交叉分布形成了某一生境中生物个体或种群的主次之分，成为生命群体中存在的独特的结构关系。

3）生态系统的动态演变

生态因子的变化，导致生境的变化，生境的变化进一步影响到动植物等生命群体的变化，整个生态系统发生持久的变化过程。生境与生态位是生态系统中描述生物与生物、生物与非生物之间关系的重要特征，这种特征反映在动植物个体、种群变化、群落变化和生态系统变化之中，成为地方性环境变化的重要推动力量。

3. 人地作用下的人工化过程

在非生命物质环境和地球生命系统共同构成的自然生态系统演化过程中，人类的形成和发展是建立在自然生态系统之上的推动环境改变和发展的重要过程和因素。人类在与自然环境相互作用的过程中，不断深化对自然的认识，并理解自然环境内在的演化规律，充分利用自然和改造自然，并形成人类特有的价值伦理、文化体系和哲学观念。人地作用体系下的人工化过程主要体现在以下三个方面。

1）居住与生活空间的营造

居住和生活空间的营造是人类发展过程中寻求安全庇护空间、规模经济效益和降低社会交易成本的过程。建筑作为基本居住空间，提供了必备的安全庇护场所。居住空间由分散、小规模逐渐形成群居的聚落空间，并随着社会经济发展，出现自然村、行政村、中心镇、建制镇、县城、中等城市、大城市、特大城市和城市带等规模的居住生活空间。居住用地成为地球表层重要的用地类型之一，也成为地球表层环境人工化过程的重要体现。

2）生产空间建设与扩展

生产空间主要包括人类从事的农业生产、工业生产和服务性、知识性经济生产过程，其中农业生产和工业生产对改造、塑造地表环境具有重要作用。农业生产是依托自然环境和自然生态系统，利用人类掌握的自然知识和技术开展的获取生存资源的过程，是半自然半人工的生产类型，具有地球表层用地最广的特征。工业生产包括消费品生产、原材料工业、制造业等不同系列类型。消费品生产依托农业生产成果，进行新形态产品的生产；原材料工业生产依托地球蕴涵的矿产资源进行原材料加工；而制造业则在原材料工业的基础上进行设备制造。工业生产是人类生产活动中经济贡献最大的生产类型，对地方性环境的改变产生重要影响。随着城市化和工业化进程的加速，工业生产用地规模不断扩大，而农业生产用地规模呈现下降趋势。人类社会由农业社会逐步发展成为工业社会，地方性环境进入到人工化过程的最剧烈程度。

3）生态空间的萎缩与保护

生态空间是地表除生活居住空间和生产空间之外的自然环境空间。这类空间的特点在于以自然生态环境特征为主体，人工干扰和影响程度较低、人口密度很低，基本上呈现出自然原始的景观面貌。尽管人类对环境的影响已经扩展到地球表层的每一个角落，从陆地面积来看，自然生态空间仍然占据地表主体，人类大规模集中影响的面积仍然是有限的，但是人类对环境的破坏已经产生了严重的后果。在工业化、城市化和技术化发展的道路上，人类必须给自己留下足够大的具有高效能的自然生态空间，发挥正常的生态功能，维持地球表层物质环境、生命系统和人类发展之间的平衡。但现实是人类正逐步破坏我们赖以生存的环境，生态空间日益萎缩，生态功能逐渐下降，自然灾害日益频繁，保护自然生态空间成为地方性环境发展的重要方面。

2.2.3 整体人文生态系统与地方性环境

1. 地方性环境决定整体人文生态系统的最本质特征

整体人文生态系统是在地方性环境的基础上建立起来的，从地区水分、温度、光照和矿物质的构成开始，建立在地方性生态因子组合下的生命系统也同样是地方性的。由于在人地相互作用的长期历史过程中，人类在认识和改造自然的过程中所依赖的技术是有限的和不断发展的，因此在不同历史阶段，呈现出不同的历史特征。在早期，人类对环境完全屈从，环境对人类活动完全具有决定作用（环境决定论）。但随着人类对自然认识的深入和对自然理解程度的提高，人类为满足自身的需要，逐步开始改造自然和利用自然。在这一过程中，人类与自然关系存在和谐和对立两种作用方式。①对立方式。人类为满足自身的需要，完全按照人类自己的方式来利用和改造自然，不顾自然规律，站在与自然相互对立的角度来实现自己的需求。同时，在人类索取的规模上完全不尊重自然生产规律，妄图实现无限制的索取，来满足无限制的需求欲望。②和谐方式。人类在与自然环境相互作用的过程中，主动认识自然、理解自然、掌握自然规律，积累与环境共生的经验，并结合人类掌握的技术，在充分尊重自然的前提下，有限度地干扰自然和充分利用自然，并形成人类特有的文化观念和文明形式与行为，在与自然相互共生的环境中实现环境保护和人类发展。和谐方式也就是中国传统文化中推崇的“天人合一”的人地作用方式和哲学体系。从追求和谐方式的发展模式来看，地方性环境是人类从事各种活动的基本依据，地方性环境也决定人类生活、生产的基本体系、基本规模和基本特征。当然，在地方性环境决定的背景下，技术成为人类更加能动和更加科学发展的途径。

2. 人类创造的与环境高度协调的地方性文化景观

在人地相互作用的和谐模式下，人类不断积累正确的经验与方法，并随技术水平的提高，不断修正人类与自然的关系、相互作用的方式和适应自然的经验与能力。在每一个历史阶段和每一个技术时代，人类在地方性环境基础上创造的居住景观、生活景观和生产景观等都具有时代特征和技术特征，是时代背景下最适宜的地方性文化景观类型。在时代演变的过程中，随着地方性环境的演变，技术的各异，地方性文化景观也发生持续的演变。但在和谐发展的模式下，地方性文化景观是与地方性环境高度协调的，充分反映人类文化价值和文明成就的景观，是天人合一的文化景观。因此，在地球表层所有的人类景观中并非所有的景观都是和谐的景观，也就是说并非所有的人工系统都符合整体人文生态系统的特征，只有人类创造的与环境高度协调的地方性文化景观才是整体人文生态系统的景观表现。

2.3 地方性与地域文化景观

2.3.1 地域文化景观的图式语言

传统地域文化景观所具有的地方性特征深刻反映在生活、生产的物质空间中并形成独特的图式语言，主要体现在建筑与聚落、土地利用、水资源利用方式和地方性居住模式四个方面。其中居住模式是传统地域文化景观中建筑与聚落、土地利用、水资源利用方式三者的综合体现（表2-1、表2-2）。

1. 传统地域文化景观之建筑与聚落图式

建筑与聚落是广泛认同的地方性传统文化景观的典型。建筑与聚落是人为了在自然中长久生存而营造的安全据点，是人们对自然界独特的认识并因此建立起的具有依托自然又抵御自然的对立统一体系。建筑与聚落生活空间的营造充分反映人们对自然和社会建立的独特知识体系，成为传统地域文化景观的典型代表和反映传统地域文化景观的直接图式。但在地方性的解读过程中，正因为建筑与聚落景观的直接性和代表性吸引了人们的注意力，从而忽视了传统地域文化景观的其他必备要素和特征。在地方性解读的四种图式语言中，建筑和聚落只是四个方面之一，而非全部。

2. 传统地域文化景观之土地利用肌理

建筑与聚落是传统地域文化景观中的居住生活景观类型，而土地利用是人地作用机制下的生产景观。土地利用是居民从事农业生产和农耕文明的直接反映，又是在农业生产过程中认识自然和利用自然的具体形式。从整体人文生态系统理论来看，由于农业活动属于半自然半技术生态系统类型，土地利用景观综合表达出自然与文化景观的综合特征。同时，由于土地利用受到地形、水体、耕作方式、农业类型、人口规模等因素的具体影响，不同自然环境的土地利用类型不同，形成的土地利用形态也不同。从典型地区土地利用肌理对比来看（表2-2），江南水乡的土地利用形成了边界极为不规则，类似于细胞结构的形态特征；珠江三角洲平原的土地利用则形成了形态极为规则的“基+塘”结构的土地利用形态；皖南徽州文化地区因地处低山丘陵则形成了依势而走的“坝地+梯田”相结合的土地利用形态；而在北方中原地区因属土地平坦的旱作农业，土地利用多

传统地域文化景观空间耦合关系表

表 2－1

空间类型（行）＼空间类型（列）		生产空间			生活空间		生态空间		
		一产空间	二产空间	三产空间	城市生活空间	乡村生活空间	自然生态空间	乡村生态空间	城市生态空间
生产空间	一产空间	农业生产	农产品加工	农业旅游	都市农业与旅游	观光农业		生态农业	苗圃
	二产空间		工业基地	工业旅游	工业旅游	手工加工、传统民间工艺品制作			
	三产空间			商贸基地	游憩休闲与服务产业	乡村旅游与乡村服务业	自然保护区与生态旅游	生态旅游与乡村旅游	城市户外游憩休闲
生活空间	城市生活空间				城市居住与中心商贸区	都市乡村	风景名胜区、城市湿地、城市自然公园		城市户外游憩休闲
	乡村生活空间					村镇居民点	森林公园、风景名胜区、郊野公园	游憩休闲旅游	
生态空间	自然生态空间						自然景观区	乡村自然遗留地	城市自然遗留地
	乡村生态空间							乡村生态保护区	
	城市生态空间								城市公园体系

游憩休闲旅游

呈现出以长方形为基本形态且规则分布的土地利用特征，土地利用形态单元较其他地区都要规整，具有较大的单元面积。这些差异直接揭示出地域文化景观的特征和其形成机理。土地利用形态和肌理成为重要的传统地域文化景观的语言图式。

传统地域文化景观图式语言对比　　　表2-2

	江南水乡	皖南徽州	广东平原	中原河南
建筑景观				
聚落景观				
土地肌理		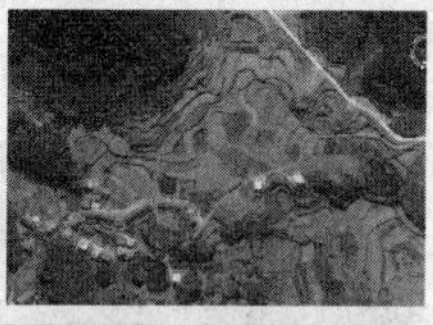		
水体关系		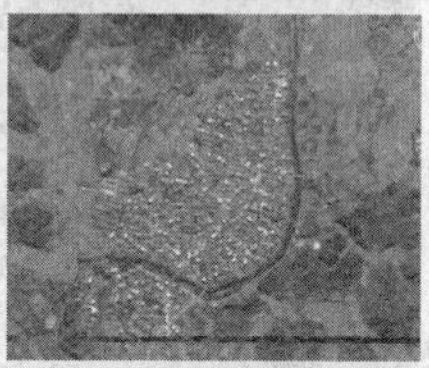		
组合关系				

3. 传统地域文化景观之水资源利用方式

在传统地域文化景观构成中，水不仅是重要的景观要素，而且支配并引导景观的形成和演变。因此，人类生活和生产过程中与水体的关系和水利用特征成为地方性和传统地域文化景观的重要体现。在江南水乡中水体成为所有生产和生活的中心和轴线。在聚落与水的关系上可以看出，所有的建筑都沿河布局，形成线性分布并成为聚落的轴线和生活活动的主要场所。皖南徽州的聚落大多位于水体的一侧形成邻水的格局，但村落的形成并不以河流形成轴线，而是在河流的一侧形成聚团式的发展并形成聚落自己独特的发展轴线。在珠江三角洲聚落往往形成与水体环绕的利用关系。在中原大地因旱作平原的特征，地下水和雨水的利用成为主导因素，河流并不能成为控制聚落发展的关键和瓶颈因素，聚落形成了均匀分布且形态规则的聚团式发展格局。水在不同地区引导景观形成和发展的动力机制不同，它根植于传统地域文化之中，成为反映地方性的重要特征和图式语言。

4. 传统地域文化景观之生活居住模式

居住模式是长期历史过程中在地方性知识体系支撑下综合考虑周边自然环境、土地资源与利用、建筑与聚落形态以及水资源利用方式后形成的整体景观特征与格局。居住模式是传统地域文化景观的综合反映，也是地方性景观的内在体现。在江南水乡可以清楚地看到，沿水系分布的住宅组成的线性聚落—聚落两侧的农田—交织分布的鱼塘构成典型的江南水乡居住模式。在珠江三角洲平原则形成了组团式的块状聚落——形态规则的基（农田）塘（鱼塘）景观格局和居住模式。在皖南丘陵山区则形成了背靠山，面向谷地，村前溪水流过，以及沿谷地延伸的“坝地＋梯田”组合而成的农田格局形成的山间居住模式（图2－2）。在中原广阔的大地形成了形态规则、分布均匀的组团式的居住模式。居住模式是在历史发展过程中形成的动态过程。随着社会经济发展和对自然认识的不断深入，居住模式不断改进和适应自然和社会的变化，是地方性知识体系的综合体现；同时，随着地方性知识体系的扩展，形成了以地方性知识为主导的独特的居住文化，两者相互影响形成有机的统一体。

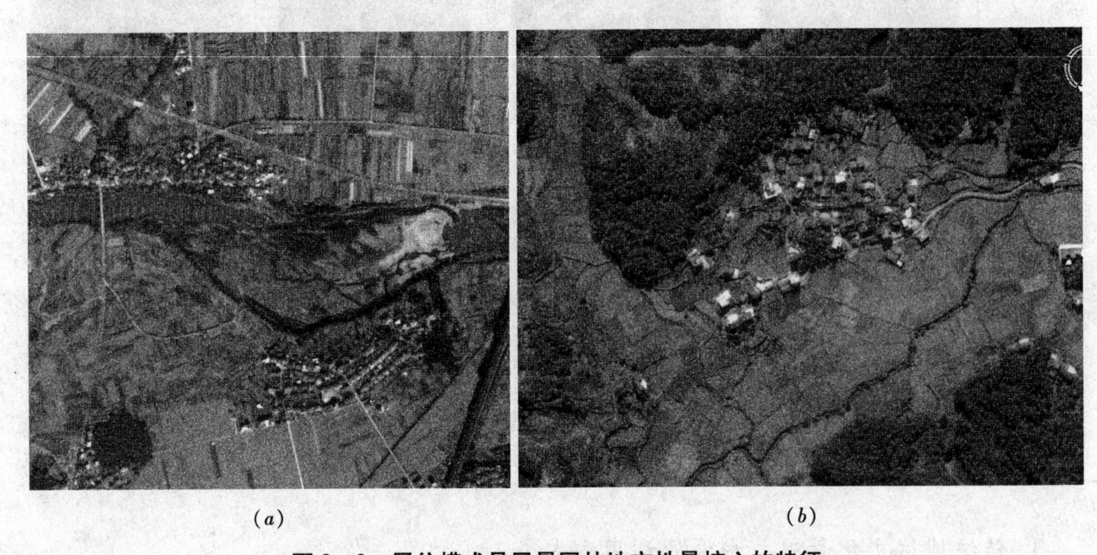

(*a*) (*b*)

图2－2 居住模式是风景园林地方性最核心的特征

(*a*) 皖南徽州平原河谷的居住模式；(*b*) 皖南徽州山地丘陵的居住模式

2.3.2 整体人文生态系统与地域文化景观

1. 传统地域文化景观是整体人文生态系统的景观形式

文化景观概念由来已久。苏尔在《景观的形态》（The Morphology of Landscape）一文中指出：“文化景观是任何特定时期内形成的构成某一地域特征的自然与人文因素的综合体，它随人类活动的作用而不断变化。”“文化景观”概念的普遍应用始于20世纪90年代，世界遗产委员会在1992年首次使用“文化景观”的概念，认为文化景观“包含了自然和人类相互作用的极其丰富的内涵”，是人类与自然紧密结合的共同杰作；它“代表某个明确划分的文化地理区域，同时亦是能够阐明这一地域的基本而独特文化要素的例证”。文化景观可以位于城市、郊区、乡村或荒野地，存在于连续的时空中。地域文化景观是存在于特定的地域范围内的文化景观类型，是特定的地域文化背景下形成并留存至今的人类活动历史的记录和文化传承的载体，具有重要的历史、文化价值；并且，地域文化景观与特定的地理环境相适应而产生和发展，其显著的特点是保存了大量的物质形态历史景观和非物质形态传统习俗，形成较为完整的传统文化景观体系；主要体现在聚落景观、建筑景观和土地利用景观三大方面。马克·恩托普（Marc Antrop，2005）指出存在于地域的传统文化景观有助于维持多样性和可持续发展的景观体系，使文化景观具有更好的识别性。凯利（Kelly R，2000）在阐述欧洲地域文化景观时指出：“居住在特定地域的人们的邻里、农场、林地、河流、建筑都和地方人民休戚相关，具有深远的意义。这些地方性特点的多样性和细节，以及与之相关的传统和记忆正是欧洲景观丰富性和独特性的根本所在”。

2. 整体人文生态系统是地域文化景观研究的核心对象

整体人文生态系统（Total Human Ecosystem，Zev Naveh，1994）是指在人与自然相互作用过程中，人在特定自然环境中通过对自然的逐步深入认识，形成了以自然生态为核心，以自然过程为重点，以满足人的合理需求为根本的人—地技术体系、文化体系和价值伦理体系，并随对环境认识的深入而不断改进，寻求最适宜于人类存在的方式和自然生态保护的最佳途径，即人地最协调的共生模式，综合体现出协调的自然生态伦理、持续的生产价值伦理和和谐的生活伦理。其内涵包括：①在景观形成的历史过程中，是人与自然环境高度协调和统一发展的结果。②人与自然是平等的生态关系。既不是以人为中心的人本主义，也不是以自然生态为中心的环境主义，而是人地协调的生态价值伦理。③自然要素、生态过程与生态功能充分体现出地方性和自然性特点，并得到持续利用和延续，维持自然生态的稳定性。④人在认识、利用和改造自然的经济活动中形成的产业体系控制在与自然环境相适宜的产业类型、生产规模和强度内。自给自足成为摆脱超负荷生产行为的根本。⑤人类经历长期的历史发展，形成、积累和继承了大量的地方文化，并逐步形成了代表一个地方独具特色的文化体系。其形成是人与自然、人与人不断交换自己的认知并逐步固定下来的自然崇拜、文化崇拜、人类崇拜以及相应的价值观念。地方文化是人类的文化，更是自然的文化。⑥传统的整体人文生态系统是历史的和古典的，是农业社会的产物，已经成为现代社会中最为珍贵的文化遗产。与此同时，社会是发展的，在新环境、新技术、新观念、新经济形态下，现代整体人文生态系统的发展则更具有现代社会的特征。面对更加脆弱的自然生态系统、更大规模的社会人口与消费、更加深入的干扰方式，技术与效率成为现代整体人文生态系统发展的核心。由此可见，传统地域文化景观是整体人文生态系统的景观特征，而整体人文生态系统是传统地域文化景观研究的核心对象，两者具有不可分割的内在必然联系。

2.4 地方性景观传承与规划设计

从风景园林的地方性来看，传统地域文化景观是地方性的本质体现。地方性的继承与发扬就是传统地域文化景观的传承，成为风景园林规划设计的精神核心。

2.4.1 群落的地方性精神与典型

中国人的居住文化不仅体现在建筑及其空间营造和使用，而且分别以居住和生产空间为中心形成了独特的植物群落文化。①在居住空间的房前屋后和庭院的植物在突出地方性群落精神的同时，彰显主人的个性、文化偏好和精神寄托。其中银杏、垂柳、竹子、樱花、梅花、栀子、芙蓉、桂花、蜡梅、美人蕉、荷花、菊花、牡丹等都成为居住文化中不可缺少的成分，揭示“高洁与富贵”的精神寄托和生活写照。而柿、核桃、枇杷、棕榈、石榴、榕树、芭蕉等构成的庭院群落多成为乡村景观的典型代表，彰显出农家庭院植物代表的“平静而满足”的心境和实用的功能（图2-3）。②在生产空间中的路边、田边、渠边和库塘边的植物与居住空间不同，多形成以分杈高且少、树干直的高大乔木为主，既不影响农作物的光照和生长，又有效抵御风沙的侵害。我国北方的杨树、南方

图2-3 地方性居住环境中的群落精神

A—村落周边的榕树群落；B—以橘树等为主的庭院群落；C—以枇杷为主的庭院群落；
D—以石榴为主的庭院群落；E—多种植物构成的庭院群落；F—办公楼内的立体群落

的水杉等都是此类植物的代表。另外，在我国一些地区的公共性生产空间会形成诸如以榕树、皂荚树、金合欢等为中心的集会空间，兼顾服务生产和生活的双重功能。

2.4.2 地域文化景观的传承与设计

1. 依托传统地域文化景观的内涵综合设计地方性景观多元化

在风景园林设计中，深入研究和把握传统地域文化景观的构成和形式是地方性设计的重要途径。将传统地域文化景观分解为地方性环境、地方性知识和地方性物质空间三个方面，研究三者之间的内在关联和必然性。其中地方性物质空间是风景园林规划设计的重点，以建筑与聚落、土地利用、水资源利用方式和居住生活模式四个方面为核心和设计切入点，将各自的特征通过设计语言进行提纯和归纳，并综合反映到新的地方性设计中，综合反映传统地域文化景观的地方性特点。打破传统设计中只关注建筑特色的传承，而忽视其他三个方面设计的不完整现象。全面、系统、综合传承地方性精神的全部景观要素。

2. 依托传统居住模式图式设计地方性景观组合的典型性

虽然地方性建筑与聚落、土地利用、水资源利用方式都是解读传统地域文化景观的关键，但只有将三者高度统一在特定空间中形成的与自然高度协调的生产和生活居住空间才是地域文化景观的最高体现。传统居住模式受到多种因素的制约，在同一个文化区域的不同环境中又可以形成更加多样性的居住模式，是地方性的多样性和差异化的更深入反映。因此，只有对居住模式的研究，才能将各个地域文化景观要素进行有机综合，进一步在风景园林设计中传承地方性景观图式，强化和传递居住模式内在的规律和特征。

3. 依托不同尺度景观特征综合设计地方性景观的复合性

尺度是风景园林规划设计的重要特征，也是整体人文生态系统的重要特征（图2-4）。

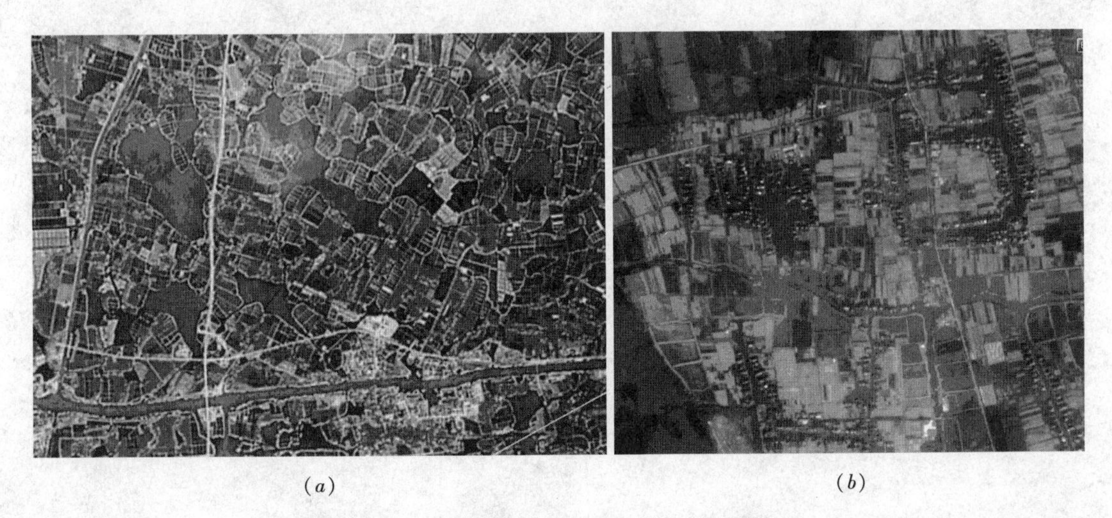

(*a*)　　(*b*)

图2-4　江南水乡不同尺度下的土地利用肌理

(*a*) 较大尺度下不规则的土地利用肌理；(*b*) 较小尺度下仍显规则的土地利用肌理

尺度不同、生态过程和景观生态格局不同，决定了传统地域文化景观的不同。对传统地域文化景观开展尺度特征的研究与比较，将尺度特征对应到风景园林规划设计中，将不同尺度下的地方性融入到相应的规划设计中，才能够有效形成不同尺度地方性景观特征的有效复合和综合。只有多尺度的地方性的组合和多种物质景观的地方性传承，才能设计出更加本质性和综合性的地方性景观。

第3章
以物种—生境为核心的群落生态理论

3.1 理论背景与意义

3.1.1 时代背景下的景观生态设计

从20世纪60~70年代开始，雷切尔·卡森（Rachel Carson）的《寂静的春天》把人们从工业时代的富足梦想中唤醒；林恩·怀特（Lynn White，1967）揭示了环境危机的根源来自西方文化的根基，即“创世纪”本身；而加勒特·哈丁（Garrett Hardin，1968）的《公有资源的悲剧》则揭示了资源枯竭来源于人类的本性和资本主义经济的本质；多纳拉·米德斯（Donella Meadows，1972）则计算出地球资源的极限，警示了人类生存的危机。所有这些都把设计师们从对美与形式及优越文化的陶醉中引向对自然的关注，引向对其他文化中关于人与自然关系的关注。设计师们开始懂得用植物而非人工大坝更能有效地防止水土流失；微生物而非化学品能更持久地维持水体清洁；太阳能比核裂变更安全；泥质护岸比水泥护岸更经济持久；自然风比人工供风系统更有利于健康。这是对自然和文化的一种重新的认识。在此背景下，产生了英·麦克哈格（In McHarg）的“设计结合自然”，也产生了更为广泛意义上的生态设计，包括建筑的生态设计、景观与城市的生态设计、工业与工艺的生态设计等（俞孔坚，2001）。本文将着重讨论景观生态设计的其中一种设计方法——基于群落理论的生态设计。

3.1.2 城市绿地建设不合理现象

在城市绿地建设中，可以看到以人工植物群落取代自然生物群落，以人工生态系统取代自然生态系统，以人工景观材料取代大多数的自然景观材料，以人工艺术化设计取代和谐的自然美，从而出现了绿地建设就是“绿地人工化”的现象，出现“绿色沙漠”的单一生态群落，出现“万亩荷花”的单一景观格局。在城市绿化过程中，典型的生态不合理现象就是把植物人工划分为“园林植物”体系，决定了城市绿地系统建设中不是以生态群落和生态系统内在联系进行植物选择，而是“以貌取植物”的歧视现象，绿地建设关注了植物景观的美的因素，而忽视了生态的合理性（王云才，2007）。城市绿地建设不合理现象主要表现在形式单一、结构简单、维护投入高、生态效益差等几个方面（程绪珂，1997）。

由于城市绿地建设存在上述种种局限及问题，学术界提出了一个崭新的名词——生态园林。1992 年我国颁布了《园林城市评选标准》，之后多次进行修订，修订后的标准明确提出“改善城市生态环境，组成城市良性的气流循环，促进物种多样性区域丰富”及“逐步推行按绿地生物量考核绿地质量”等条目。在此基础上，国家又颁布了《国家生态园林城市标准》，进一步强调了城市绿地生态效益的重要性。

生态园林是当代城市园林建设的发展趋势，它以保持生态平衡、美化城市环境为主导思想，主张因地制宜，遵循生物共生、循环、竞争等生态原理，掌握各种生物的特性，充分利用空间资源，让各种各样的生物有机地组合成一个和谐、有序、稳定的群落。生态园林的主体是自然生物群落或模拟自然生物群落，根据生态学上“种类多样性导致群落稳定性”的原理，要使城市生态园林稳定、协调发展、维持城市的生态平衡，就必须充实园林动、植物种类，创建稳定、和谐的人工自然群落，同时也是生物多样性的一项重要内容，是人类社会可持续发展的基础（盛大勇，2006；欧阳育林，2007）。

在环境日趋恶化的今天，建设生态园林，对于改善人居环境，维持生态系统平衡与可持续发展，促进人与自然和谐发展，具有重要的现实意义。而群落生态设计是生态园林建设最有效的途径。如何进行群落生态设计，使生态园林更好地发挥生态功能，已经成为当务之急。

3.1.3 群落生态设计研究的意义

1. 在改善环境的同时提升生态空间的生态效能

我国景观生态设计的理论研究起步较晚。在景观生态的空间格局中植物是重要的景观要素和影响格局的关键环节，其中关于群落生态设计的理论研究目前仍处于初级阶段，且多引用国外的理论。由于各国的国情不同，尤其是我国用地高度紧张的现状，决定了我们不能照抄国外理论。在保护自然群落原生态格局的情况下，针对我国建设的需要在建设区及其周边广泛分布的人工绿地系统，成为群落生态设计应用的主要场所，在景观生态设计及城乡绿地系统建设中具有广泛的研究与应用前景，能为今后群落生态设计的研究提供理论依据。群落生态设计的出发点是依据群落生态理论对人工植被和人工群落进行生态化的设计，使之在满足人居环境建设的同时，使群落生态效能最大化；在提高人居环境品质的同时，使人工群落与自然群落具有更好的联系和融合，从而形成遍布于国土绿色生态空间的动植物群落的整体性和连续性。

2. 将自然引入城市的重要途径

城镇建设形成了与周边环境完全不同的景观格局，城市中的动植物系统由于是在自然植被和动物群落被破坏后由人工形成的城市植被和动物群落，同样与周边自然或半自然状态下的植被和动物种群呈现出巨大的差异。这种差异不仅体现在动植物的种类、植物的形态，而且呈现出完全不同的空间格局。城市生态或生态城市都不能孤立地建立城市生态系统，城市需要与周边建立完整的生态关系。动植物群落建设是生态城市建设的一个重要环节，需要将完整有序的自然群落通过群落生态设计引入到城市序列中来。其中，在城市中研究和借鉴区域植被的演替历史，利用“潜在植被”理论，引入自然群落结构机制或建立相似结构的乡土植物人工群落，形成稳定的城市植被。保持自然过程的整体性和连续性，形成大自然风光与现代都市生活融为一体的城市风貌，将自然引入城市。

3. 构筑生态园林的关键

为改善城市人居生态条件，美化城市环境，针对我国城市园林建设中所存在的绿地规模小、类型单调、结构简单、功能单一、稳定性差、易退化及维持养护费用高等缺点，我国园林和生态两个领域的研究工作者20世纪80年代以来提出生态园林的建设（吴人伟，1998；王浙浦，1999；黄晓雷，1999）。生态园林的内涵在于具有园林的观赏性，具有改善环境的生态效应性及其具有生态结构的合理性。它应具有合理的时间结构、空间结构和营养结构，与周围环境一起组成和谐的统一体（陈芳清，2000）。植物群落是生态园林的主体结构，也是生态园林发挥其生态作用的基础，通过合理地调节和改变城市园林中植物群落的组成、结构与分布格局，就能形成结构与功能相统一的良性生态系统——生态园林。

4. 实现保护和建设生物多样性的重要途径

现代城市需要创造人工自然环境，是包括植物、动物和微生物在内的稳定的生态系统。生物多样性是形成这样的生态系统的必要条件。城市生物多样性将维持城市生态系统的健康和高效，是生态系统服务功能的基础。在我国，城市人口密集，城市生物多样性水平主要体现于占地面积比例很小的城市园林绿地系统中所容纳的生物资源的丰富程度，城市生物多样性的保护与建设主要需要通过城市园林绿地建设来实现，保护生物多样性的根本是保持和维护乡土生物和生境的多样性，其中丰富城市绿地中园林植物群落的物种数量是一个重要的基础。因此，研究城市绿地中的园林植物群落的物种丰富度现状及其影响规律，科学构建植物群落景观是实现保护和建设城市生物多样性的重要途径。

3.2 理论重点与框架

3.2.1 基本概念

1. 景观生态设计

景观规划设计是关于土地的分析、规划、设计、管理、保护和恢复的科学和艺术，既是科学又是艺术，两者缺一不可。景观规划设计的视觉美观是重要的，但不是唯一目标。景观设计师既要治标也要治本，在根本上改善人类聚居环境，利用城市绿地来调节微气候、缓解生态危机成为景观设计在21世纪新的任务。

在本质上景观设计应该是对土地和户外空间的生态设计，生态设计是指任何与生态过程相协调，尽量使其对环境的破坏影响达到最小的设计形式，这种协调意味设计尊重物种多样性，减少对资源的剥夺，保持营养和水循环，维持植物生境和动物栖息地的质量，以有助于改善人居环境及生态系统的健康（俞孔坚，2001）。生态原理是景观规划设计的核心。此外，景观规划设计应该是整体人类生态系统的设计，是一种最大限度地借助于自然力的最少设计，一种基于自然系统自我有机更新能力的再生设计，即改变现有的线性物流和能流的输入和排放模式，而在源、消费中心和汇之间建立一个循环流程。其所创造的景观是一种可持续的景观。

对于一个景观规划设计师来说，了解自然环境和人类自身自然节律和秩序就成为了设计之“初”：尊重自然所赋予的河流、山丘、植被、生物，在其中巧妙地设计景观，将人为景观和原有地形地貌结合在一起，以两者和睦相处、相得益彰为最终目标。

2. 群落生态设计

地球上绝大部分自然景观是各种植物与地形地貌、土壤、水体、可能还有一些动物有机结合的产物，其中的植物以群落的形式生长发育，每一株植物都以附近的其他植物、土壤、地形、水体、气候以及动物和微生物作为自己的生存环境，互相结合成整体。科学的群落生态设计必须遵循自然群落的发展规律，并从丰富多彩的自然群落组成、结构中借鉴，才能在科学性、艺术性上获得成功（苏雪痕，1994）。由于具体区域的地理气候、地形、土壤等环境条件大多与所要再现的原型的这些条件不尽相同，因而适于在其中生存的植物群落形式也不可能与其自然原型完全相同，而且从艺术的角度要求，绿地建设中的群落设计也不应该是对自然群落的简单模仿，而应该在掌握各种植物的生态习性和了解当地具体环境特点的基础上进行艺术创造（王凌，2004）。

因此，对于群落生态设计就是运用群落生态学原理进行动植物景观的营建，应该是对自然植物群落的提炼和艺术的再现，遵循自然植物群落的形成和与生境之间的关系有其生态习性方面的客观规律。并且应力求反映城市绿地的地带性特色，突显地带性植被特征，即应遵循植被地带性原则，首先弄清城市所属的气候植被区域、地带以及地带性植被类型与建群种，从城市植被的种类组成、结构外貌和物种多样性等方面出发，适地适树地进行群落的生态设计，达到投资少、见效快、适应性强、景观美、群落相对稳定安全、物种多样性丰富的绿化目的（林源祥，2000）。使得建成的绿地既能充分满足人们提高生活品质的需要，又能是动植物的良好栖息地，保护生物的多样性。达到人与自然协调发展。

3.2.2 理论重点

1. 群落生境理论与生境营造

群落生境理论是群落生态设计的基本依据。群落生态调查是群落生态设计的第一步，群落生境营造是群落生态设计的第二步。传统的规划设计是在场地、道路、建筑等建设好之后，在闲置和空余的地方种植植物。这种设计过程将环境建设置于配角角色，设计的植物系统仅仅强调其观赏价值等附带功能。群落生态设计则需要依据原始环境和预期的群落目标对动植物生境进行规划设计。这个环节就是群落生境营造。群落生境营造方法是群落生态设计首先要解决的问题，群落生境营造由复杂、众多的生态要素组成，如地形、水、土壤、道路、建筑物、构筑物等，生境是一个群落能否生长良好的基础，通过生境在环境与植物之间建立最佳的配置体系，群落生境营造是整个群落生态设计的基础环节。

2. 植物生态位与群落植物构成

特定的动植物种类都处在特定的环境中，但不是唯一、严格的单一环境。由于动植物生态位的特征，动植物都可以在相近的环境中传播、迁徙和生存。但超出动植物生态位的环境是动植物无法存在的环境，这种环境只适宜于与之相适宜的其他物种的存在。因此，在群落生态设计中，对于特定的场所或区域都处在特定的道路环境中，具有与之相适应的地方性物种，这些物种成为与生境最为适宜的物种。但由于绝大多数环境的渐变性特征，使得规划空间的环境与周边环境之间具有一定的近似性和相容性，也决定了周边环境的部分物种在规划区域的生境得以生存。对于具有较宽生态位的物种，能够在新的生境中自然生长；但对于生态位较窄的物种，一年中的适生时间有限，需要依靠人工的保护设施才能度过不适宜季节。另外，对于部分物种，由于引入到新的生境中之后，因缺乏自然天敌而成为当地最大的生态灾难。

3. 植物功能与群落模式构建

植物的功能很多，通常来讲有生态功能、建造功能、观赏功能和启迪功能，其中生态功能是植物最基本，也是最主要的功能。群落生态设计主要考虑的是植物的生态功能、观赏功能等。在植物的生态功能中植物具有调节温度与湿度、防风固沙、减噪防护、减少水土流失、生态恢复、减碳增氧、吸收有毒气体和重金属、吸滞飘尘、杀菌抑菌、驱赶蚊虫、清新空气等功能。这些功能成为群落生态设计中依据不同群落功能需求开展设计的重要目标。从现有的群落生态设计来看，根据场地环境的需求，以防蚊虫为主的群落、以抗污染为主的群落、以保健作用为主的群落、以改善和调节小气候为主的群落、以文化环境型为主的群落五种主要群落模式构建，并结合生境条件来进行群落的生态设计成为目前群落生态设计的重点。

4. 区域配置与功能群落模式综合应用

单一的概念性群落模式只具有某一种功能或以一种能够为主兼顾其他功能的群落，它的作用是有限的。通常来说，由于规划区域面积的因素、环境差异性和人群服务功能的多样性，决定了单一的概念性群落都不能满足现实需要，因此，不同功能群落模式的综合应用是群落生态设计最终能否有效地发挥生态功能的决定性环节。结合人群活动对空间的不同利用方案，依据生境条件，选择不同的功能性群落模式，如分别选择适宜于林地空间、草地、居住、湿地洼地的驱蚊虫群落，形成一种群落功能、不同的生境导向下的群落模式。依据景观生态格局理论，将不同功能性群落模式进行空间有机的组合，形成景观、群落功能有机结合的整体规划，实现概念性群落模式的综合应用（图3－1）。

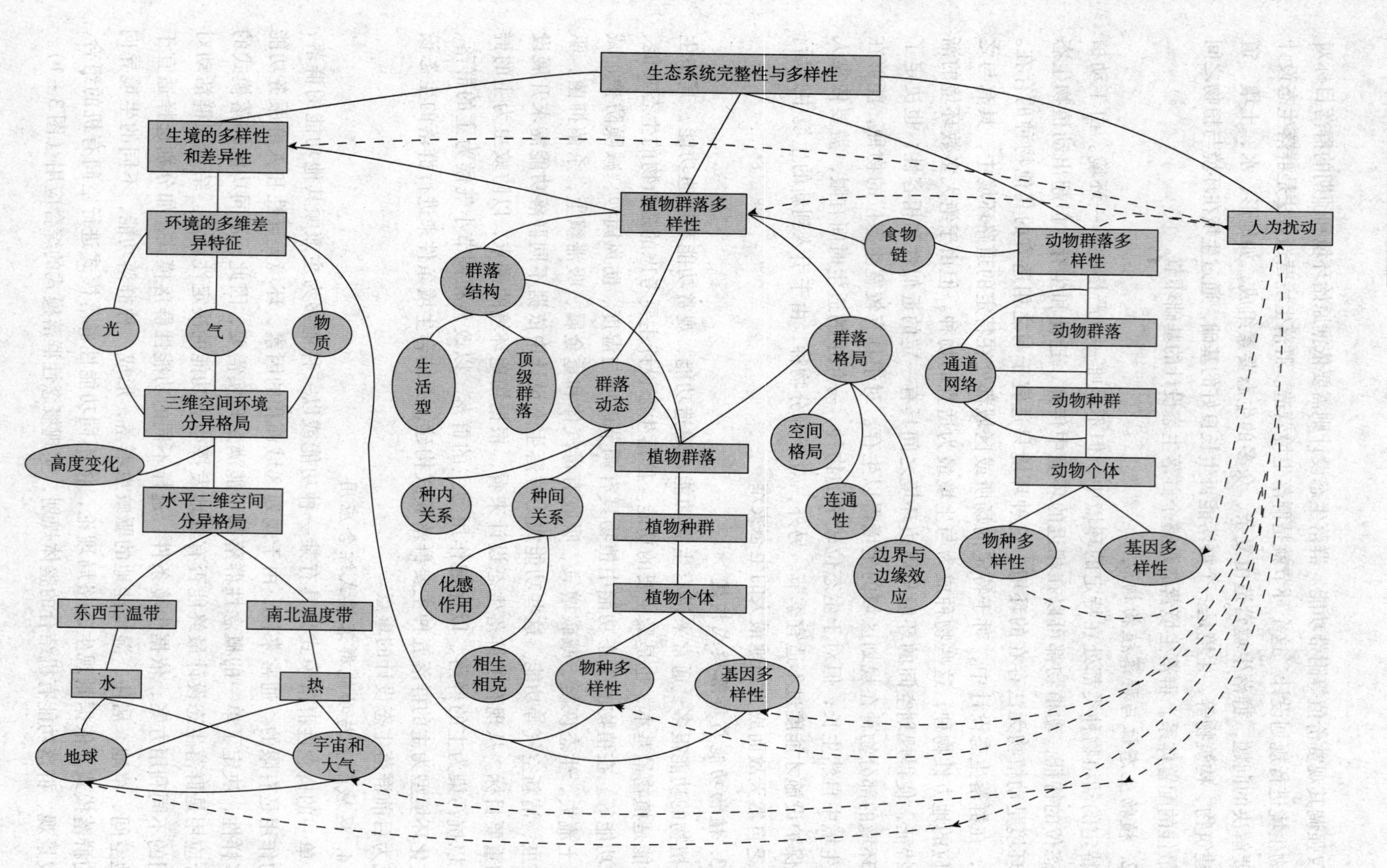

图 3–1 群落生态的内在结构与关系图

3.2.3 适用范围与框架

1. 适用范围

群落生态设计是一个应用十分广泛，实际意义显著的生态设计方法。无论是在风景园林、园林或景观规划设计中植物是规划设计最为重要的景观构成，占据现实空间和规划设计空间的大部分面积。无论是服务于动植物生存的生态绿地的设计，还是服务于人类活动的绿地设计，群落设计的思想和方法都是最为基本的依据，几乎适用于所有具有一定规模面积的绿地建设，但相比较而言，群落设计在服务于人类活动的绿地类型设计中更具有人工选择的自由，尤其是在城市绿地建设中更是如此。

2. 研究方法

群落生态设计立足于景观规划设计专业，以景观规划设计的基本理论为基础，贯彻学科融合的思想，将群落生态学的基本理论引入设计，探讨生态绿地建设的方法与途径。面向景观规划设计学科的群落生态研究主要采用了以下方法：①实地调查法。完成场地或区域动植物群落的调查，明确动植物种类、结构与典型群落模式。②模式研究法。依据典型群落模式的特征及其生态效能评估进一步探讨群落模式应用。③案例研究法。对典型地区自然群落和人工群落进行案例的对比分析和案例研究以指导群落生态设计。④比较分析法。对不同生境、不同功能和不同模式下的群落结构、规模和生态效能等多方面进行对比，筛选出景观价值、生态效能满足要求的群落标准。主要利用的数据库和资料包括：PQDD（全文）、EBSCO 数据库、Elsevier 数据库、万方数据库、维普数据库、中国学术期刊网、江苏植物志、江苏森林、昆山土地志、昆山农业志、昆山血防志、电子地形图（2006 年）。

3. 基本框架

立足于群落生态设计的群落生态理论研究的核心内容主要包括：①群落生态理论基础与方法。②群落生态理论对群落生态设计的指导性与切入点。每一种群落理论在群落设计中都有它的具体意义和设计中解决的核心问题。③功能性导向下的群落生态设计模式。依据生境的多样性研究功能性导向下的群落模式的多元化。④群落生态设计形成的景观空间格局与生态过程。前者是群落生态设计的依据和原理，后者是群落生态设计的具体方法探索与群落的景观生态效能（景观格局的整体性和生态过程的完整性）（图 3－2）。

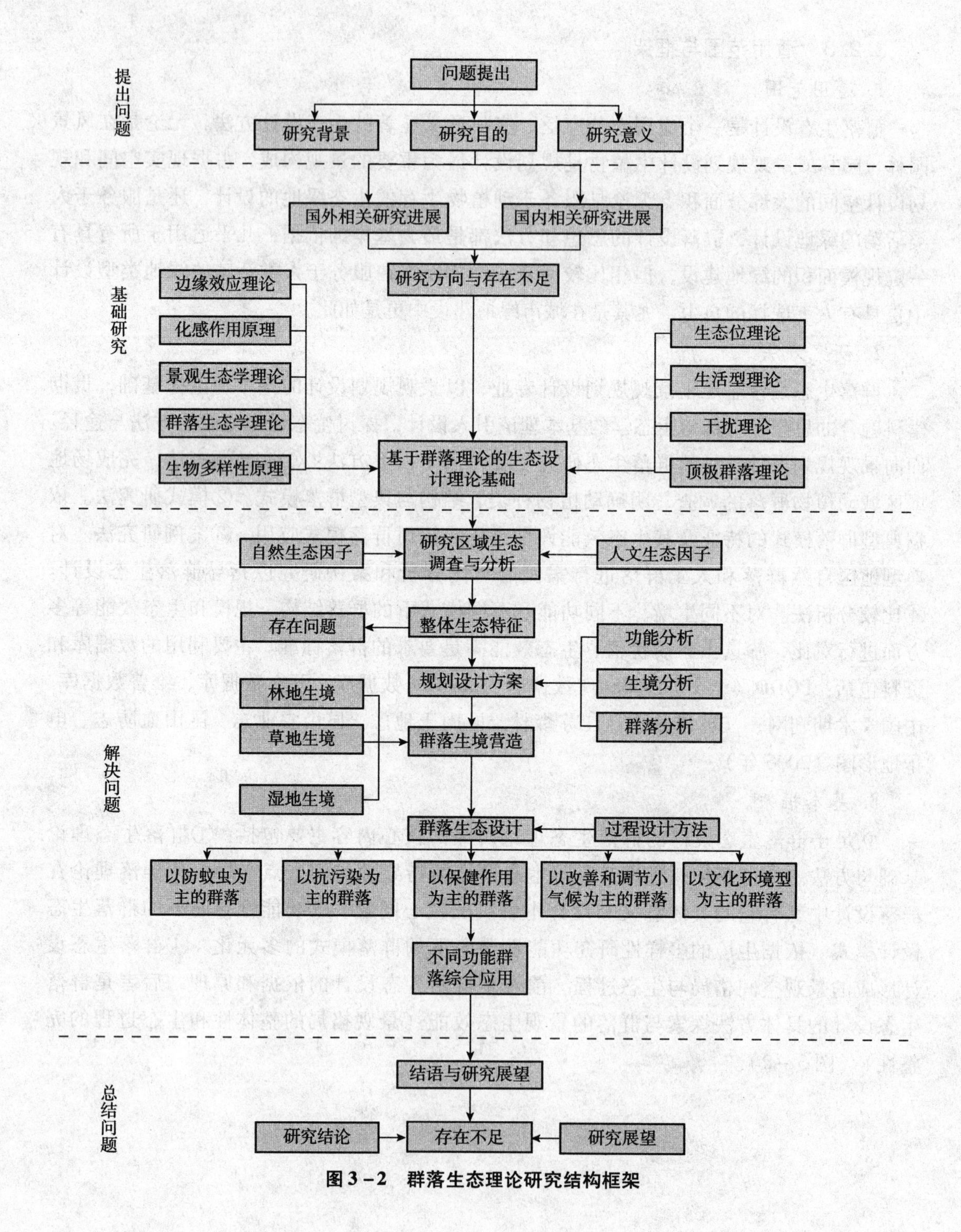

图 3-2　群落生态理论研究结构框架

3.3 研究进展与不足

3.3.1 国外相关研究进展

19世纪后期生态学的兴起为种植设计奠定了科学的基础（表3-1）。人们从自然中发掘植物构成类型，将一些植物种类科学地组成一个群体。

国外群落生态设计相关研究一览表 表3-1

时间段	所在地	研究人	研究成果
19世纪	英国	威廉·罗宾逊、戈特路德·吉基尔和雷基纳德·法雷等	以自然群落结构和视觉效果为依据，对野生林地园、草本花境和高山植物园进行了尝试性的种植设计
	美国	詹士·詹森	提出了以自然的生态学方法来代替以往单纯从视觉出发的设计方法
	美国	詹森和赖特	建造了草原风格的林肯纪念园
	德国	浮士特·鲍克勒	按自然群落的结构，采用不同的树种设计了一批著名的公园
20世纪	荷兰	蒂济和斯普林格	在布罗门代尔（Bloemendaal）创造了一座包括树林、池沼、沼泽地、欧石楠荒野、沙丘等内容的自然景观园林
	荷兰	布罗尔斯	在阿姆斯特丹以南的阿姆斯蒂尔维茵（Amstelveen）开始建造一座$2hm^2$的生态园林
	荷兰	兰德维尔	发展了布罗尔斯（Broerse）建造的生态园林
	荷兰	生态学家	在布罗克辛根（Broekhungen）建造了一座实验性生态园
	英国	—	威廉·柯蒂斯（William Curis）生态园林
21世纪	德国	蒂克逊	提出用地带性的、潜在的植物种，按“顶极群落”原理建成生态绿地的理论要点
	日本	宫胁昭	用20余年时间在全世界900个点实践蒂克逊的理论取得成功

19世纪英国的威廉·罗宾逊（Willian Robinson）、戈特路德·吉基尔（Gertrude Jekyll）和雷基纳德·法雷（Reginald Farrer）等以自然群落结构和视觉效果为依据，对野生林地园、草本花境和高山植物园进行了尝试性的种植设计，这对植物景观自然式设计有一定的影响和推动。

在19世纪后期美国的詹士·詹森（Jens Jensen）提出了以自然的生态学方法来代替以往单纯从视觉出发的设计方法。他1886年就开始在自己的设计中运用乡土植物，1904年之后的一些作品就明显地具有中西部草原自然风景的模式。1937年詹森和赖特（Frank Lloyd Wright）在美国春田城附近建造了草原风格的林肯纪念园。

19世纪德国的浮士特·鲍克勒（Fuerst Puekler）也按自然群落的结构，采用不同的树种设计了一批著名的公园。

20 世纪 20 年代，西方有些生物学家和园艺学家因预见到迅猛的都市化趋势将很快吞没大量自然景观，于是考虑在城市园林中建造模仿自然的植物群落及其生境（林源祥，2002）。

1925 年荷兰人蒂济（Jaques P. Thijsse）和斯普林格（C. Sipkes）在布罗门代尔（Bloemendaal）创造了一座包括树林、池沼、沼泽地、欧石楠荒野、沙丘等内容的自然景观园林。

1940 年由布罗尔斯（Broerse）在阿姆斯特丹以南的阿姆斯蒂尔维茵（Amstelveen）开始建造一座 $2hm^2$ 的生态园林，后来又由兰德维尔（Landwehr）加以发展，其形式是一系列林间空地，每个都构成一幅美丽的风景画。水边一片很宽的地带上交错地分布着种类繁多的植物所组成的不同群落和生境。

荷兰的一些生态学家还在布罗克辛根（Broekhungen）建造了一座实验性生态园。那是一座试图让植被自然发育的园林。通过以土和水为主的自然环境差异促成植物种类的多样化。同时不让土壤中的养分过多，以实现这些植物的自行养护。

自然式种植的园林也出现在建筑较多的街坊中，距伦敦塔桥不远的威廉·柯蒂斯（William Curis）生态园林在不足半公顷的面积上通过部分自发的植被演变创造出一个广泛范围的群落生境。在栽下的 348 种植物中有 205 种自然存活下来（刘滨谊，2001；达良俊，2004；孔杨勇，2004）。

20 世纪 60 年代末德国植物社会学家蒂克逊（Txen）提出用地带性的、潜在的植物种，按“顶极群落”原理建成生态绿地的理论要点。他的学生、国际生态学会会长、日本横滨国立大学宫胁昭教授用 20 余年时间在全世界 900 个点实践该理论取得成功。用这种方法建成的生态绿地具有“低成本、快速度、高效率”的优点，国际上称它为“宫胁昭方法”：将所选择的乡土树种幼苗按自然群落结构密植于近似天然森林土壤的种植带上，利用种群间的自然竞争，保留优势种。两三年内可郁闭，10 年后便可成林，这种种植方式管理粗放，形成的植物群落具有一定的稳定性（王晓俊，2000；封云，2004）。

3.3.2 国内相关研究进展

国内群落生态设计的相关研究起步较晚，查阅近年来我国相关的研究文献，研究主要集中于以下几个方面（表 3－2）。

国内群落生态设计研究归纳表 **表 3－2**

研究方向		主要研究人	研究内容归纳
群落生态设计的研究进展	实例调查与分析	傅徽楠、杨学军、张庆费、周琦、张明丽、张浪、钱江勤、李静、张静、徐岭、王绪平、吕红霞、王孝泓、达良俊	上海城市及周边地区绿地植物群落的调查与分析
		马军山、陈波、易军	杭州西湖主要绿地植物群落的调查与分析

续表

	研究方向	主要研究人	研究内容归纳
群落生态设计的研究进展	实例调查与分析	易军、许晓清、支建江、许伟	南京、无锡两市主要城市绿地植物群落的调查与分析
		王力、彭建松、王锦、朱姣、邹亚海、李小凤	云南昆明世界园艺博览园、个旧市城市绿地、昙华寺公园及西南林学院校园内植物群落的调查与分析
		何兴元、朱文泉、张前进、王雷	沈阳市的沈阳树木园、辉河带状公园、浑南新区人工湿地植物群落的调查与分析
		刘郁、康杰	深圳围岭公园、笔架山公园植被类型及主要植物群落的调查与分析
		谭家伟、魏长顺	安徽省滁洲市琅琊山森林公园、芜湖市公园绿地植物群落的调查与分析
		李房英	福州市园林绿地植物应用的调查研究
		郑辉	唐山市主要交通绿地植物群落组成与多样性的分析研究
		董仕萍	重庆城市园林植物群落树木多样性和组成特点的调查研究
		焦健	兰州市高等院校校园绿化群落的调查
	设计方法与原则	王希华、陈芳清、陈定如、林源祥、达良俊、侯碧清、仲铭锦、储亦婷、赵黎芳、王琰、姚中华、丛日晨、欧阳育林、盛大勇	指导性理念与原则，如宫胁昭法的介绍；提出“近自然”、“仿自然”和“模拟自然”植物群落理念的概括性方法
		李妮、王颖、李妮、李少丽	对不同功能或用途的植物群落的构建进行了简单概括性的介绍
		吴刘萍、李亚雄、陈其兵、唐秋子、李建强、童丽丽	具体植物群落模式的探讨与总结
	群落功能	鲍淳松、胡永红、吴云霄、黄良美、张明丽、秦俊、秦俊、冯义龙	植物群落对小气候的影响
		张明丽、张庆费	植物群落的减噪功能
		祁云枝、杨振华	植物群落养生保健的功能
		张前进	植物群落塑造文化环境的功能
	实例应用	达良俊	生态型绿化法在浦东新区的试验
		叶其刚	三峡库区稀有濒危植物异地保护群落设计
		郝日明	天目湖植物园规划
		胡洁、董丽	北京奥林匹克森林公园植物规划与种植设计
		王小明	上海世博会区域生态规划
		邵治亮	榆靖高速公路植物群落设计
		尹建华	宝安同乐检查站综合治理景观设计
		阮宏华	镇江市金山湖湖滨带植物群落恢复设计

3.3.3 研究方向与存在的不足

综上所述，现阶段群落生态设计实际工程中多停留在种植设计阶段，艺术欣赏功能仍占主导地位。而在学术界，主要研究方向为上文所总结的四个方面，分别为实例调查与分析、群落设计方法与原则、群落功能研究、实例应用。

对现有研究文献分析表明，四个研究方面的研究成果以实例调查与分析最多，群落设计方法与原则及群落功能研究次之，实例应用研究最少。且总体普遍存在如下情况：

（1）实例研究与分析较为全面彻底，但研究分析所得结果应用于实际的甚少；

（2）群落设计方法与原则的研究过于笼统化，以至于在实践中根本不具可操作性；

（3）实例应用见于文献的甚少，使有心应用的设计师面临找资料难的困境。

我国有关城市绿地中生态化植物群落的研究和开发工作起步较晚，具体表现为：一方面，缺乏自然化植物群落构建的理论和技术规程；另一方面，缺乏城市生态化植物群落景观的构建工艺，城市绿地景观仍停留在植物配置阶段，这样的人工植物群落生态功能不强，缺乏自然气息。

此外，仅从生产者——绿色植物的角度去考虑。谈到生态的问题，很多人认为生态就是绿色，就是尽可能地增加城市绿地，提高绿地率，把生态理念简单地理解为大量种树、提高绿量。于是，“绿色”和“生态”就划上了等号。实际上，这仅仅是从生产者——绿色植物的角度去考虑问题，而忽视了食物链、网，生态系统之间复杂的关系。从营养方式来说，一个生态系统中的生物成分是由生产者、消费者和分解者组成的，加上非生物成分，应该是四大基本部分组成一个完整的生态系统。因此，仅仅从生产者的角度去看待“生态”问题，是远远不够的。

群落生态设计旨在将生态学家、植物学家们对现在存在的群落分析的结果，通过整理吸收来指导我们在景观规划设计中的创造过程。

3.4 群落生态设计的理论基础

3.4.1 群落生态理论

1902年，瑞士学者 C. Schroter 首次提出群落生态学（synecology）的概念，认为群落生态学是研究群落与环境的科学。1910年，在布鲁塞尔召开的第3届国际植物学会上决定采纳群落生态学这一术语。

群落生态学的研究以植物群落研究最为广泛、深入，有关原理多源于植物群落研究。植物群落学也称地植物学或植被生态学，主要研究植物群落结构、功能、形成、发展及与其所处环境的关系。目前已形成比较完整的理论体系。

群落生态学理论是本文引用的最重要的理论。本文的理论依据主要就是群落生态学理论，包括生境与生态位理论、生活型理论、顶极群落理论等基础理论都属于群落生态学的范畴。该理论对本文下面论述的生境的营造、植物的选择与组合等都起到十分重要的理论支持作用。

1. 生境与生态位理论

在长期生态适应和生物进化中，生物与环境形成了利用改造与供养支持的一一对应关系，每个生物物种在生物群落或生态系统中都占据独特的资源并产生相应的影响。从环境来看，生物所生存的具体环境，即该生物的生境（habitat）；从生物来看，生物在环境中占据的特定位置，即生态位（niche）。

Joseph Grinnell 1917 年首先应用生态位一词来描述对栖息地再划分的空间单位，他强调的是生态位的空间概念。Charles Elton（1927）强调生物在群落中的功能作用，他认为生态位指“一种生物在其环境中的地位及其与食物和天敌的关系”。Hutchinson（1958）从空间和资源利用等多方面考虑，提出了比较现代的生态位概念：考虑有两个独立的环境变量 $x1$ 和 $x2$ 可以在直角坐标系中进行测定和表达。如果有 n 个因子，就构成了 n 维超体积资源空间（n-dimensional hyper-volume）。一种生物对 n 维资源利用范围组成了一个该物种的 n 维超体积空间，称为该物种的 n 维生态位（图 3－3）。因此，可以看到 Grinnell 强调生境生态位（habitat niche），Elton 强调功能生态位（functional niche），Hutchinson 定义的是超体积生态位（hyper-volume niche）。从理论上讲，以上的定义有三点不足之处：①大多只将物种作为生态位的利用者或占有者，而没有包括其他拥有生态位的生物组合层次（生物群落，生态系统等）；②只考虑了环境因子（食物、温度等）而忽略了时间因

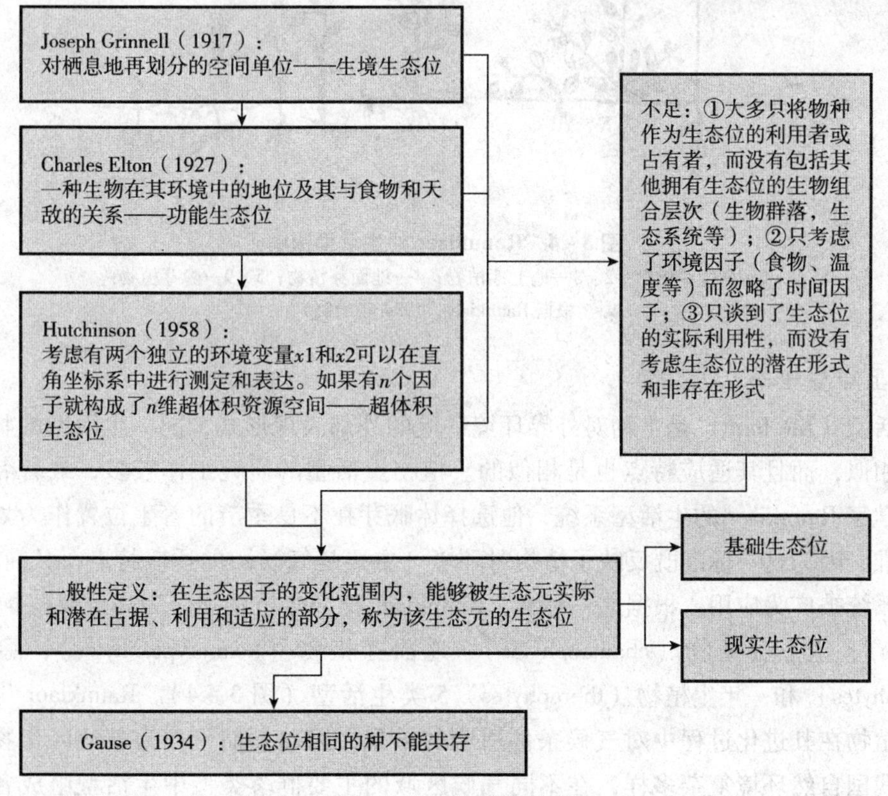

图 3－3 生境与生态位理论的产生及核心

子；③只谈到了生态位的实际利用性，而没有考虑生态位的潜在形式和非存在形式。

根据近期的发展，将时间因子和环境因子统称为生态因子。各组织水平的生物统称为生态元（ecological unit），可导出生态位的一般性定义：在生态因子的变化范围内，能够被生态元实际和潜在占据、利用和适应的部分，称为该生态元的生态位。其余部分称为生态元的非生态位（non-niche）。

在生物群落中，能够被生物利用的最大资源空间称为该生物的基础生态位。由于存在着竞争，很少物种能够全部占领基础生态位。物种实际占有的生态位称为现实生态位（realized niche）。后来，许多人认为生态位可与资源利用普等同（May，1976）。根据Gause（1934）等人的实验，生态位相同的种不能共存，因之有人提出每个生态位一个种的概念。生态位与群落结构有密切关联，群落结构越复杂，生态位多样性越高。

生境与生态位理论是研究本文的基础理论。在群落生境营造和群落生态模式设计中应考虑到生境与生态位的问题，尽量选择能够适应生境、生态位重叠较少的物种，以提高群落内物种的存活率。

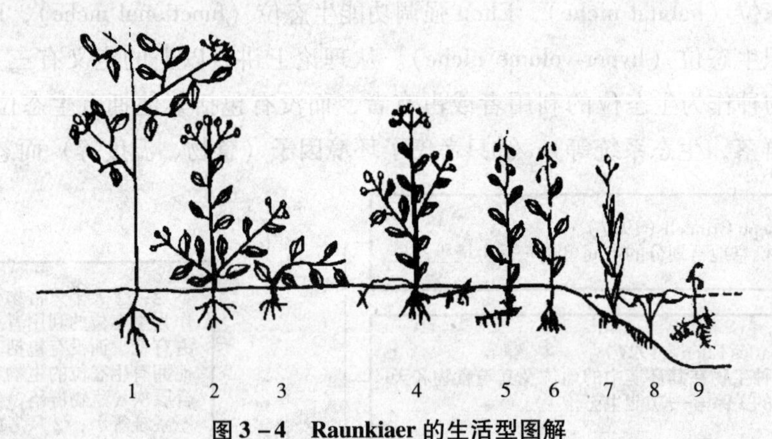

图3－4　Raunkiaer的生活型图解

1—高位芽植物；2、3—地上芽植物；4—地面芽植物；5～9—隐芽植物

（根据Raunkiaer，1934年绘制）

2. 生活型理论

生活型（life form）是生物对外界环境适应的外部表现形式，同一生活型的物种，不但体态相似，而且其适应特点也是相似的。植物生活型的研究工作较多，最著名的是丹麦生态学家Raunkiaer的生活型系统，他选择休眠芽在不良季节的着生位置作为划分生活型的标准，因为这一标准既反映了植物对环境（主要是气候）的适应特点，又简单明确，所以该系统被广为应用。根据这一标准，Raunkiaer把陆生植物划分为高位芽植物（phanerophytes）、地上芽植物（chamaephytes）、地面芽植物（hemicryptophytes）、隐芽植物（cryptophytes）和一年生植物（therophytes）5类生活型（图3－4）。Raunkiaer生活型被认为是植物在其进化过程中对气候条件适应的结果，因此它们可作为某地区生物气候的标志。我国自然环境复杂多样，在不同气候区域的主要群落类型中生活型组成各有其特点（表3－3）。

中国几种典型群落类型的生活型谱（引自：王伯荪，1987） 表3-3

群落（地点）	生活型				
	高位芽植物（%）	地上芽植物（%）	地面芽植物（%）	隐芽植物（%）	一年生植物（%）
热带雨林（西双版纳）	94.7	5.3	0	0	0
热带雨林（海南岛）	96.88（11.1）	0.77	0.42	0.98	0
热带山地雨林（海南岛）	87.63（6.87）	5.99	3.42	2.44	0
南亚热带常绿阔叶林（鼎湖山）	84.5（4.1）	5.4	4.1	4.1	0
亚热带常绿阔叶林（滇东南）	74.3	7.8	18.7	0	0
亚热带常绿阔叶林（浙江）	76.7	1	13.1	7.8	2
暖温带落叶阔叶林（秦岭北坡）	52.0	5.0	38.0	3.7	1.3
寒温带暗针叶林（长白山）	25.4	4.4	39.6	26.4	3.2
温带草原（东北）	3.6	2.0	41.1	19.0	33.4

注：括号内数字为附生植物百分数。

3. 顶极群落理论

无论原生演替或次生演替，生物群落总是由低级向高级、由简单向复杂的方向发展，经过长期不断的演化，最后达到一种相对稳定状态。在演替过程中，生物群落的结构和功能发生着一系列的变化，生物群落通过复杂的演替，达到最后成熟阶段的群落是与周围物理环境取得相对平衡的稳定群落，称为顶极群落（climax）（图3-5）。

群落顶极理论有单元顶极论和多元顶极论之分，单元顶极论（monoclimax theory）理论是美国生态学家 F. E. Clements（1916）首先提出的。他认为在同一气候区内，只能有

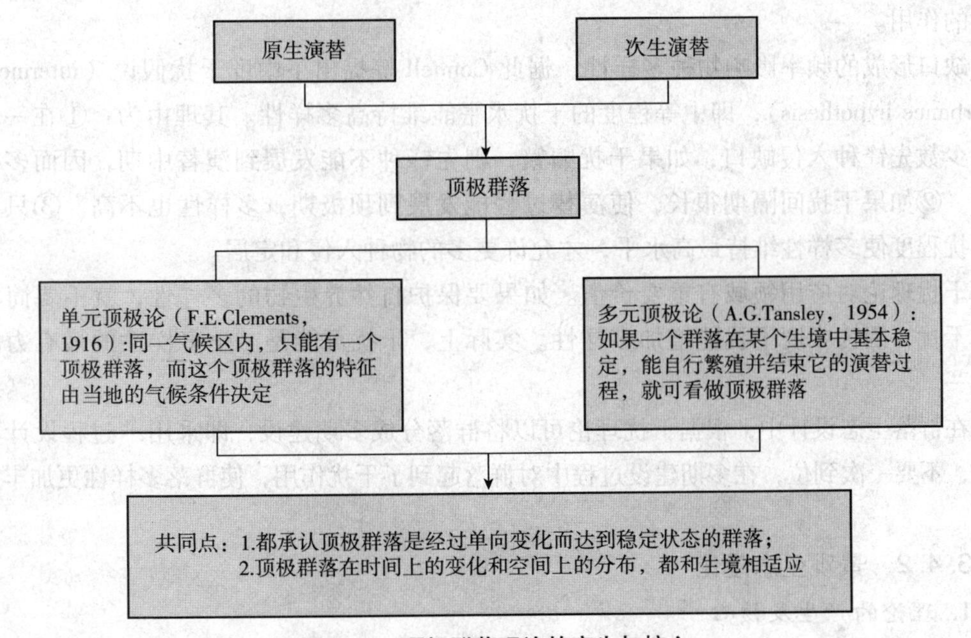

图3-5 顶极群落理论的产生与核心

一个顶极群落，而这个顶极群落的特征是由当地的气候条件决定的。这个顶极称气候顶级（climatic climax)，无论是水生型，还是旱生型的生境，最终都趋向于中生型的生境，均会发展成为一个相对稳定的气候顶极。多元顶极论是英国学者 A. G. Tansley（1954）提出的，这个学说认为，如果一个群落在某个生境中基本稳定，能自行繁殖并结束它的演替过程，就可看做顶极群落。

不论是单元顶极论还是多元顶极论，都承认顶极群落是经过单向变化而达到稳定状态的群落，而顶极群落在时间上的变化和空间上的分布，都是和生境相适应的（曹凑贵，2002)。

顶极群落理论是群落生态设计应用的重要理论之一。自然顶极群落的物种之间，物种与环境之间相互协调统一，具有高效的能量和物质利用效率。群落生态设计就是提倡在建设人工群落的时候模拟自然顶极群落，使人工群落具有良好的生态效益。

此外，顶极群落理论所涉及的生境问题为群落生态设计的研究提供了理论依据。在进行群落生态设计的时候，必须考虑生境问题，进行生境的营造，并且使群落和生境相适应。

4. 干扰理论

干扰（disturbance）是自然界的普遍现象，就其字面含义而言，是指平静的中断，正常过程的打扰或妨碍。

生物群落不断经受着各种随机变化的事件，正如 Clements 提出的："即使是最稳的群丛也不完全处于平衡状态，凡是发生次生演替的地方都受到干扰的影响"。他们当时把干扰视为扰乱了顶极群落的稳定性，使演替离开了正常轨道。近代多数生态学家认为干扰是一种有意义的生态现象，它引起群落的非平衡特性，强调了干扰在群落结构形成和动态中的作用。

缺口形成的频率影响物种多样性，据此 Connell 等提出了中度干扰假说（intermediate disturbance hypothesis)，即中等程度的干扰水平能维持高多样性。其理由为：①在一次干扰后少数先锋种入侵缺口，如果干扰频繁，则先锋种不能发展到演替中期，因而多样性较低。②如果干扰间隔期很长，使演替过程能发展到顶极期，多样性也不高。③只有中等干扰程度使多样性维持最高水平，才允许更多的物种入侵和定居。

干扰理论对应用领域有重要价值。如果要保护自然界生物的多样性，就不要简单地排除干扰，因为中度干扰能增加多样性。实际上，干扰可能是产生多样性的最有力的手段之一。

在群落生态设计中，根据干扰理论可以将群落分成多期建设，即采用"过程设计"的方法，不要一次到位，在多期建设过程中对群落起到了干扰作用，使群落多样性更加丰富。

3.4.2 景观生态理论

1. 理论的产生及核心

"景观生态学"（landscape ecology）一词首先由德国著名的生物地理学家 Troll C 于

1939年提出来，其目的是为了协调统一生态学和地理学这两个领域中科学家的研究工作。之后，不少学者对景观生态学概念展开热烈的讨论。Forman 和 Godron（1986）在给出确切“景观”定义的基础上，认为景观生态学是研究景观结构（structure）、功能（function）和变迁（change）的一门学科；肖笃宁等（1992）则认为景观生态学研究应当以所关心的生态过程和目的为中心，否则，任何对景观结构的描述都是人为的，没有太大的科学意义。我国景观生态学工作者普遍倾向于Forman 和 Godron 对景观生态学的理解，认为景观生态学是研究在一个相当大的区域内，由许多不同生态系统所组成的整体（即景观）的空间结构、相互作用、协调功能以及动态变化的生态学新分支。

景观生态学的研究对象和内容可概括为三个基本方面：①景观结构（structure），即景观组成单元的类型、多样性及其空间关系；②景观功能（function），即景观结构与生态过程的相互作用，或景观结构单元之间的相互作用；③景观动态（dynamic），即景观在结构和功能方面随时间推移发生的变化。我国林学家徐化成（1996）认为景观生态学的研究内容除了以上三点外，还应包括景观规划与管理，即根据景观结构、功能和动态及其相互制约和影响机制，制定景观恢复、保护、建设和管理的计划和规划，确定相应的目标、措施和对策。陈吉泉（1995）将景观生态学的内容进一步细分为九个方面：①景观格局与过程关系（pattern-process relationship）；②等级结构与尺度变化（hierarchical structrue and scaling）；③景观破碎化和边缘效应（fragmentation and edge effects）；④景观积累效应（cumulatice effects）；⑤保护生物学、生物多样性中的应用（conservation biology and biodiversity）；⑥景观基质与景观连接性（matrix and landscape connectivity）；⑦文化、经济、社会、政治等学科的参与（evolvement to cultural, economic, social, and politics sciences）；⑧景观或生态系统经营（landscape ecosystem management）；⑨景观数量方法（quantitative methods）。与其他学科相比，景观生态学明确强调了空间异质性（spatial heterogeneity）、等级结构（hierarchical structure）和尺度（scale）在研究生态学格局与过程中的重要性，其核心是生态系统的时空异质性（spatial and temporal heterogeneity）。

景观生态学的理论基础是整体论（holism theory）和系统论（system theory），但对景观生态学理论体系的认识却并不完全一致。一般说来，景观生态学的基本理论至少包含以下几个方面：①时空尺度（spatial and temporal scale）；②等级理论（hierarchy theory）；③耗散结构与自组织理论（dissipation structure and organization theory）；④空间异质性与景观格局（spatial heterogeneity and landscape pattern）；⑤斑块—廊道—基底模式（patch-corridor-matrix model）；⑥岛屿生物地理学理论（island biogeography theory）；⑦边缘效应与生态交错带（edge effects and ecotone）；⑧复合种群理论（meta population theory）；⑨景观连接度与渗透理论（landscape connectivity and percolation theory）（何东进，2003）。

本文研究的群落生态设计是景观生态学的重要内容之一，因此，景观生态学理论对本文有着重要的指导意义。不但是在群落生态设计中，在研究区总体规划设计中也涉及相关的理论知识的应用。

本研究区域内的景观以农业景观、湿地景观、森林景观为主，而景观生态学在我国的主要应用、研究领域也是这三方面，为此，景观生态学理论从总体的高度指导着本研究区域的规划设计及后期的群落设计各个方面。

2. 群落空间格局理论

群落是景观生态空间中最小的生态单元，也是生态系统中最重要的关键层次。群落分布取决于相应生境的空间范围，生境是决定植物分布的唯一因素。由于群落受环境因素的影响，因此，群落空间格局主要包括如下两种类型（表3-4）。

1）群落边界模糊不清

由于生境决定群落的分布范围，单个生态因子或生态因子配置是生境变化的重要内在机制。根据渐变论观点，由于地球表层主要生态因子呈现出连续性变化特征，生境的变化也应当呈现出逐渐变化的空间特征，对于开放的群落来说，物种的分布也应当依据生境渐变的特性形成相应的植物的渐变性分布。由于植物空间分布呈现渐变特征，在两个或多个群落之间都呈现由群落内部的主导型向周边空间的渐变和镶嵌型，没有一个完全明确的群落界限。

群落的空间格局特征　　表3-4

群落特征	开放群落	封闭群落
提出者	H. A. Gleason	F. E. Clements
组织方式	个体论	整体论
边界	不明确	清楚（群落交错区）
物种分布区域	孤立	重叠
协同进化	不普遍、不明确	显著

2）群落边界清楚明显

无论是在理论界还是实践工作中，有些群落分布的边界是清楚的，并不像渐变理论提出的群落空间格局特征。群落边界清楚明显是基于生境的突变或生境边界的清楚性和封闭性。生境突变大多是生态因子因某种因素的突变而形成，如悬崖、陡坎、天坑等地形导致突变，也可能是在较短空间范围内生境出现较大差异，形成群落分布上的突变，形成群落空间上的不连续性和较大的梯度特征。大多数的群落在空间分布上是有特定空间范围的，群落边界也是存在的，但不是边界的突变类型，在两个群落之间存在一个渐变的群落交错带。交错带具有群落特有的边缘效应。

3. 连接度与连通性理论

景观连接度（Merriam，1984）和景观连通性（Baudry，1984）都是衡定景观生态过程的重要指标。根据拓扑学中连通性的数学概念，将景观连通性定义为廊道、网络或基质在空间上的连续性量度（Forman 和 Godron），是生态系统中和生态系统之间关系的整体复杂性（Schreiber）、可接近性（Janssens 和 Gulinck）、邻接性和相互依赖性（Haber）。景观连接度作为测定景观生态过程的一种重要指标，通过这种生态过程，景观中一些生物亚群体相互影响、相互作用形成一个有机整体。并进一步分析了景观连接度和景观连通性的区别（Baudry and Merriam，1988），认为景观连通性是指景观元素在空间结构上的联系，而景观连接度是景观中各元素在功能上和生态过程上的联系。景观连接度的提出与应用，对生物多样性保护、生物资源管理、景观生态规划等具有重要意义。景观连接度不仅受廊道的显著影响，而且其他景观元素或基质对景观连接度也有明显的作用（Taylor 和 Memam，1996）。通常认为，由相互联系较多的相似景观元素组成的景观单元与相互联系较少的景观元素组成的景观单元相比，其景观连接度具有较高水平（Mcdonne，1988）。但具有较高连通性的基质，不一定具有较好的景观连接度。

在我国，研究者在吸收国外研究成果的基础上，结合 GIS 技术和景观生态技术，从系统诊断和宏观层面分析完成城市绿地系统现状调查、城市绿地系统的景观连接度（张大旭），建立了景观连接度评价模型及景观斑块指数，研究了生境的景观连接度水平和生境的适宜性（姜广顺等）。有的研究通过选取绿地景观构成、景观破碎度、景观多样性指数、景观最小距离指数、景观连接度指数和景观分维数等指标研究城市建成区的城市公园景观格局（车生泉，宋永昌）和利用 GIS 梯度分析与景观指数分析研究城市的空间格局（王海珍）。从理论上利用数学模型模拟了不同斑块间廊道数量与生物生存之间的相互关系来提高景观中各单元之间的连通性，更重要的是增强景观单元间的连接度（邱建国）。景观规划不仅仅是提高景观中各元素之间的连通性，关键是增强景观元素相互间的连接度。通过增加或减少景观元素，导致景观结构的改变，进而影响到景观生态功能的变化（王军等，1999；李团胜，1996；王仰麟等，1998；肖笃宁，1998）。景观生态规划设计就是通过研究景观结构和生态过程之间的关系，构造不同的景观结构而达到控制景观生态功能的目的。

4. 边界与边缘效应理论

群落的边缘（edge）是指不同的群落之间互相接触的交界线，比如森林群落和草原群落的分界线。群落边缘执行着两个群落或两种结构条件间分界线的作用，其排列模式在实际中不是千篇一律而是变化的（Thomas，1986）。有些排列极为简单，显著地分界两个区域，甚至形成断裂边缘，而有些较为不明显，形成镶嵌边缘（图 3－6）。

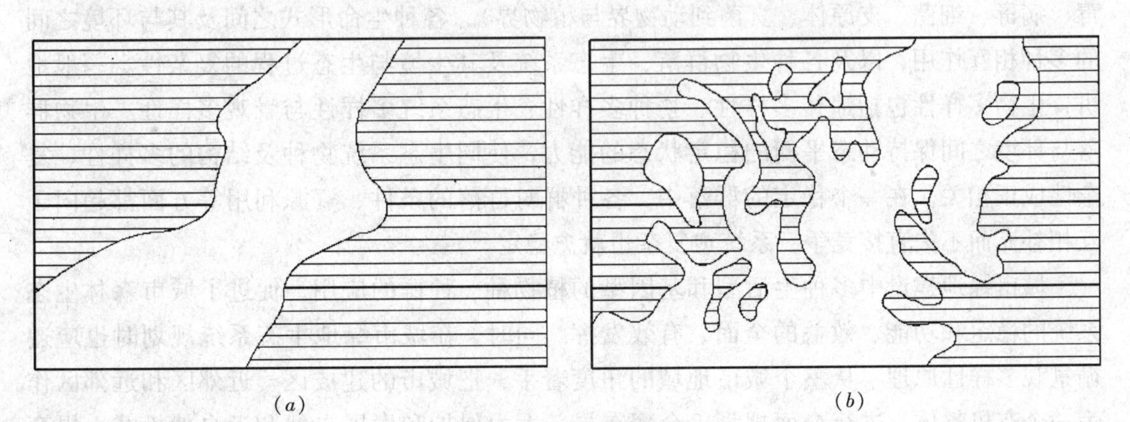

(*a*)　　(*b*)

图 3－6　群落边缘的类型

(*a*) 断裂边缘；(*b*) 镶嵌边缘

群落边缘在群落间或结构条件间的分界作用是逐步的，因而在边缘附近形成过渡地带，称为群落交错区（ecotone）。由于群落交错区生境条件的特殊性、异质性和不稳定性，使得毗邻群落的生物可能聚集在这一生境重叠的交错区域中，不但增大了交错区中物种的多样性和种群密度，而且增大了某些生物种的活动强度和生产力，这一现象称为边缘效应（edge effect）。

边缘效应的主要特征有：①食物链长，生物多样性增加，种群密度提高；②系统内部物种与群落之间竞争激烈，彼此消长频率高，幅度大；③抗干扰能力差，界面易发生变异，且系统恢复的周期长；④自然波动与人为干扰相互叠垒，易使系统承载能力超过临界阈值，导致系统紊乱，乃至崩溃。生态交错带的一个重要特征就是具有较高的生物多样性。生态交错带的边缘效应造成交错带内气候和景观的边缘特征，使许多植物区系成分和多种植物类型可以在其中生长，多样的植被分布又导致多种动物的迁移。

边缘效应是依托非边缘区产生的，因此非边缘区的大小决定着边缘效应的强弱，边缘区过小，边缘效应下降；边缘过大就会失去边缘的意义，边缘效应也下降。边缘区也可能产生负效应。

边缘效应的研究不仅在理论上具有重要意义，在实际运用中更是极有价值。在野外种群保护和维护物种多样性上，恰当运用边缘理论肯定能收到事半功倍的效果。随着人类对自然的开发，群落交错区和边缘效应的研究也不会局限于野生动物管理的实践，它将是人类进行早期生态预警和生态管理理论探索与实践的核心问题。

边缘效应理论主要对本研究的总体规划设计阶段起指导作用，为了使研究区内生物多样性提高，可以在总体规划设计阶段和生境营造阶段多营造些边缘的生境。

3.4.3 生物多样性理论

1. 理论的产生及核心

生物多样性（biodiversity）的一般定义是“生命有机体及其赖以生存的生态综合体的多样化（variety）和变异性（variability）”。生物多样性是指生命形式的多样化（从类病毒、病毒、细菌、支原体、真菌到动物界与植物界），各种生命形式之间及其与环境之间的多种相互作用，以及各种生物群落、生态系统及其生境与生态过程的复杂性。一般地讲，生物多样性包括遗传多样性、物种多样性、生态系统多样性与景观多样性。生物群落与环境之间保持动态平衡的稳定状态的能力，使同生态系统物种及结构的多样性、复杂性成正相关。在一个稳定的群落中，各种群对群落的条件、资源利用等方面都趋向于互相补充而不失直接竞争，系统愈复杂也就愈稳定。

城市绿地建设中多种生活型和基因型的植物种、种群的应用，促进了城市森林生态系统的稳定和功能、效益的全面、有效发挥。同时，在城市绿地生态系统规划时也应遵循景观多样性原理，从整个城市地域的角度着手，把城市的建成区、近郊区和远郊区作为一个有机整体，进行全面规划，合理布局，大力保护和发展自然和近自然模式，提高城市绿地生态系统的多样性和稳定性，促进城市生物多样性保护（图3－7）。

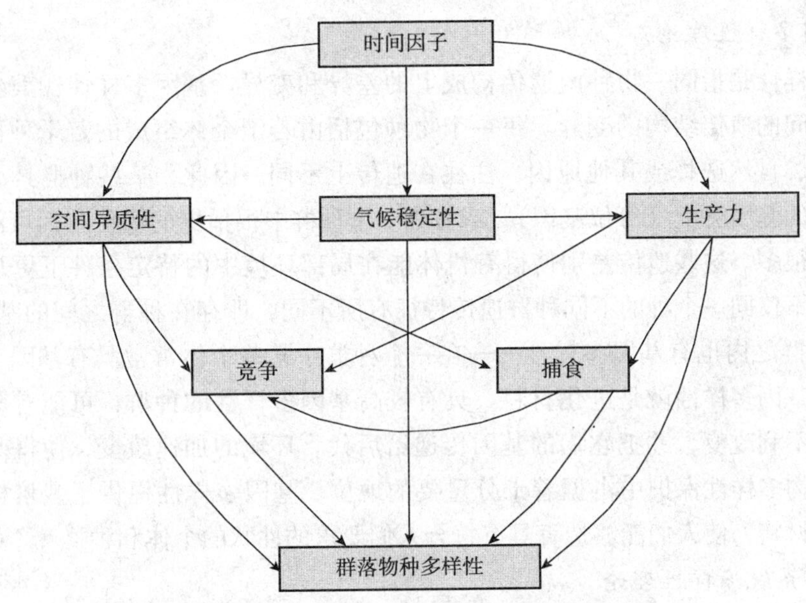

图 3－7 影响群落多样性的因子及其相互作用

2. 物种多样性理论

物种多样性是指物种及其集合体的生物学多样性。物种多样性研究的核心是物种的数量变化和物种的生物学多样性程度，主要内容应该是物种多样性时空变化在各种尺度范围的格局、成因及其规律。物种多样性是生物多样性的中心，是生物多样性最主要的结构和功能单位，是指地球上动物、植物、微生物等生物种类的丰富程度。物种多样性包括两个方面：一方面是指一定区域内物种的丰富程度，可称为区域物种多样性；另一方面是指生态学方面的物种分布的均匀程度，可称为生态多样性或群落多样性。物种多样性是衡量一定地区生物资源丰富程度的一个客观指标。它是根据一定空间范围物种的遗传多样性可以表现在多个层次上数量和分布特征来衡量的。一般来说，一个种的种群越大，它的遗传多样性就越大。但是，一些种的种群增加可能导致其他一些种的减少，从而导致一定区域内物种多样性减少。

植物群落的多样性是群落中所含的不同物种数和它们的多度的函数。多样性依赖于物种丰富度（物种数）和均匀度或物种多度的均匀性。两个具有相同物种的群落，可能由于相对多度的分布不同而在结构和多样性上有很大差异。在不同空间尺度范围内，植物多样性的测度指标是不同的，通常分为 α－多样性、β－多样性和 γ－多样性三个范畴，其中 α－多样性是指在栖息地或群落中的物种多样性。

群落的多样性是群落稳定性的一个重要尺度，多样性高的群落，物种之间往往形成比较复杂的相互关系，食物链和食物网更加趋于复杂。当面对来自外界环境的变化或群落内部种群的波动时，群落由于有一个较强大的反馈系统，从而可以得到较大的缓冲。从群落能量学的角度来看，多样性高的群落，能流途径更多一些，当某一条途径受到干扰被堵塞不通时，就会有其他的路线予以补充。

3. 基因多样性理论

遗传多样性是指同一物种内遗传构成上的差异和变异。基因多样性代表生物种群之内和种群之间的遗传结构的变异。每一个物种包括由若干个体组成的若干种群。各个种群由于突变、自然选择或其他原因，往往在遗传上不同。因此，某些种群具有在另一些种群中没有的基因突变（等位基因），或者在一个种群中很稀少的等位基因可能在另一个种群中出现很多。这些遗传差别使得有机体能在局部环境中的特定条件下更加成功地繁殖和适应。不仅同一个种的不同种群遗传特征有所不同，即存在种群之间的基因多样性；在同一个种群之内也有基因多样性——在一个种群中某些个体常常具有基因突变。这种种群之内的基因多样性就是进化材料。具有较高基因多样性的种群，可能有某些个体能忍受环境的不利改变，并把它们的基因传递给后代。环境的加速改变，使得基因多样性的保护在生物多样性保护中占据着十分重要的地位。基因多样性提供了栽培植物和家养动物的育种材料，使人们能够选育具有符合人们要求的性状的个体和种群。

4. 生态系统多样性理论

生态系统多样性是指生态系统本身的多样性和生态系统之间的差异性。生态系统多样性是指生物圈内生境生物群落和生态过程的多样化以及生态系统内生境生物群落和生态过程变化的惊人的多样性。此处的生境主要是指无机环境，如地貌、气候、土壤、水文等。生境的多样性是生物群落多样性乃至整个生物多样性形成的基本条件。

生态系统是各种生物与其周围环境所构成的自然综合体。所有的物种都是生态系统的组成部分。在生态系统之中，不仅各个物种之间相互依赖，彼此制约，而且生物与其周围的各种环境因子也是相互作用的。从结构上看，生态系统主要由生产者、消费者、分解者所构成。生态系统的功能是对地球上的各种化学元素进行循环和维持能量在各组分之间的正常流动。生态系统的多样性主要是指地球上生态系统组成、功能的多样性以及各种生态过程的多样性，包括生境的多样性、生物群落和生态过程的多样化等多个方面。其中，生境的多样性是生态系统多样性形成的基础，生物群落的多样化可以反映生态系统类型的多样性。

基因和物种多样性是生物多样性研究的基础，而生态系统多样性则是生物多样性研究的重点。生态系统多样性充分体现了生物多样性研究的最突出的特征，即高度的综合性，主要表现在，它是基因到景观乃至生物圈的不同水平研究的综合。

生态系统多样性的测度包括生物群落和生态系统两个水平的多样性测度问题。由于生物群落是生态系统的核心部分，因此人们多以群落多样性的测度代替整个系统的多样性测度。尽管近年来也有人提出生态系统多样性指数，但应用不普遍，还有很多不尽如人意之处，不过这是一个很好的发展方向。生物群落多样性的测度始于20世纪初叶，当时的工作主要集中于群落中物种面积关系的探讨和物种多度关系的研究，1943年Williams在研究Rothamsted的鳞翅目昆虫物种多度关系时，首次提出了多样性指数（index of diversity）的概念（Fisher等，1943），1949年Simpson提出了多样性的反面即集中性的概率度量方法，1958年Margalef首次将Shannon和Wiener的信息测度公式引入生态学，用此函数来测度多样性（Pielou，1985）。1967年McIntosh应用多维空间中的欧氏距离来测度多样性，无论怎样定义多样性，它都是把物种数和均匀度结合起来的一个单一的统计量（Pielou，1975）。由于多样性指数的这两个组分的结合方式或对其给予的权重不同形成了大量的物种多样性指数，给群落多样性的测度造成了一定的混乱；另一方面，一些学者试图提出更具普遍意义的多样性指数表达式以包括已经提出的重要的多样性指数，其中Hill（1973）的多样性指数系列就是一例，此外Lloyd（1964）和Pielou（1969）等还提出了均匀度的测度公式以丰富生物群落多样性的测度方法。自20世纪70年代中期以来Whittaker（1972）、Pielou（1975）、Washington（1984）和Magurran（1988）等对生物群落多样性测度方法进行了比较全面的综述，对这一领域的发展起到了积极的推动作用。近年来，虽然该领域的研究没有20世纪70、80年代活跃，但也有相当数量的学者致力于这方面的研究，而且将测度对象从生物群落扩展到生态系统。

3.4.4 群落系统理论

1. 生物平等与物种权法则

生物平等与物种权法则是深生态思想的重要体现和特征，也是现代生态学和生态规划设计必须坚持的原则和出发点。所有的生命形式都是通过漫长的生命史进化演变而来的，生物平等论的关键在于：①每一个生物物种在地球的生命体系中存在着特有的价值和功能。具有存在的必然性和不可或缺性。②尽管存在生物食与被食、统治与被统治的关系，但这是自然竞争的法则，是物种竞争与进化的动力，是生物平等的体现，是自然界本身的规律。③生物平等是立足于人与自然关系，对于人类社会来讲生物不因人的喜好而遭到大规模的屠杀，或因为人的需要而不尊重生态规律，大规模地牺牲其他物种的利益和权利来满足自己。④野生动物是属于自然界的，属于地球共同的家园，人类必须保护野生动物及其栖息的环境。⑤生物平等同样体现在物种权法则上。人类在人与自然的健康关系中必须建立物种权法则，每一种物种都有存在的权利，不因人的因素而灭绝。生态规划设计是通过物种及其生境保护和营造来实现生物平等和物种权法则的。

2. 食物链理论

食物链理论是生态系统最基本的系统关系和系统结构，所有的生物都处在食物链系统之中。在食物链的结构中每一个环节的生物都有存在的必然和生态价值。群落是生态系统的基本单位之一，也是生态系统基本的构成之一。群落由不同的种群及其物种个体构成，群落中的植物成为群落存在的根本，是食物链中最基本的食物来源。因此，食物链理论的关键在于：①群落中植物是基本，植物设计成为群落设计的核心。但植物群落离不开动物的存在，食物链关系是目标导向下的动植物群落设计的内在联系和依据。②食物链揭示的是群落系统中位于不同营养级上生物个体的数量。对于服务于动植物生存的绿色生态空间设计来说，食物链是寻求自然的平衡过程。而对于服务于人类活动的绿地系统生态规划设计来讲，食物链的平衡是局部的和受限制的。植物的种类和数量、动物的种类和数量都受到严格的筛选。食物链的应用只是对自然状态下完整食物链的片段的选取，但这种选取具有明确的人为标准。

3. 生存竞争与适应性理论

生存竞争和生存适应是生物物种在进化演变过程中所表现出的重要特征。在自然生态环境的设计中，生存竞争和适应性是生物必须具备的能力。但在服务于人群活动的绿地系统中，生存竞争被严格限制，动植物种类都依照设计的轨迹进化演变，这就决定了人工群落中的人工化而非生态化的特征。由于生物具有耐受特征和生态位特征，生物对生态环境的改变都呈现出一定的适应性。生态竞争与适应性理论的关键在于：①通过物种多样性途径实现在不同层次上的生物物种的竞争性。群落设计在物种的选择上对同一层次的植物选择加大竞争种的应用。②在群落物种的选择上选择最具竞争力的地方性物种。③生物物种的适应性不仅表现在对环境的适应性，还表现在对人类扰动的适宜性。根据生境条件开展的群落生态设计技术必须兼顾生存竞争和适应性理论所具有的生态效能。

4. 化感作用原理

化感作用（Allelopathy）源于希腊语 Allelon（相互）和 Pathos（损害、妨碍），又称他感作用或异株克生作用。这一名词最早由 Molisch H 于 1937 年提出。1974 年，Rice E I 认为植物化感作用是植物通过产生化学物质释放，并将其释放到环境中，从而对别的植物发生影响。随着研究的进展，这一概念逐渐被修正为表示一种植物包括微生物通过释放某些化学物质到环境中，而对其他种属植物包括微生物产生直接或间接的有害影响（Putnam A R，1986），故又称为异种抑制效应或异株克生作用。由此可见，人们对化感作用的认识，起初侧重于植物间的相互抑制现象或毒害作用。而植物通过代谢活动向环境中释放化学物质对环境中其他植物所产生的间接或直接的影响应包括有害或有益两个方面。因此，广义的化感作用应该包括异株相生作用（Allelocatalyses/Allelocatalysis）和异株克生作用（Allelopathy）。用于传递信息或作为媒介的化学物质称作化感物质（Allelochemicals）或化学信息物质（semiochemicals）。很多植物能分泌出对他种植物产生相克作用的化感物质（程世抚，1997；李博，2002；曹光球，2002；彭惠兰，1997；邢勇，2002；徐公天，2002；赵粱军，2002）。有些植物分泌出能促进他种园林植物生长的化感物质，起到异株相生作用（和丽忠，2001；赵杨景，2000）。

化感作用原理对群落生态设计具有指导性意义。群落生态设计可以利用植物间的化感作用，协调植物之间的关系，例如洋槐能抑制多种杂草的生长；榆树可使栎树发育不良；栎树、白桦可排挤松树；松树、苹果以及许多草本植物不能生长在黑胡桃树荫下；松树与云杉间种发育不良；薄荷属和艾属植物分泌的挥发油阻碍豆科植物的生长等。另一方面，某些植物对另一种植物则有相互促进作用，如：皂荚与七里香，黄栌与鞑靼槭，它们在一起生长时，植株高度会显著增加；黑接骨木对云杉根系分布有利；核桃与山楂间种可以互相促进；牡丹与芍药间种，能明显促进牡丹生长；黑果红瑞木与白蜡槭在一起有促进作用等。园林生态设计可以利用植物间的化感作用，协调植物之间的关系，使它们能健康生长（表3-5、表3-6）。

常见植物间的相克作用　　表3-5

植物名称 A	相克植物种类 B	抑制强度	抑制类型
黑胡桃 *Juglans nigra* L.	松 *Pinus*、苹果 *Malus pumila*、桦木 *Betula*	＊＊＊＊＊	A > B
蓝桉 *Eucalyptus globules* Labill.	所有草本植物	＊＊＊＊＊	A > B
赤桉 *Eucalyptus camaldolensia* Dehnhardt	所有草本植物	＊＊＊＊＊	A > B
刺槐 *Robinia pseudoacacia* L.	所有植物	＊＊＊＊＊	A > B
丁香 *Syzygium aromaticum* L.	所有植物	＊＊	A > B
	铃兰 *Convallaria keiskei* Meq.、紫罗兰 *Matthiola incana* R. Br.	＊	A < > B
	水仙 *Narcissus*	＊＊＊	A > B
月桂 *Laurus nobilis* Linn.	所有植物	＊＊＊	A > B
榆树 *Ulmus pumila* L.	栎 *Quercus*、白桦 *Betula platyphylla* Suk.	＊＊	A < > B
松 *Pinus*	云杉 *Picea asperata* Mast. 桦木 *Betula* 花椒 *Zanthoxylum bungeanum* Maxim.	＊＊ ＊ ＊＊＊＊	A < > B A > B A > B
葡萄 *Vitis vinifera* L.	小叶榆 *Ulmus parvifolia* Jacq.	＊＊	A > B
竹类	所有植物	＊＊＊＊	A > B
西伯利亚红松 *Pinus sibirica* Mayr.	西伯利亚落叶松 *Larix sibirica* Ledeb.、西伯利亚云杉 *Picea obovata* Ledeb.	＊	A < > B
美国梧桐 *Platanus occidentalis* L.	杂草	＊＊＊＊＊	A > B
辐射松 *Pinus radiate* D Don	苜蓿 *Medicago* Linn.	＊＊＊	A > B
茄科 *Solanaceae*	十字花科 Cruciferae、蔷薇科 Rosaceae	＊＊	A < > B
风信子 *Hyacinthus orientalis* L.	蔷薇科 *Rosaceae*	＊＊＊	A > B
糖槭 *Acer saccharum* Marsh.	一枝黄花 *Solidago rugosa*	＊＊＊	A > B
红松 *Pinus koraiensis* Sieb.	蕨菜 *Pteridiun aquilium* 伞紫菀 *Aster umbellatus*	＊＊ ＊＊＊	A > B A > B
土地衣 *Soillichens*	樟子松 *Pinus sylvestris* var. *mongolica* Litvin.、日本蕨菜 *P. aquilium* var. *japonica*	＊＊	A > B
	光果一枝黄花 *Solidago leiocarpa*	＊＊＊	A > B
桃 *Prunus percica* Batsch	茶树 *Camelllia sincnsis* O. Ktze.	＊	A > B
	挪威云杉 *Picea abies* Karst.	＊＊	A > B
柑橘属 *Citrus L.*	桉 *Eucalyptus*	＊＊＊	A > B
	花椒 *Zanthoxylum bungeanum* Maxim.	＊	A > B

续表

植物名称 A	相克植物种类 B	抑制强度	抑制类型
接骨木 *Sambucus williamsii* Hance	大叶钻天杨 *Populaus baloamifera* L.	*	A > B
	松 *Pinus*	* * * *	A > B
冰草 *Agropyrom cristatum* Gaertn.	栎 *Quercus*、苹果 *Malus pumila*	* *	A > B
匍枝冰草 *Agropyrom michnoi* Roshev.	加杨 *Populus Canadensis* Moench、柽柳 *Tamarix chinensis* Lour、苹果 *Malus pumila*	*	A > B
鹅观草 *Roegncria kamoji* Ohwi	加杨 *Populus Canadensis* Moench、柽柳 *Tamarix chinensis* Lour	*	A > B
白屈菜 *Chelidonium majus* L.	松 *Pinus*、柽柳 *Tamarix chinensis* Lour	*	A > B
赤松 *Pinus densiflora* Sieb.	苋 *Amaranthus* L.、狗尾草 *Setaria viridis* Beauv.、牛藤 *Achyranthes japonica*、缘毛紫菀 *Aster souliei* Franch.	* *	A > B
香桃木 *Myrtus bullata* Banks et Sol.	亚麻 *Linum usitatissimum* L.	* * *	A > B
臭椿 *Ailanthus alitissima* Swingle	亚麻 *Linum usitatissimum* L.	* * * *	A > B
红三叶 *Trifolium pretense* Linn.	杂草	* * * *	A > B
蕨菜 *Pteridium* Geld	黑樱桃 *Cerasus maximowiczii* Kom.、枫香 *Liquidambar formosana*	* * *	A > B
紫菀 *Aster tataricus* L. f.	黑樱桃 *Cerasus maximowiczii* Kom.、枫香 *Liquidambar formosana*	* * *	A > B
高羊茅 *Festuca elata* Keng	狗牙根 *Cynodon dactylon* Pers.	* * *	A < > B
狗牙根 *Cynodon dactylon* Pers.	早熟禾 *Poa annua* L.、多花黑麦草 *Lolium multiflorum* Lam.	*	A < > B
凤眼莲 *Eichhoruia crassipes* Solms.	小球藻 *Chlorella vulgaris* Beij.	*	A < > B
高茎一枝黄花 *Solidago altissima*	杂草	* * *	A > B
银胶菊 *Parthenium hysterophorus* L.	凤眼莲 *Eichhoruia crassipes* Solms.	*	A > B
万寿菊 *Tagetes erecta* L.	杂草	* * *	A > B
蟛蜞菊 *Wedelia chinensis* Merr.	杂草	* * *	A > B

注：1. A > B 表示单向作用，仅 A 植物对 B 植物具有化感作用，A < > B 表示双向作用，B 植物也对 A 植物起化感作用。

2. * 表示作用强度，分为 5 个等级，* 越多表示作用强度越强。

常见植物间的相生作用 **表 3－6**

植物名称 A	相生植物种类 B	抑制强度	抑制类型
黑果接骨木 *Sambucus melanocarpa* Gray	云杉 *Picea asperata* Mast.	*	A > B
七里香 *Elaeagnus angustifolia* L.	皂荚 *Gleditsia sinensis* Lam、白蜡槭 *Acer negundo* L.	* *	A < > B
黄栌 *Cotinus coggygria* Scop	七里香 *Elaeagnus angustifolia* L.	* *	A < > B
红瑞木 *Cornus alba* L.	白蜡槭 *Acer negundo* L.	*	A < > B
檫树 *Sassafra tzumu* Hemsl	杉树 *Cunnninghamia lameolata* Hook	*	A < > B
山核桃属 *Carya* Nutt.	山楂 *Crataegus pinnatifida* Bunge	*	A < > B

续表

植物名称 A	相生植物种类 B	抑制强度	抑制类型
板栗 *Castanea mollissima* Blume	油松 *Pinus tabulaeformis* Carr.	*	A > B
芍药 *Paeonia lactiflora* Pall.	牡丹 *Paeonia suffruticosa* Andr.	* *	A > B
赤松 *Pinus densiflora* Sieb.	桔梗 *Platycodon glandiflorus* Siet.、荻 *Miscanthus saccgarufkira* Maxim.、结缕草 *Zoysia japonica* Steud.、苍术 *Atractylodes lancea* Thunb. DC.	*	A > B
尾叶桉 *Eucalyptus urophylla*	彩色豆包菌 *Pisolithus tinetorius* Cok.	* *	A > B
湿地松 *Pinus elliotta* Engelm	彩色豆包菌 *Pisolithus tinetorius* Cok.	* *	A > B

注：1. A > B 表示单向作用，仅 A 植物对 B 植物具有化感作用，A < > B 表示双向作用，B 植物也对 A 植物起化感作用。
2. * 表示作用强度，分为5个等级，* 越多表示作用强度越强。

3.5 群落生态设计的核心

3.5.1 群落生态关系设计

1. 生境与最适宜的生物物种

1）生境决定最基本的物种构成

依据生境和生态位的群落系统理论以及生态因子的分异规律，尽管存在生态因子的纬向地带性、经向地带性的水平差异，在同一地带内存在着动植物景观的地带性特征，也就是存在地带性植物和动物，但在同一个纬向地带或经向地带内，由于受到相互的影响，就是在同一个地带内，也会因地处不同的区域而呈现出不同的动植物物种。总之，生境是决定群落生态构成的最基本因素，地带性特征一方面是由生态因子的地带性产生的；另一方面，由于地带性决定的另一个因素的变化而产生不同。

2）乡土植物和地带性植物

乡土性就是地方性，乡土植物就是地方性的植物种类，是自然生态系统在生境、生态位以及群落长期自然演化过程中形成的植物群体。乡土植物是最适宜乡土环境的物种群体，这种适宜性来自于长期的自然选择和自然竞争过程。地带性只是某一个生态因子的结果，而乡土植物是众多生态因子共同作用的结果。乡土植物具有符合地带性植物的特征，但不是在这一个地带完全适生的物种。乡土植物在生态建设中能表现出明显的优势，有助于形成只有地方特色的景观，并实现城乡特色协调。如果将同一地带其他地区的植物或者是非地带性植物人为种植在室外环境中，就必须构建起符合植物生长的人工环境，成本大，养护难，生长慢，且极易导致植物的大面积死亡。

3）入侵植物与群落生态

植物入侵是威胁群落稳定性的最大干扰因素之一。入侵植物进入到新的生境后由于缺乏天敌和原有群落植物缺乏对入侵植物竞争的适应性，导致入侵植物在新的生境中无拘无束地快速生长，从而打破原有群落之间建立起的种内关系、种间关系和生态平衡，对原有群落造成较大的破坏。因此在群落生态设计中严格限制植物的引进，防止形成设计源的植物入侵和群落生态破坏。

2. 个体生态量与群落生态效应

1）个体生物量最大化

在群落结构中，乔木层（高大乔木、中等乔木和小乔木）、灌木层（高灌木、中等灌木和小灌木）和草本植物（多年生草本、一年生草本）按照特定的生态关系形成群落。每一层次每一种植物都在群落结构中处在特定的位置和作用上（生态位），每一个物种的存在都是长期自然适应和自然竞争的结果，每一种物种都具有对自然生态空间的最大利用和对群落环境适应下的最大的生物量。通常来讲，林地、灌木和草本的个体生物量变小，阔叶林比针叶林生物量高，多年生比一年生生物量高，常绿比落叶林生物量高。

2）群落生态效能最大化

群落是由多个种群构成的，是具有整体性的系统特征的基本单元，也是生态系统功能最基本的构成单元。群落结构是衡量群落种群之间关系的重要途径。群落的种群结构、层次结构、时间结构等形成了有机的联系和系统之间的平衡。这种平衡是群落内部相互适宜的结果，具有系统功能最优化的平衡，也是群落整体性生态效能最大化（图3－8）。

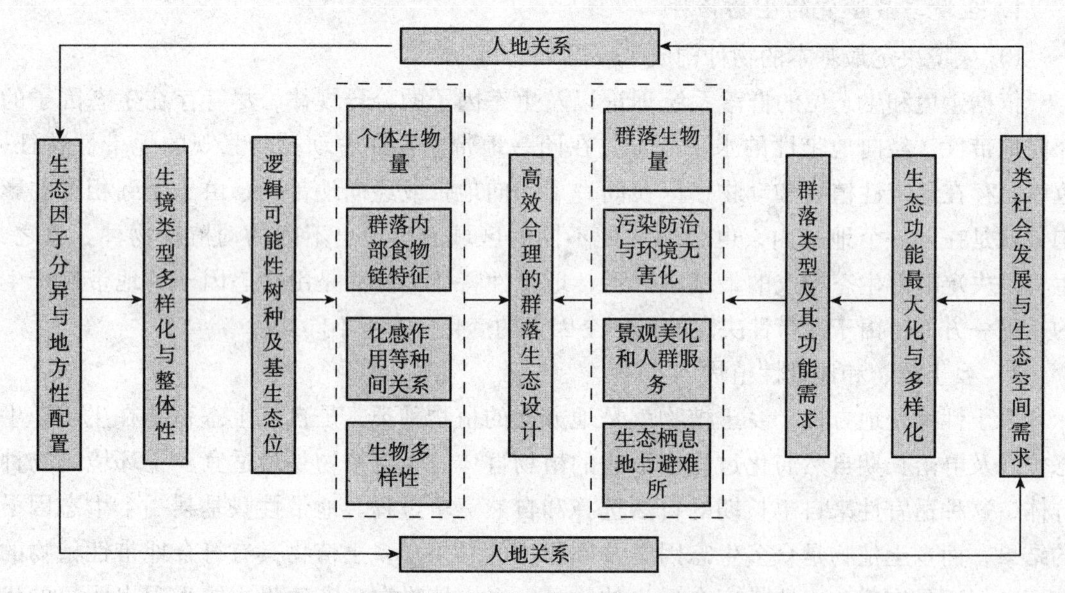

图3－8　群落生态设计的逻辑框架

3. 群落食物链设计

1）基本食物链关系

在群落设计中不仅要考虑植物种群，也要考虑动物种群，这二者在群落中是不会分开的，是有机联系在一起的生态系统的有机构成。植物是群落中食物的源泉，爬行类动物中草食动物通过吃食植物保持个体和种群发育成长；而肉食动物以植食动物为食，但现有的多数人工群落中只有部分小型肉食动物，成为动物群落中最高的营养级。从目前来看，鸟类和昆虫是人工群落中最主要的动物构成。

2）突出蜜源植物与结实植物

由于鸟类和昆虫的重要性，在植物群落设计中对吸引鸟类和昆虫集聚和生存的条件就成为食物链设计的关键。花、果、种子、鸟巢等成为考虑的重点，绿地中应配置一定数量的蜜源植物，如刺槐、荆条、丁香属、蔷薇科等植物以吸引蜜蜂和蝴蝶等昆虫。一些植物的果实和种子为绿地中的小型哺乳动物、昆虫和鸟类提供食物，栎属、榛属、蔷薇科、忍冬科、伞形花科等植物都是好的选择。

4. 植物的种间关系与相生相克

1）植物的种间关系

病虫害的综合防治在种间关系方面也是影响植物选择的重要生态关系。如树种单一，则容易被恶性病虫害侵染，从而使整个绿地植物群落受到攻击。另外，一些互为寄主的植物品种配置在一起，会为病虫害的蔓延创造条件，如梨树和桧柏、油松和芍药栽在一起，则会使锈病发生加重。杨、柳、糖槭易遭受天牛侵染，是天牛危害的敏感树种。因此，植物群落配置时可以选择一定数量的敏感树种，成为特定病虫的诱木，从而监测病虫害的发生。

2）植物间的相生相克

城市绿地中植物种在一起组成群落，互相会产生影响，有的植物种植在一起能互相促进，而有的植物却互不相容。这种现象称之为植物的相生与相克。例如，金盏菊与月季种在一起能有效地控制土壤线虫，使月季苗壮生长；牡丹和芍药间种能明显促进牡丹生长，使牡丹枝繁叶茂、花大色艳；栎树与油松形成混交林，栎树叶腐烂后生成的黄腐酸和胡敏素有利于油松外生菌根的生长；另外，红瑞木与槭树、接骨木与云杉、核桃与山楂也可以互相促进。但刺槐、丁香的分泌物对临近花木生长都有抑制作用；核桃的叶子和根能分泌核桃醌，对多种植物有抑制作用；葡萄不能与小叶榆间种；榆树不能与栎树、白桦间种；松树与云杉不能间种；接骨木根系的分泌菌能抑制松树、杨树的生长，各种花卉栽在果树旁，在果实成熟期会加速花朵凋谢。

3.5.2 植物序列选择

1. 植物生长序列选择

1）先锋树种

这类树种有抗性强、生长迅速的特点。先锋树种多用来进行生态恢复和进行荒地治理。由于自然生态由荒地逐步演化成为稳定的林地群落系统的周期长达几十年到100多年，因此人类利用群落生态技术加快群落生长成为重要的途径之一。在初期可为其他植物提供蔽荫和屏障，紫穗槐、刺槐、柳树在很多地区都是首选。当然因地域不同，设计中应选择当地有优势的树种，值得注意的是在建立绿地的最初15年内，须有计划地对它们进行间伐。然而，这一点在现在很多的城市绿地中几乎没能实现，因而造成先锋树种成林，抑制了主要树种的生长。

2）优势树种

在群落生态设计中优势树种或亚优势种构成绿地植物群落的主体，这类树种在绿地中所占比例不同，不同阶段也会有变化，自然群落和人工环境的群落中优势种也不相同。因此，对优势种的选择要区别以服务人群活动为主体的绿地系统、以动植物群落适应性设计为核心的绿色生态空间和以场地营建为核心的人类生态空间三种类型。每种类型具有不同的群落功能、结构和适应性，因此把不同类型群落中的优势种机械地搬入其他类型的做法是不科学的，但不同类型群落之间存在着相互关联和为群落生态设计提供必要的借鉴和有益的参考。

3）建群种

在群落结构中有优势层、亚优势层的区别。在群落的优势层、亚优势层等不同层次有自己的优势树种，其中优势层的优势种是构建群落的主体，也就是通常所说的建群种。由于优势种和建群种对这个群落具有决定性的作用和影响能力，对优势种和建群种的破坏会导致群落性质和群落环境发生变化，是保护群落生态稳定性的关键，也是群落生态设计中群落设计的关键。同时，由于建群种通常占据群落空间的绝对优势，往往株体高大，是林冠层的主要构成，其树冠形态、叶色的变化、花形和花期的特点等都直接决定群落的观赏性，成为群落设计重要控制的环节之一。

2. 季相序列选择

1）观花序列

花是植物观赏中最重要的环节，花期是植物生长中最重要的阶段。在群落设计中应尽量丰富植物的多样性，使群落植物在不同季节都具有植物花期。在满足生态结构多样化、基本食物链延伸的同时，增强群落的观赏性，特别是以服务人群活动为中心的绿地群落通过花期的延伸提供兼顾生态、景观功能的群落空间。人们期望从花、叶以及植物株形及色彩的变化体验自然，花成为人们感受自然美的载体。同时，观花植物具有四季花序列，通过植物花期的研究和有序设计，达到一年四季花常在的景观效果。

2）观果序列

果木类植物众多，主要包括普通的果树和观果树木。普通的果树不仅具有良好的观花、观果效果，还具有良好的经济效益，成为目前园地景观设计中重要的观果类植物选择。在城市绿地系统规划设计中，有的城市将富有地方性特色的果木列为观果类绿化树种，如新疆石河子的柿树、苹果等，广西柳州的芒果等，每条街道规划了不同的果木，成为极富特色的景观。另外，不同于果木的是一些非观果类植物的果同样极富观赏性，如火棘、枸骨、野山楂、花石榴、冬青等。果实的形和色都是观果序列设计的重点。

3）观叶序列

观叶序列主要观赏植物叶形和叶色。叶形给人以精致的美，叶色的变化给人以幻化的美和想象。观叶形有针叶、条形叶（竹叶、柳叶）、三角形叶（鱼尾葵叶）、多角形叶（枫叶、槭树叶）、椭圆形叶（樟树叶）和圆形叶（荷花叶、黄栌叶）等。植物的叶形千差万别。同样植物的色也随着季节的变化而变化，有从鹅黄绿到浅绿、墨绿、橘黄、橘红、黄褐色、褐色的整个变化过程；同一种观叶类植物的大面积集中分布，形成季节性的色相整体变化的壮丽景色。

4）观形序列

植物的整体形态也是观赏序列中重要的因素。植物的形主要有伞状、宝塔状、巨扇状、球状、纺锤状等，千姿百态。植物在孤植、群植的环境中，树形成为中远距离欣赏的重要视觉焦点。不同高度、不同树形的植物通过群落设计形成一个整体，会呈现出形态多样、层次丰富、视觉变化强的景观效果。

3. 群落传播序列

1）自播植物

人们倾向于在城市绿地建设之前，将场地进行清理，清除原有的幼小植物及自然植被。而废弃地恢复、生态公园的实践都给人们以启示，保留原场地的自然植被，既可以减少种植投资，又可形成具有地方特色、稳定的植物群落。在某些旧的铁路沿线，河岸、自然保留地等处，有丰富的乡土植物资源，靠自播繁殖和扩展，从而形成丰富的土壤种子库。虽然更多的是草本植物，但如对其残留的植被加以保护和管理，一些幼龄树也具有培育成成龄大树并建立丰富的植物群落的潜力。这些场地遗留的幼树比成龄树更有利用价值，如果加入苗圃的一些大苗，能较快见效形成林地。

2）人工播种序列

自播植物是自然群落或人工群落成熟后的主要传播方式。对于大多数规划设计面对的区域来说，大部分都是需要人工进行种植设计或对自然环境进行补充性规划设计的类型，需要人工播种技术才能完成。①对于完全人工规划设计的区域来说，除保留下基地中相应的原生植被后，群落设计中的植物都需要采用人工播种途径来完成。依照群落的整体性和功能性系统设计规划区内的植物群落体系，完成物种选择、结构设计、序列设计等设计目标。②对自然群落的补充性设计。对原有的群落系统的丰富物种、调整树种、延长花期、丰富果木等一系列功能进行补充，对原有的群落不进行大规模的破坏，通过补充性设计进行群落改造。

3.5.3 种植设计

1. 林地设计

林地是城市绿地中最主要的植物群落，城市绿地的造林技术需要严格的设计及漫长的过程。在城市绿地建设中，通过乡土树种和地带性植物，先建立起林地，再逐渐加入灌木层和地被，这种逆自然过程的生态恢复计划是建立城市绿地植物群落的有效方法。而播种造林在城市中几乎是不可能的，根据城市所属的气候带和地理条件，选择林地树种，并确定构成比例，需要对当地传统园林或历史性的林地开展调查。主要树种和观赏树种的选择对林地的建立和稳定性至关重要。虽然单一树种的林地组成在城市中由于容易养护而能保持数十年甚至更长时间，但在生态意义上，这样的林地生态功能并不健全。很多城市在绿地建设初期无可避免地受到单一树种的困扰，病虫害的攻击和群落的自然演替常使城市被迫调整树种规划。因此，建立多样、稳定的林地是城市绿地自然化和健全绿地生态功能的重要内容，也是城市生态设计的长远、科学选择。

2. 灌丛设计

灌木丛是绿地整体设计中不可缺少的一部分，除了乔木作为绿地主体外，灌木种类丰富、株形和色彩多样，亦是绿地植物群落的重要组成部分，对景观的形成有重要作用。灌木丛常被认为是植物群落演替的一个不稳定阶段，是草地和林地互相演替的中间类型，但它的确对形成多层次的植物群落起着关键作用，尤其是城市绿地。灌木丛也多出现于城市边缘地区，一方面是少受人为活动影响，另一方面，是城市与乡村的过渡地带的典型特征。作为防止土壤裸露的种植方式，二战后“灌木丛式种植”被普遍接受，许多植物种类交织在一起，体现出物种多样性，并为构成稳定的植物群落起到重要作用。

3. 草地与地被层

除草坪以外，很少有人关心其他的草本植物层和地被植物。目前世界草坪业发展迅猛，许多国家对进口草种进行筛选，播种或通过草坪卷而建立大片的单一草坪。这给一些国家和地区的城市绿地建设造成一定影响，形成“草坪热”。而真正地反映地方特色的草种和地被植物多被认为是杂草凌乱的林下物被清除。因为需要精细的养护、较高的资金投入及对水资源的依赖，单一草坪在城市生态绿地建设过程中将不容置疑地让位于自然草地。本来草本植物进入绿地，可以维持大量自由生长的草坪，并形成多样的地被植物层。但通常绿地中被保留下来的品种十分稀少，除了它们的传播途径和品种来源有限外，有一个最主要的原因常常被人们忽略，就是城市绿地中肥沃的土壤。许多对城市绿地低维护、免修剪和自然恢复的努力之所以均告失败，是因为在这样的土地上，由于土壤肥沃，造成单一优势种的快速生长，抑制其他物种生存，最终不能实现物种的丰富多样。

种子库是一个很好的恢复途径。在公园的林地，人们通过撒下种子或栽植大量的地被层植物，期望建立起稳定多样的地被层和自然草地。营养丰富的土壤，虽然能维持很多物种的良好生长，但长期演替将走向物种单一。因此，城市内的自然保留地及一些自然恢复地块的植物组合，将为林下草地、地被层以及模拟自然的植物设计提供参考（表3－7）。

可供选择的地被植物 **表3－7**

树种	开花期	粉蜜状况	香味	用途
二月蓝	3～6月	蜜粉均丰	微香	地被植物
芸苔	3～6月	蜜粉均丰	微香	地被、群落植物
荞麦	7～10月	蜜粉均丰	微香	地被、群落植物

续表

树种	开花期	粉蜜状况	香味	用途
金荞麦	8~11月	蜜粉均丰	微香	地被、群落植物
薄荷	7~8月	蜜泌丰富	芳香清凉	香料植物
紫苏	7~8月	蜜泌丰富	芳香	香料、地被植物
益母草	5~8月，花期长	蜜粉丰富	微香	蜜源、地被、药用植物
藿香蓟	7~10月	花粉丰富	微香	观赏地被植物
野菊	10~11月	蜜粉丰富	芳香	地被植物
菊花脑	9~12月	蜜粉丰富	芳香	蜜源、食用、地被植物
白车轴草	3~6月，花期长	蜜粉丰富		地被、绿肥植物
紫苜蓿	5~6月	蜜泌丰富		地被、绿肥植物
紫云英	4~5月	蜜泌丰富		地被、绿肥植物
酢浆草	4~7月	有蜜粉		地被植物，有红花白花
草莓	5~6月	蜜粉丰富		果实、地被植物
蛇莓	4~5月	蜜粉丰富		果实、地被和药用
黄花菜（草）	4~7月	蜜粉丰富		地被观赏食用植物
白香草木犀	6~7月	蜜量高，花粉丰富	芳香	地被植物
黄香草木犀	6~8月	蜜泌一般，花粉丰富	芳香	地被植物
苕子	3~5月	蜜粉丰富	微香	地被、绿肥、蜜源植物
红车轴草	4~9月	蜜粉丰富	微香	地被植物
车紫苏	9~11月	蜜粉丰富	微香	地被植物
野藿香	7~9月	蜜量大，粉一般	芳香	地被植物
中华补血草	8~9月	蜜多粉丰	香味浓郁	抗盐碱地被植物
大蓟	7~8月	蜜粉较多	微香	适应性强，地被植物
佩兰	7~9月	辅助蜜源	芳香	药用、地被植物
十大功劳	9~10月	蜜多粉丰		重要地被植物
茴香	7~8月	花蜜晶莹可见	芳香	地被植物
南蛇藤	5~6月	辅助蜜源		藤本、观赏植物
麻黄	5~6月	粉丰蜜少		小灌木、地被植物
蔷薇	4~6月	粉丰蜜少	芳香	落叶或常绿灌木
黄连	7月	群落蜜源		灌木药用植物
何首乌	4~8月	群落蜜源		药用、地被植物
番红花	10~11月	辅助蜜源		药用观赏地被植物
菝葜	4~5月	辅助蜜源		攀缘性观赏灌木
山胡椒	3~4月	粉丰蜜多		小乔木、蜜源植物
金丝桃	6~7月	有粉有蜜		绿篱、地被、药用植物

注：本表引自《生态园林的理论与实践》（程绪柯、胡运骅，2006）。

3.5.4 栖息地设计与保护

1. 栖息地类型多样性

群落的多样性是栖息地多样性的基础。以生境多样性为基础的群落系统满足了多种类型动植物的需求，成为栖息地多样性保护与设计的重要依据。①创造丰富的生境类型。在群落设计中根据场地环境生境类型可以划分出阳坡地、阴坡地、下潮地、旱地、水田、岗地、洼地、滩地、湿地、水体、沙地、盐碱地、砾石、黄土、高寒冻土等，每一种生境都决定了相应的动植物群落。②尽可能保持动植物种类的多样性。创建多种类型的自然生境和多层次、稳定的植物群落是吸引野生动物栖息的必要条件。在城市绿地中建立林地、灌木丛、池塘、低洼地，甚至保留废旧建筑、乱石礁和原始的生境都有助于增加该地方的物种（图3-9）。同时，由于动植物对环境都具有一定的生态位特征，对不同的生境具有一定的适应性，决定了动植物生存环境的多样性和适应性。③人为设计栖息地设施。在群落设计中，针对目标性动植物生存的特征人为设计满足动植物栖息功能的保障性设施和防护设施，如人工鸟巢、鸟屋、兔窝、狗窝、猫窝等。

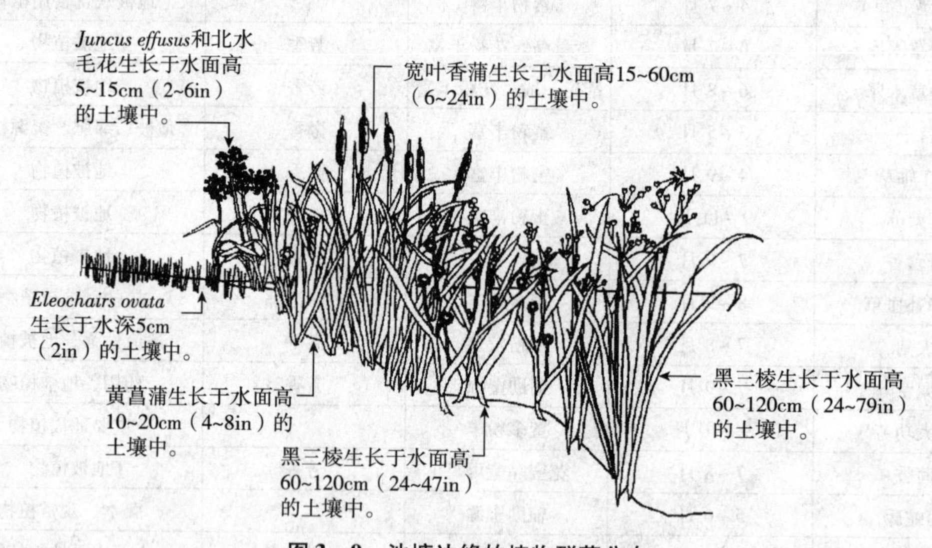

图3-9 池塘边缘的植物群落分布

2. 栖息地设计

城市绿地中除应保持植物物种多样性外，还要考虑小型哺乳动物、两栖类、昆虫、鸟类、土壤动物、水生生物甚至土壤微生物的生存和繁衍。适于野生动物生活的绿地和植物群落应有一定的面积和规模，野生动物体形大小不同，需要绿地或栖息地的面积和规模也不同。如城市绿地中多中、小型鸟类，它们的栖息地需要至少半公顷并需带有高大树冠树木的林地。小型哺乳动物如野兔则需要更大、更复杂的栖息环境。昆虫中蝴蝶、蛾类对栖息地环境规模要求较小。据瑞典 Alnarp 农业科学大学的研究，在针对城市绿地中动物的13800次观察中，有68%的动物位于高层植被中，小型鸟对高层植被有很强的依赖性，60%的中型鸟和45%的大型鸟生活在乔木和灌木丛中；而昆虫和哺乳动物大多数在空旷地上，但几乎所有观察到的栖息地与周围植被的距离都小于8m，它们与植被尤其是稠密的灌木丛关系密切。另外，绿地中生长繁茂的大树会成为重要栖息地，甚至一些鸟类会专门选择在老树上筑巢。

在绿地设计中应明确设计安全区，为野生动物提供庇护。应注意使绿地少受周围城市环境的影响，尤其是绿地与外界的通道联系以及绿地内部的通道，都会使野生动物栖息地受到干扰。因此，必要的绿地封闭、边缘隔离有利于创造好的栖息环境。

灌木丛对于鸟类、爬行类以及昆虫都具有吸引力。矮生林地中间杂高大的乔木，可作为多种生物的栖息地，茂密的灌木丛和地被可为动物提供视野屏障和庇护。丰富的植物种类、多层次配置和不同的树龄结构，可以保证绿地的隐定性并成为它们的繁殖聚集地区。

绿地种植设计要为鸟类在城市中生活创造条件，高大乔木毛白杨、榆树、刺槐、国槐等适宜乌鸦、喜鹊、灰喜鹊筑巢。在这些树上悬挂人造鸟巢，还可吸引一些雀形目鸟类及啄木鸟、斑鸠栖息。鸟类最嗜食的树种有桃、杏、李、梨、杜梨、海棠、柿、君迁子、桑、枣、女贞、苦楝、刺槐、卫矛、葡萄、胡颓子、枸杞、枸子、小檗等。而一些种子坚硬或有异味的构树、皂荚、梧桐、银杏、紫藤、核桃等则很少有鸟栖息。

绿地中的死树、割后的草堆，甚至腐朽的木屑都可能成为特殊的昆虫、土壤动物和微生物的栖息地。开阔的水面和沼泽可以为水禽、爬行类、两栖类、昆虫等提供栖息场地。水边的植物种植可以增加水域空间的吸引力，水边的浅水区种植水生植物，既能为动物提供庇护，又能提供食物。曲折蜿蜒的自然岸线可以提供回水区，为鱼类和昆虫产卵提供静水环境，其中的浮水植物、挺水植物、沉水植物则提供庇护。两栖类如青蛙需要在水陆之间迁徙活动，水边环境的维持至关重要，一旦迁徙路线被切断，对它们的危害将是致命的。另外，开阔水面中需要为鸟类和水禽提供不受干扰的小岛，避免人及入侵者的袭击。同时应在小岛上种植植物为动物提供庇护和食物。

3.5.5 人工群落生态功能设计

1. 服务于动植物生存的人工群落功能

服务于动植物生存的群落是人工模仿的自然、半自然群落，在群落形成初期人工痕迹比较明显，但随着群落的生长和演变，群落更接近于自然和半自然的群落环境。通常来讲，服务于动植物生存的人工群落主要承担避难所和栖息地的作用。在人工环境中这种群落尤其显得珍贵，集中和分散的面积大小不等的半自然绿地成为动植物的避难所和栖息地。

在城市中重建半自然的野生生物栖息地是城市绿地生态设计的重要内容，除了保留自然的地形、植被以外，广泛地选用当地苗圃生产的苗木和快速覆盖地面的植物，应用较小规格的苗木在大片地区密集种植，是重建栖息地的有效方法。以后可进行间伐并间植寿命较长的植物，为植物群落演替创造条件。在保留的自然地形上应用保护性的等高线种植法，这样可以减轻对原始生境的破坏。

尽快建立起半自然的绿地草本植物层对栖息地的营造至关重要，利用草块引入技术，是常用的方法。但对草本植物的恢复还是应首先致力于创建一个适于草本植物生长的场地，包括土壤、水分等生态因子的协调；然后根据具体情况确定播种还是栽种，建立草地和地被层前后，人工除草和必要的机械辅助管理仍是必要的，但其目的是去除具有高度竞争力的种。正在逐渐向郊区消失的乡土草种成为城市绿地生态恢复的主要品种，缀花草坪、水边湿地、铁路边的植物区系、公路边的绿地等广泛运用这些物种。

2. 服务于人群活动的绿地群落功能

对于人工绿地群落来说，创建健康性的高效生态环境是群落功能设计的出发点。这些功能主要有：防蚊虫性群落、抗污染性群落（防粉尘污染、防重金属污染、防有害气体污染等）、保健治疗性群落、减碳为主的群落、调节和改善小气候群落、文化性群落以及主要满足人们林间休息的群落功能等。防蚊虫群落多分布在居住环境和公共休憩场所；防污染的群落多分布在工厂、道路、垃圾处理、废料堆积等场所；保健治疗性群落多分布在医疗、度假区、疗养区、公园等场地；调节和改善小气候群落广泛分布在人工环境中，是人工环境中提高氧气含量、增加空气湿地、降低温差、增加视绿和美化环境中最广泛的群落类型。文化性群落多分布在庭院、花园、园林、公园、纪念园等场地，利用植物所特有的文化精神内涵，寄托表达特定的感情和文化特征。减碳群落是人工环境中最重要的群落设计依据，根据植物对二氧化碳吸收的能力和一氧化碳释放的能力确定植物选择和群落类型设计。以湿地来说，发育程度较高的湿地由于具有丰富的枯枝落叶处在湿地厌氧的环境中，厌氧过程强，往往释放出大量的一氧化碳，成为增碳群落。因此，在人工环境中，不适宜设计大面积人工湿地，即使有人工湿地，也不能够在湿地中设计大量的植物，形成丰富的枯枝落叶，以有效控制湿地的厌氧过程。

群落功能决定了服务人群的行为特征，或者说为满足不同人们的需求在群落设计中必须设计出符合行为特征的人工群落。对于大多数植物群落来说，都是作为人居环境中的环境因素，并不承担为人群活动的功能。但一部分与人关系紧密的群落，成为人在游憩休闲活动中的绿色天地。在满足群落特定功能的前提下，人群行为特征主要影响群落的垂直结构特征。满足人群林间活动为主的群落在结构上比较简单，考虑到中间层预留给人群活动，因此小乔木和大灌木通常会受到制约。另外，由于人群集中的林间踩踏，对地被植物也有特殊的要求，不仅要选择耐踩踏的地被植物，而且对踩踏的地被植物要进行定期的养护管理和技术恢复。

受践踏草坪的技术恢复是对草坪进行翻耕以疏松土壤、改善密实度的有效措施。调节土壤的酸碱度，若土壤黏重，含水量多，需改善土壤水分，并调节土壤结构，加入沙或泥炭增加孔隙度。在改良土壤时调节营养平衡，主要是氮、磷、钾，应首选有机肥。一般认为选用耐践踏草种也是有效方法。如黑麦草、剪股颖、早熟禾以及部分苔草属草种都有一定的耐践踏性，但严重受践踏的地方，往往更难以选择合适的草种（表3－8、表3－9）。

可供选择的部分蜜源植物 表3-8

蜜源植物	开花期	粉蜜量	芳香性	备注
柑橘	不同品种3~5月，同种20多天	蜜泌丰富	清香浓郁	优良蜜源植物
枇杷	11月上旬~12月中旬	蜜泌丰富	芳香	冬季蜜源植物
女贞	6~7月，约2月	花粉丰富，有花蜜	微香	
棕榈	5月	蜜泌丰富	有微香	
野花椒	5~6月	蜜粉丰富	芳香	
胡颓子	4月上旬~5月下旬	蜜粉较丰	微香	抗二氧化碳、氯气、氟化氢植物
枸骨	4~5月	蜜粉较丰	微香	
冬青	4~5月	蜜粉丰富，诱蜂能力强	雌雄异株	优良蜜源植物
杨梅	3~4月	花粉丰富		主要果树
南天竹	5~7月	有蜜有粉		小品配置植物
石楠	4~5月	蜜粉丰富		伞房花序，便于采食
松属	品种多，花期长	雌穗产大量花粉，松针能蜜泌	花粉质量较次	
侧柏	3~4月	蜜粉丰富		花生枝顶，便于采食
刺槐	4月下旬~5月下旬	蜜粉丰富		蜜源植物
国槐	5月	蜜泌较丰	微香	
枣	5~6月	蜜泌较丰，花粉少	微香	与紫苜蓿配伍最好
乌桕	5月中旬~7月上旬	蜜粉丰富		重要季相树种
柿	5~6月	蜜泌丰富		果树
老鸦柿	4~5月	有蜜有粉		
桑	4~5月	花粉多		适应性强，雌雄异株
构树	4月中旬~5月上旬	蜜粉丰富		抗有害气体能力强，雌雄异株
楝	5月上中旬	有粉有蜜	花味芳香	快长，适应性好
合欢	5月下旬~7月上旬	有粉有蜜		木本花卉，花期长
石榴	5~6月	蜜粉丰富		观花观果，花期长
梨属	4~5月	蜜粉丰富	微香	忌与桧柏邻植
桃等核果类	3月下旬~4月中旬	蜜粉丰富	微味	蜜源植物，适应性强
山楂	5月	蜜泌丰富		花大白，观赏植物
溲疏	4月下旬~5月	蜜粉丰富	微香	蜜源植物，品种多
小檗	7月中旬~8月中旬	蜜泌丰富		庭园布景，绿篱均可
黄杨	5~6月	有蜜有粉		观果、绿篱植物
火棘	4~5月	蜜粉丰富		盆景、观果绿篱植物
枸杞	5~6月	蜜泌丰富		
大叶黄杨	6~7月	有蜜有粉	微香	绿篱植物

续表

蜜源植物	开花期	粉蜜量	芳香性	备注
紫穗槐	5~6月	蜜泌丰富	微香	护堤绿肥植物
田菁	8~9月	蜜粉丰富		饲料、绿肥植物
水蓼（水莲花等）	8~11月	蜜泌丰富		秋冬蜜源植物
水葫芦	5~11月，花期长	蜜泌多，花粉也多	微香	绿饲、净水植物
睡莲	5~7月	有蜜粉	微香	观赏水生植物
醉蝴蝶	7~10月	蜜泌丰富	微香	有观赏价值的优良蜜源植物
虞美人	4~6月		微香	观赏蜜源植物
凤仙花	8~9月	蜜粉极丰富		观赏药用蜜源植物
葡萄	5~6月	蜜泌丰富		食用观赏蜜源植物
胡枝子	7~8月	蜜粉均丰	芳香	秋季主要蜜源植物
杜英	5~6月	蜜泌量大，粉多	清香	常绿乔木，蜜源植物
大乌泡	7~8月	蜜粉均丰	芳香	落叶乔木，秋季蜜源植物
米团花	8~10月	蜜粉均丰	芳香	蜜源植物
薰衣草	5~7月	蜜丰粉多	香味浓郁	蜜源植物
扫把枝	5~7月	蜜粉均丰	微香	灌木蜜源植物
南蛇藤	5~6月	辅助蜜源		藤本观赏植物
金丝梅	6~7月	花粉丰富		落叶灌木，高可达1.5m
蔷薇	4~6月	粉丰蜜少		落叶或常绿灌木
荔枝	广东1~4月，福建4~6月	蜜泌丰富	甜香浓郁	蜜源植物
龙眼	海南3~4月，广西4~5月，福建4~6月	蜜泌丰富	微香	南方主要蜜源植物
糠椴	7~8月	蜜丰质高	微香	北温带主要蜜源植物
紫椴	7~8月	蜜泌丰富	微香	北方主要蜜源植物
大叶桉	9~10月	有蜜腺	微香	常绿乔木，喜温湿
鹅掌柴	10月到第二年1月	粉蜜均丰	微香	南方冬季蜜源植物
臭椿	5~6月	蜜丰粉多	微香	分布广，落叶乔木
泡桐	4~5月	粉丰	微香	蜜源植物
盐肤木	8~9月	蜜粉均丰	微香	南方秋季蜜源植物
水锦树	4~7月	蜜粉均丰，引蜂	微香	西南主要蜜源植物
六道木	5~7月	蜜粉丰富，引蜂	香气	落叶乔木，北方蜜源植物
板栗	5~6月	蜜粉较丰	香气	落叶大乔木，中部蜜源植物
短尾越橘	5~6月	有蜜腺，粉多	香气	中部主要蜜源植物

续表

蜜源植物	开花期	粉蜜量	芳香性	备注
乌饭树	5~6月	蜜粉均丰	香气	常绿灌木
大白杜鹃	3~4月	花粉较丰	清香	常绿灌木，春季蜜源植物
露珠杜鹃	2月中旬~3月下旬	粉黄蜂喜	香气	常绿灌木或小乔木
猕猴桃	5~6月	花粉特多		蜜源植物

注：本表引自《生态园林的理论与实践》（程绪柯、胡运骅，2006）。

可供选择的部分引鸟植物　表3-9

树种	开花期	花色	果熟期	果色
侧柏	3月		10月	褐绿
白蜡	5月		9~10月	
紫荆	4月	玫瑰红	8~9月	红紫
南蛇藤	5~6月		9~10月	橙黄
掌叶复盆子	3~4月	白色	5~6月	红色
爬山虎	6月	淡黄绿	10月	蓝黑
枣树	5月	黄绿	9~10月	红
樱桃	3~4月	白	5~6月	红色
樱花	4月	白粉	5~6月	红紫
楝	4~5月	淡紫	11月	淡黄
梾木	5月	白黄	11月	蓝黑
厚壳树	4~5月	白	8月	橘红、黑褐
接骨木	5~6月	白淡黄	9~10月	红、黑、紫
榆	3~4月	紫褐	5月	黄白
卫矛	4~5月	淡黄绿	9~10月	紫绿
日本花柏	3~4月		11月	绿褐
葡萄	5~6月	淡黄绿	9月	黄、白、红、紫
菝葜	4~5月	黄绿	8~11月	红
朴树	4月	淡绿	9月	橙红
山楂	5~6月	白色	10月	红色
铁杉	3~5月		10~11月	
薄壳山核桃	4~5月	淡黄	9月	黄褐
冬青	5月	淡紫红	11月	红亮
忍冬	5~7月	白黄	8~10月	黑
格木	5月	白	10月	黑褐
桧柏	4月	黄绿	11月	暗褐
落叶松	3~4月	黄	10~11月	淡红、褐紫、红

续表

树种	开花期	花色	果熟期	果色
南京椴	7月		9~10月	
刺槐	5月	白	8~9月	赤褐
十大功劳	8~10月	黄	12月	蓝黑
三角槭	4月	黄绿	9月	淡灰黄
紫藤	3~5月	紫	秋后	荚棕子黑
平枝栒子	5~6月	粉红	9~12月	鲜红
枸杞	5~10月	紫	6月至秋后	深红
花楸	5~6月	白	9~10月	红
桑	4月		5~6月	红紫
杨梅	4月		6~7月	深红
木犀	9~10月	淡黄	4月	紫黑
鸡蛋果	4~8月	白	8~9月	紫
蛇葡萄	5~6月	黄绿	9~10月	紫褐
柿	5~6月	黄白	9~10月	橙黄
黑松			10月	栗褐
悬铃木	4月	棕红、黄绿	10月	灰绿
商陆	6~8月	白、淡红	6~8月	紫黑
黄精		乳白、淡黄		黑色
火棘	4~5月	白	10~11月	深红
黄栌	4~5月	紫绿	6~7月	暗红
多花蔷薇	4~5月	白	11月	深红
檫木	2~3月	黄	8月	蓝黑
紫树	4~5月	绿白	8~9月	蓝黑
枫香	3~4月	黄褐	10~11月	灰褐
鹅掌楸	4~5月	橙黄	10月	淡黄褐
荚蒾	5~6月	白	秋后	深红
垂柳	3月	黄绿	4月	
紫杉	5月		9月	紫红
梓树	5~6月	淡黄	9~10月	黑褐
构树	5月		7~9月	红色
无花果			7~9月	黑紫
乌饭树	6~7月	白	10~11月	紫黑
柞木				淡黄、绿黄
老鸦柿	4月	白	10月	紫黑
海桐	5~6月	白、浅绿	9~10月	浅绿鲜红
风车草	春	白		

续表

树种	开花期	花色	果熟期	果色
枇杷	11月	白、淡黄	翌年5~6月	黄、橘黄
石榴	6月	大红	9~10月	棕红
丝绵木	5~6月	淡绿	9~10月	粉红
枸骨	4~5月	淡黄绿	10月	鲜红
女贞	7月	白	11~12月	蓝黑
棕榈	5~6月	淡黄	11~12月	蓝黑
珊瑚树	5月	白	9~10月	先红后黑
南天竹	5~6月	白	12月	鲜红
胡颓子	10月	银白	翌年5月	棕红
族花茶藨子	4~5月	黄	8~9月	深红
楤木		伞形花序		
多花勾儿茶	7~10月	白	4~7月	红
木防己	5~8月	淡黄	10月	黑
白株树		白		深暗紫
海州常山	8~9月	白	9~10月	籽深蓝，萼片宿存，色紫红鲜艳
漆树	6~7月	绿色小花	秋末	黄色
樟	5月	淡黄绿色	10~11月	浆果紫黑色
山毛榉	初夏	淡绿	秋季	坚果两个
冻绿	春季	黄绿	秋季	黑色
鳄梨	春季	淡绿	秋季	浆果红棕色
江南桤木	早春	柔荑花序	秋季	外形似松果
冷杉	春季	球果枝生叶腋	秋末	鳞木质球果
云杉	春季	球果生顶枝	秋末	种鳞果不落
白桦	春季	柔荑花序	秋末	坚果小
山胡椒	春季	黄色	秋季	果实黑色
蝙蝠葛	4~5月		秋末	核果球形
梨	4~5月	白色	7~8月	果实褐色
杨	4~5月	无花被	秋季	种子具毛
麻栎	初夏	柔荑花序	秋末冬初	坚果常为鸟食

注：本表引自《生态园林的理论与实践》（程绪柯、胡运骅，2006）。

第 4 章

以节点—网络为核心的通道理论

4.1 理论背景与意义

4.1.1 道路建设对环境的影响

人类社会的飞速发展给世界环境面貌带来深刻变化，代表人类文明的交通设施也延伸到地球的各个角落，这些设施在服务于人类的同时，也将地球表面分割得支离破碎。四通八达的交通网缩短了人与人之间的距离，却在动物的家园划起一道道屏障，将动物栖息地的完整性、生态系统的结构性和动物种群习性严重割裂，威胁到一些濒危动物的种群维持系统与功能。

1. 道路建设对野生动物的阻隔

道路作为线形屏障中断了原本完整的自然进程，包括植物扩散和动物移动。就道路本身而言，对于运动能力低下的动物就是一种障碍，加之车辆通行进一步强化了这种障碍作用。尤其对小型动物来说，要跨越道路就更加困难。

道路阻隔效应的大小受道路宽度、交通量、道路两边植被覆盖度等因素的影响。其中，道路宽度和交通量是主要影响因素，道路路面、排水沟、沟渠和路基都可以提供物理屏障，使动物不能通过。随着道路的加宽，阻隔效应加大。

同时，由道路阻隔所形成的异质种群的存活力下降。与道路死亡效应比较，阻隔效应所影响的物种更多、面积范围更宽广。随着交通量逐渐增加，阻隔效应成为道路生态学研究的重点之一，建立通道并降低阻隔效应具有重要的生态学意义。

2. 道路交通造成动物死亡

道路割断了野生动物的迁移或觅食的通道，动物为了通过迁移或觅食不得不跨越道路，很多野生动物为此付出了生命，道路致死（rodekills）成了新名词，日益流行。道路致死的多为陆栖动物，从无脊椎动物到两栖类、爬行类、鸟类和兽类也都有。由于两栖类活动迟缓、生活史特殊，在脊椎动物类群中是最易遭受交通致死的类群。而那些体形大且容易发现的大中型动物以及种群数量少、关注程度高的物种，交通死亡报道也较多。

道路致死反映了道路交通和动植物之间的冲突。随着道路的扩展，道路致死的数量在不断地增加。据估计，欧洲每年大约有50万只蹄状动物死亡和300人因道路致死，30000人受伤。在荷兰每年分别有15.9万只兽类和65.3万只鸟类因车辆撞压而死，并且死亡数量呈现不断增加的趋势。

3. 生境损失及破碎化

道路建设占用大面积土地，严重破坏了动植物的生存环境。如果将道路的边缘、筑堤、斜坡、路堑、停车场和服务站等计算在内，道路占地面积为其路面面积的好几倍。据瑞典统计局资料显示，瑞典1995年公路总里程达4.15×10^5km，公路占地面积为5000km^2，约为瑞典陆地面积的1.2%。更为重要的是，道路建设直接导致建设区动植物死亡、生物数量减少、生物多样性下降和生态系统功能降低。此外，道路产生的生态干扰和污染，扩展到公路两侧几公里至几十公里，影响大面积区域动植物的种群数量、分布以及生理健康，造成自然生境更大的损失和退化。随着道路网络的形成和加密以及公路和其他建设项目（如工业区、居民区等）的连接，对自然生境的影响比线状公路的生态影响更大。

道路作为大型线状人工设施，在建设和营运中的生态效应都与环境的破碎化有着直接或间接的关系。一方面在修建过程中直接破坏了动物生境或使生境破碎化，迫使野生动物被动迁移或丧失；另一方面，营运期对动物活动形成了一道屏障，使得动物的活动范围受到限制，对其觅食、交偶形成巨大的潜在影响。

大规模修筑高速公路使得植被遭到进一步破坏，野生动物生境受到极大的损失。生境的破碎化必然引起野生动物对生境进行选择，如果不能有效地找到适宜的生境，将严重抑制种群数量的增加，进而降低种群生存力。生境破坏将减少种群到某一个极点，不可避免地出现随机灭绝。例如，一个主要栖息地的破坏，使种群数量及分布都减少，可能导致种群灭绝，也可能导致种群还能残存，但变得更片断化，增加了随机性灭绝的机率。因此，对于高速公路建设来说，面对连续的生境被切割破坏的事实，应尽可能保护这些破碎化生境中生存的物种库。

4.1.2 堤坝建设对环境的影响

水利工程拦截河道修建大坝，利用上下游产生的水位差进行发电，在创造人类发展所必需的能源的同时，对生态环境产生了不可忽视的影响。

1. 大坝隔断上下游生态过程

大坝的修建对河道上下游河段产生了物理阻隔作用，使得原本通畅的水流被人为地隔断，河流连续体遭到破坏，河道上下游之间双向交换被阻断，泥沙在库区沉淀，向下游输送的营养物质被水库拦截，下游水体的盐度发生变化，上、下游的生物群落组成也发生相应的改变。对鱼类而言，由于觅食、繁殖和越冬等原因，大多数鱼类依照自然习性要在上、下游河道自由游动，大坝修建后，鱼类无法越过大坝自由游动，阻碍鱼类洄游到水库上游的产卵场进行产卵，阻碍部分鱼类回归大海，对鱼类的生长繁殖产生了严重的影响。这种阻隔对洄游、半洄游性鱼类的影响最大，而且水流进入库区后流速较小，上游随天然水流流到库区的鱼卵沉入水底，底部水温若低于鱼类的孵化温度，下沉的鱼卵将停止孵化；并且由于温度分层作用，发电时从水库下泄的水流温度比天然水流温度低，使下游水流温度降低，进一步对鱼类生长和繁殖产生影响。

2. 大坝改变上下游水生境特征

水利工程修建后，水体流速、流态等产生的急剧变化是对下游生态环境的另一个阻隔作用。溢洪道泄洪时，由于溢洪道槽身呈规则的矩形或梯形，通过槽身时水体流速明显增大，流线平顺。溢洪道下游的消力池一般采取挑流、面流、底流三种消能方式，从槽身下泄的水流在消力池进行剧烈的紊动消能，水流流速、流态变化情况极其复杂，并且易产生空气过饱和情况，含氧含氮量超标。发电时取水口水流速度很大，在势能转化为机械能后，水流从尾水渠泄到大坝下游。如果水利工程突然开闸取水或泄洪，水流在上游库区的取水口附近形成涡流，鱼类在靠近取水口位置时易被高速的水流卷入发电厂房或溢洪道，然后顺水流穿过水轮机或溢洪道槽身被冲到下游区，鱼类往往遭受到严重的机械创伤。加之在下游紊乱的水流中再遭受碰撞、过饱和空气的伤害，鱼类死伤情况比较普遍。再者，发电和泄流时向下游排放的突发性的高速水流使得在大坝下游附近停留的鱼类受到强烈的水力冲击。对于主要靠水流运动来决定方向的鱼类来说，大坝下游放水造成的复杂水流使得鱼类难以在下游很长一段距离的河道内正常地生存和通行，如小浪底工程泄洪排沙时在下游就会出现大量的死鱼现象。当突然关闭闸门停止水流下泄时，下游水位明显下降，流速流量减小，这对下游鱼类的生存也构成一个挑战。

4.1.3 通道研究的意义

目前国内还没有比较系统的文章来介绍生物通道，很多文章中道路系统、堤坝等设施的建设对周围生态环境的影响更侧重对植被群落的影响及相应的水土保持。而在动物群落方面，尤其是生物通道的设计及一些具体做法的介绍却较为简单，缺乏全面性和系统性。同植物群落相比，动物群落的生境一旦被阻隔和破坏，将对动物的数量、结构甚至习性造成严重影响，且修复的难度往往更高、代价更大。

我国在生物通道建设方面处于起步阶段，有很多地方需要借鉴和学习欧美一些比较成熟的理论。欧美一些国家生物通道的设计与发展的经验和教训，对于我国生物通道建设具有可借鉴的实际意义。生物通道设计的意义就是根据不同动物的特征和生活习性总结不同生物通道的做法，为我国生物通道的建设提供参考。在道路或堤坝设施建设中，应保护动物的生存环境，实现人和动物和谐相处。对于动物来说，就在于能给它们提供生存的机会，从而保护生物多样性。

4.2 理论重点与框架

4.2.1 理论重点

1. 生境破碎与孤岛化现象

由于道路建设、人工渠道的开挖、堤坝建设、高压走廊等一系列工程设施的快速发展，形成了覆盖整个区域的线性空间网络。在人工网络形成的过程中，网络的结构越来越复杂，网络的通达性越来越高，但网络的生态性却越来越低。一方面表现在网络的人工性和工程性质突出，缺少网络的生态化设计；另一方面，由于网络纵横交错，将原有的完整的、连续的、系统的生境和生态系统进行了人为分割，使完整的生境和生态系统变成一个个孤立的、分散的小空间，生境呈现出高度的破碎化特征和生态作用与联系上的孤岛化特征。随着人工网络发育程度提高，生境的破碎和孤岛化现象呈加剧趋势。

2. 生态网络化与整体性

在自然生态和人文生态体系中，由河流、谷地、绿地廊道、连续的道路绿地、渠道等构成的生态网络成为整体人文生态系统重要的网络骨架。正是区域生态的网络性特征决定了区域生态格局与生态过程的连续性和整体性。整体性是保证区域生态有序、持续发展的根本。在生态网络化过程中，自然原始的生态网络不仅要保护，而且还要拓展。同时，在人工网络建设过程中，引入生态规划与设计的方法，对道路建设生态化、道路绿地生态化、人工渠道生态化、耦合节点生态化等，将人工网络通过生态化与自然生态网络有效耦合，形成具有整体性特征的网络系统。另外，生态网络化与整体性还表现在自然网络与人工网络交互节点的生态化和有效连接，因此，节点是网络生态化与整体性的关键。

3. 廊道与通道的等级序列

在群落与生态系统空间中，廊道与通道是生物通行的主要通道，是生态有效连接的主要途径。在所有形式的连接体系中，廊道和通道具有等级序列的特征。一种是服务于区际连接的长距离、大尺度廊道体系，主要承担动物迁徙的作用；另一种是主要服务于动物在取食地与领地之间的通道体系。在活动范围内的通道体系可以根据动物大小决定的通达大小区分出大型通道和小型通道。廊道与通道的等级序列反映出通道设计必须具有明确的通道尺度特征和服务的目标动物。根据规划区域内的群落调查，确定动物的种类、大小、数量结构、通行规律和路径，使不同类型的动物在不同的通道中通行，形成有序的通行体系。

4. 通道的通达性与通道陷阱的矛盾

通道存在的意义在于使动物通畅、安全地通行。通道设计的关键就在于提供良好可达性的通道体系，同时保护动物的安全性。通常来说，通过对通道体系的规划和断点连接，通道的可达性是比较容易实现的目标，但在提高通道可达性途径时必须提高通道的使用率。如果通道建设不符合动物通行规律，通道就很难发挥作用。与此同时，通道建设要实现安全性的设计目标，通道建成后动物大量通行，由于动物之间相互的适应性，捕食动物会很快发现通道使用动物的通行规律，从而捕食动物会形成“守株待兔”的捕食特征。因此，应对区域内动物之间的捕食关系进行有效的控制，以免廊道和通道体系的建立衍生出目标动物的“通道陷进”。这是通道规划设计中不可回避的矛盾之一。

4.2.2 理论框架

通道理论研究结构框图，以及通道体系与网络结构图如图 4－1、图 4－2 所示。

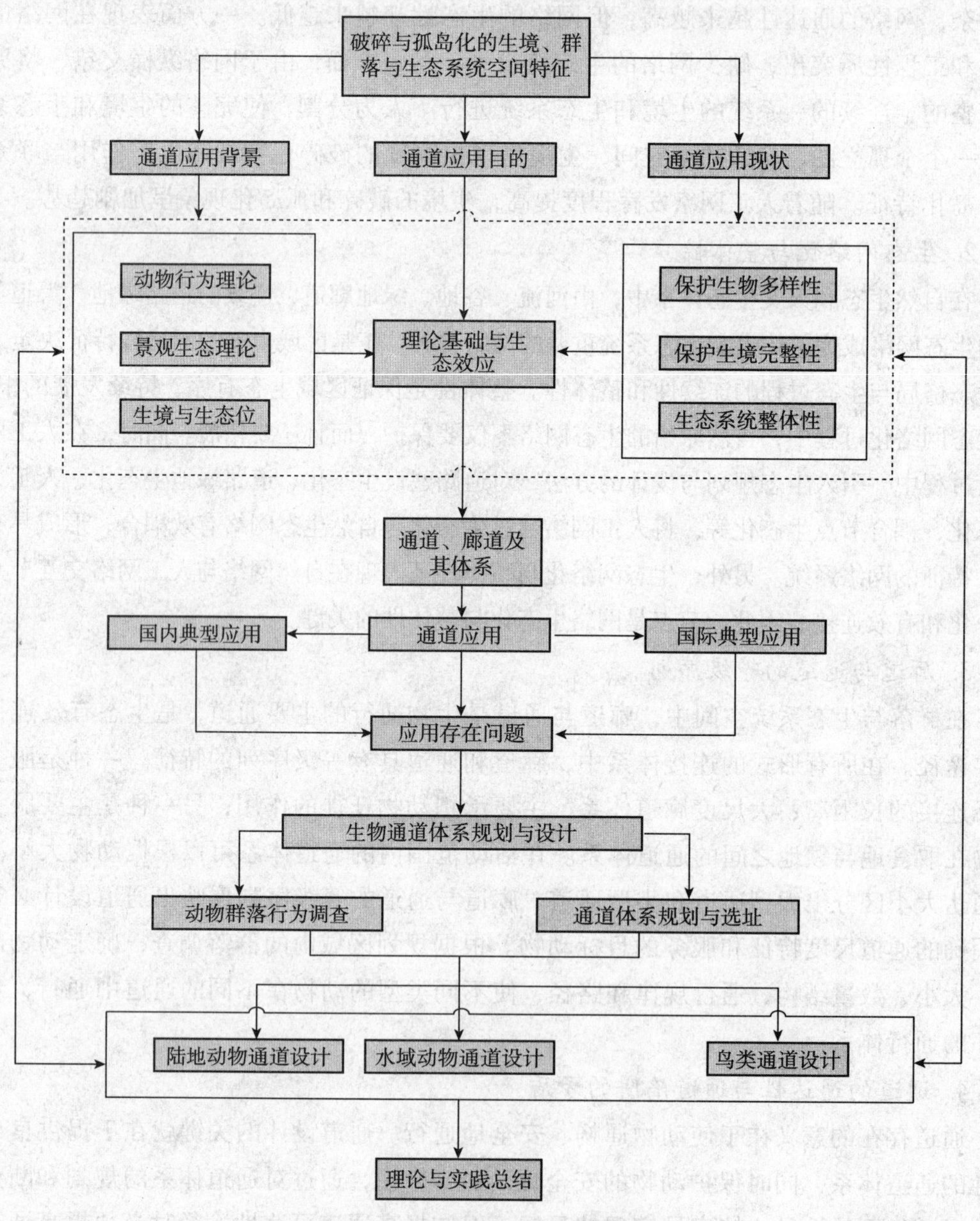

图 4－1 通道理论研究结构框图

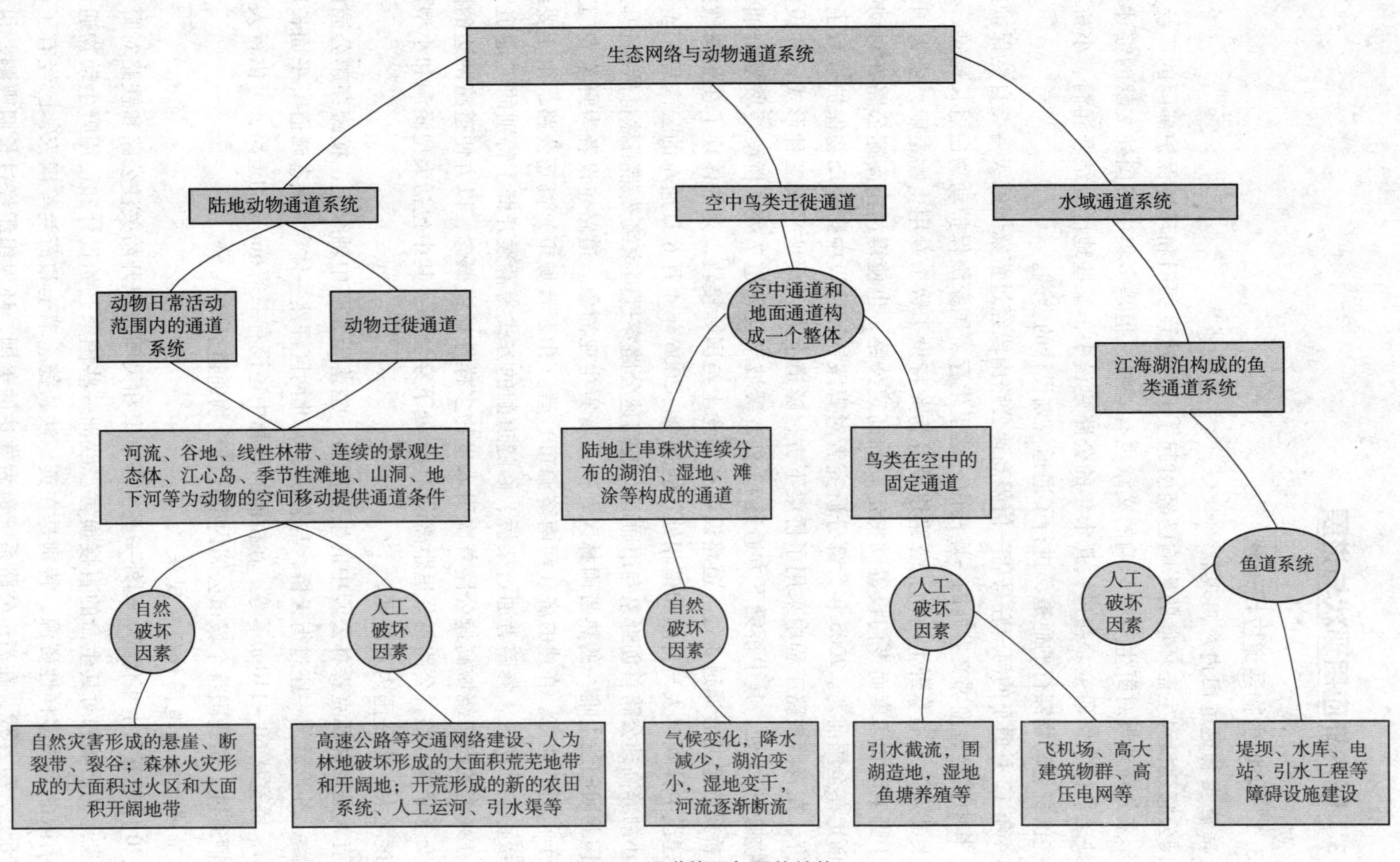

图 4-2 通道体系与网络结构

4.3 国内外应用现状与进展

4.3.1 陆地生物通道应用现状

1. 陆地生物通道国内应用现状

我国公路建设对生态环境的影响已经引起了公路建设部门和环境保护部门的广泛关注。近年来公路建设对野生动物影响的文章也有一些，但是多集中于国外文献的综述和分析，缺乏具体案例研究。在过去几十年的公路建设中，某些地区也结合涵洞、小桥布设了一些供野生动物穿行的通道，进行了通道规划设计的尝试。

2004 年 12 月通车的河南驻马店—信阳高速公路南段经过董寨国家级鸟类自然保护区 27 km，其中需经过豫鄂交界处的一座浅山，这里生存着国家级保护动物白冠长尾雉、金钱豹、大灵猫、水獭等野生动物，公路建设者为此特设了数个专用生物走廊，成为国内首条基于野生动物角度而专门设置动物走廊的高速公路，也使得河南高速公路在对动物保护方面走在全国前列。2005 年，部分研究者对青藏铁路建设中野生动物保护进行了初步的研究。在青藏铁路工程中采用了桥梁下方、隧道上方及缓坡平交三种形式，共设置野生动物通道 33 处，其中桥梁下方通道 13 处、缓坡平交通道 7 处、桥梁缓坡复合通道 10 处、桥梁隧道复合通道 3 处。道路设计在理念上与国际接轨，充分体现了在生态敏感区工程建设中体现“人与自然和谐相处”的理念。2006 年 4 月 6 日通车的云南思茅至西双版纳小勐养高速公路首创野象专用通道，该高速公路穿过国家级热带雨林自然保护区，它是我国北回归线上唯一的热带雨林区，栖息着野生亚洲象。道路建设者为野象专门架起了属于它们的通道。在建的济（河南济源市）晋（山西晋城市）高速公路，由于要经过国家级猕猴保护区，修路者通过架桥、修隧道洞的方式为猕猴开辟了特别的“通道”。同时正在兴建的海口绕城高速公路首次引入生物多样性通道概念，以方便道路两边的陆生动物安全穿越公路，公路每公里距离设 2 ~ 3 处下穿涵洞，其中包括大型涵洞和小型涵洞，密度之大，也是国内之首见。

还有就是奥林匹克森林公园中的生态廊道，坐落于北京中轴线上，横跨穿越公园的北五环路，外形就像一座过街天桥，与公园南、北两区浑然一体。“生态廊道”平面长度近 270m，桥宽从 60 ~ 110m 不等。在桥面的树林中还设有一条 6m 宽的道路，可供行人和小型车辆通过，是我国首个城市公园内设计的生物通道。

2. 陆地生物通道国外研究现状

从 20 世纪五六十年代起，国外一些生态学家和民间组织开始关注公路和铁路对野生动物栖息地的影响和对其生命的直接损害。欧洲一些国家开始设计和使用野生动物通道以保护有限的生物多样性资源，特别是在英、法、德、瑞士和荷兰等国家，已经有了相当长的历史。70 年代，在高速公路系统最为发达的美国，环保组织经过长期观测，得出了惊人的数据：平均每天有超过 100 万只野生动物在公路上被车撞死。车祸更是导致美洲豹、灰熊等珍稀动物濒临灭绝的罪魁祸首。一些科学家进一步指出，仅一条四车道分隔公路对于森林哺乳动物所起的阻隔作用，就相当于两倍于这个宽度的河水的分隔，由此导致动物无法正常觅食和迁徙繁殖，对动物种群的潜在威胁丝毫不亚于直接的交通事故。

美国与面临同样问题的英、德、加拿大等国一起，开始探讨如何减少“动物车祸”，并为破碎的动物栖息地修建“走廊”，即野生动物通道。法国、荷兰、奥地利、瑞士等国也迅速开始了这方面的工作。一开始北美和欧洲走的道路有所不同：北美偏好为野生动物挖“路下通道”，让蛙、蛇等小型动物走管状涵洞，驯鹿、野羊等大型动物过桥下涵洞；欧洲则更喜欢为大型动物搭建路上式的“过街天桥”，并在上面种植草木，模拟自然的山坡地形，欧洲人称之为“绿桥”。后来，加拿大班夫国家公园的研究者发现，一些大型哺乳动物，特别是棕熊、豹子等食肉动物，有向高处攀爬的习性，不大喜欢钻黑乎乎的涵洞。因此，北美的动物通道建设者也开始采用“绿桥”的形式，并频繁派人到欧洲学习经验。

目前，欧美各国（包括澳大利亚、新西兰等国）均已制定了相当严格的法律法规。穿越动物栖息地的铁路、公路工程不仅要交通部门认可，还要通过环保部门的鉴定，才能动工。著名的Trans-Canada Highway（TCH）从加拿大Banff国家公园穿过，每天往返的车辆可达14000辆，曾经被人们戏称为“吃肉的公路”，每年因之死于非命的野生动物不计其数。近年来随着公路的改造和拓宽，在公路上加设了24处野生动物通道，从长达数十英里的桥梁到只有几十厘米的管道，为公园内大小动物提供了生命的保障和交流的机会，使每年发生的“动物交通事故”减少了近80%。在六年来的持续监测中，已经记录到70只灰熊、637头黑熊、710头美洲豹、2899只狼、2801只豺、22173头麋鹿、12156只鹿和2107只羊成功穿越了通道。

1994年佛罗里达鱼类及野生动物保护委员会组队在该州46号公路上建立了第一条“黑熊通道”，主要采取下通道形式，公路被架高以给动物提供一个明亮清晰的视野，以减少动物对黑暗狭窄通道的畏惧心理。在公路的一侧种植了成排的松树，引导黑熊走入通道。为确保黑熊顺利通过，委员会还在黑熊迁移的主要路线两侧购买了40英亩土地加以观察和保护。在通道建成后的观测中发现，至少有12种其他野生动物从中获益。在南佛罗里达，24座美洲狮通道也陆续建成，同样采取下通道形式，设计者通过无线跟踪定位，确定建立通道的最佳位置，在公路两旁架起了高达3.3m的防护网，防止动物穿越繁忙的公路。

4.3.2 水中动物通道研究现状

鱼道是水中动物通道研究的主要方向。最早的鱼道在17世纪建成，进入20世纪，随着西方经济的快速发展，对水电能源和防洪、灌溉以及城市供水的需求不断加大，水利水电工程得以蓬勃地开展，这些工程对鱼类资源的影响也日益突出，鱼道的研究和建设随之发展起来。

1. 国内鱼道现状

我国过鱼建筑物的建设和研究历史还很短。1958 年在规划开发富春江七里垅水电站时，首次提及鱼道并进行了一系列的科学试验和水系生态环境的调查。1960 年黑龙江省水利、水产部门在兴凯湖附近首先建成新开流鱼道，总长 70 m，宽 11m，运行初期效果良好，以后在 1962 年又建成鲤鱼港鱼道。

1963 年水利水电部和水产部联合颁发了《在水利建设和管理上，注意保护增殖水产资源的通知》，引起了水利建设部门的重视。1966 年江苏大丰县斗龙港鱼道建成，初显效益，推动了江苏省低水头闸型鱼道的建设。

1974 年 5 月，水利水电部和农林部又联合召开了“水利工程过鱼设施经验交流会”，总结经验，推动了在水利工程中保护和增殖水产资源的工作。至 20 世纪 80 年代，相继建成了安徽裕溪闸鱼道、江苏浏河鱼道、江苏的团结河闸鱼道、湖南洋塘鱼道等 40 余座过鱼建筑物。

1990 年改建绥芬河渠道拦河坝鱼道。该拦河坝始建于 1950 年，1981 年进行改建，过坝水流速达 2 ~4m/s，致使鱼类不能上溯。几种珍贵的海洋鱼类无繁殖场所，在坝上游近乎绝迹。因此，在 1990 年对渠道进行改造配套时，修建了鱼道并采用设窄缝与底孔相结合的鱼道隔板，上下游水位差为 115m。

2000 年在巢湖闸水利枢纽工程改建时，将原来的池堰式鱼道改造成开底孔的垂直竖缝式鱼道。鱼道有效长度 137m，净宽 210m，上下游水位差 1m，采用单侧竖缝式隔板结构，竖缝宽度 0. 4m，隔板间距 2. 4m，隔板高度 415m，隔板块数 56 块。为使螃蟹和小鳗鱼通过，在隔板上设置了小方孔。

2. 国外鱼道现状

鱼道在西欧已有几百年历史，1662 年法国西南部的贝阿尔恩省颁发了规定，要求在堰坝上建造供鱼上下通行的通道。1883 年苏格兰柏思谢尔地区泰斯河支流上的胡里坝，建成了世界上第一座鱼道。该鱼道有 80 余个水池，只能在最高水库水位和低于最高水库水位 1152m 的范围内运行，由于鱼不习惯通过该鱼道，因此这是一次不成功的尝试。

1909 ~1913 年间，比利时工程师丹尼尔，进行了长达 30 年的试验和研究，创造了在鱼道内部设置减小流速的独具形式的鱼道，称之为“丹尼尔型鱼道”。在西欧、北美等国都建有不少丹尼尔型鱼道。

据不完全统计，至 20 世纪 60 年代初期为止，美国、加拿大两国，有过鱼建筑物 200 座以上，主要采用鱼道，还有少量的机械提升设备；西欧各国有各种过鱼建筑物 100 座以上；日本约有 35 座，主要采用鱼道；苏联有 15 座以上。

1970 年在澳大利亚的菲茨罗伊河（Fitzroy River）拦河坝建起了池堰式鱼道，由于过鱼效果较差，1987 年对其进行了改造，但过鱼效果仍未见成效。1994 年，将原来的池堰式鱼道，改造成垂直竖缝式鱼道，结果过鱼量和过鱼种类都比以前有较大提高。因此，澳大利亚有关政府部门决定，逐渐将更多的池堰式鱼道改造成垂直竖缝式鱼道。

1999 年美国在弗吉尼亚州詹姆斯河 Bosher 大坝上建造了垂直竖缝式鱼道，使得自

1823年以来鱼类不能洄游的问题得以解决，该鱼道配置了电视摄像系统，供游客参观，并可通过网络现场转播过鱼实况。1999年共过鱼6万余条，近20种鱼类；2000年共过鱼11万余条，近20种鱼类。

4.4 生物通道的基础理论

4.4.1 动物行为理论

1. 动物行为调查

动物行为学是研究动物对环境和其他生物的互动等问题的学科，研究对象包括动物的沟通行为、情绪表达、社交行为、学习行为、繁殖行为等。

1）长期跟踪观察

对动物行为进行跟踪观察往往要花费大量时间，这是由于动物有大量行为类型有待发现、观察和记录，而且行为之间还存在着相互作用和各种复杂的关系，还有一些行为是很难被看到的，只有坚持连续长期观察才能被发现。

2）在不被动物觉察的情况下进行观察

大多数脊椎动物和很多无脊椎动物很容易受到干扰并中断正常的活动，对观察者或周围情况变化所作出的反应是试图逃避或隐藏。通常有两种方法可以避免或减轻观察者对所观察动物的干扰：①观察者隐藏起来不让被观察的动物发现。②使被观察的动物习惯于观察者的存在，习惯于各种观察设备和手持观察工具。不干扰动物和不被动物觉察的观察方法还包括安置各种自动拍摄或录像设备，这些设备通常要进行伪装和隐蔽，而且能遮蔽风雨。在观察者不在现场的情况下，当动物开始活动或出现时也可借助于红外线机制自动进行拍摄和录像。

3）对动物个体进行鉴定和识别

有时个体与个体之间具有相似性，不易分辨清楚，需要鉴别和识别技术。鉴定和识别动物个体的巧妙方法很多，在很大程度上依赖观察者的经验和对所研究物种及其自然生活史的熟悉程度。一些很少见和极难找到的动物有时在它的自然栖息地却很容易地被熟悉它的人找到，因为这些人知道如何去找和到什么地方去找。但是由于物种之间的差异积累经验需要很长的时间，所以只有很少的人有这种能力，而且他们通常也只熟悉少数动物。因此，有靠每个个体所独有而其他个体都没有的特征和靠使用人为涂上的标记或系上的标记物来识别两种方法。

2. 动物迁徙原理

迁徙并不是鸟类所特有的本能活动，动物的迁徙行为是一种适应现象，凭借这种活动可以满足它们在特定的生活时期所需要的环境条件，使个体的生存和种族的繁荣得到可靠的保证。某些无脊椎动物，如东亚飞蝗、蝴蝶等；爬行类，如海龟等；哺乳类，如蝙蝠、鲸、海豹、鹿类等，还有某些鱼类都有季节性的长距离迁徙的行为。动物的迁徙都是定期的、定向的，而且多是集成大群地进行。

鸟类的迁徙每年在繁殖区和越冬区之间周期性地发生，大多发生在南北半球之间，少数在东西方向之间。人们按鸟类迁徙活动的有无把鸟类分为候鸟和留鸟。留鸟终年留居在出生地，不发生迁徙，如麻雀、喜鹊等。候鸟中夏季飞来繁殖、冬季南去的鸟类被称为夏候鸟，如家燕、杜鹃等；冬季飞来越冬、春季北去繁殖的鸟类称为冬候鸟，如某些野鸭、大雁等。

鱼类的迁徙活动叫“洄游”。大多数的鱼类都是洄游鱼类，只有少数鱼类不表现出规律性的洄游。鱼类洄游按目的分为生殖洄游、索饵洄游和越冬洄游三种。青鱼、草鱼、鲢鱼、鳙鱼、大、小黄鱼、大马哈鱼都进行生殖洄游。

哺乳动物的迁徙规模浩大，如每年入冬，成千上万头的驯鹿汇集成巨大的鹿群，从北向南，朝森林冻土带的边缘地带转移。次年春天，它们再向北方的北冰洋沿岸进发。四五月份，鹿群到达它们熟知的冻土带僻静处，在此养育儿女、繁衍生息。

昆虫的迁徙有时能创造奇迹，最著名的是产于美洲的彩蝶王，它们春天从中美洲飞到加拿大，秋天又飞回中美洲，历时几个月，行程4.5万km。

长距离的迁徙行为决定了在源地与目的地之间必然存在较大尺度的生态通道，具有长距离、大尺度、类型复杂、个体风险大的特征，是跨区域性的通道。从上面的内容来看，包括了陆地大型动物、鱼类、鸟类、昆虫都周期性地进行迁徙。因此维护大尺度迁徙通道的安全性和稳定性是通道规划设计中的重要环节，也是景观生态规划设计中通道体系设计的重要内容。

3. 领地与取食地

动物领地性是指动物个体或群体占领一定地区，以维护它不被侵入的一种倾向或特性。动物领地性的功能主要有：①繁殖功能。领地性与动物交配繁殖之间的关系，确保动物种群繁殖的高质量和延续性。②保护功能。领地性不仅有利于动物寻找食物，也有利于保护食物。③减少冲突的功能。领地性有利于动物避免冲突而导致的伤害，使动物在自己的领地上有优先于其他个性的支配性。领地是针对某一种支配性的动物来讲的，在同一区域聚集着不同种类的动物，从种间关系来看，每一种动物都处在食物链的特殊位置上，每一种动物都在一个特殊的活动范围每天重复进行着往返于取食、取水地之间的活动。这种活动具有相对固定的路径和通道，成为生态系统和动植物群落中维持稳定和多样性的根本。但由于人们对自然环境的占用和干扰，如道路、飞机航线、隔离网、经济开发区、城镇建设等，一方面打破了原有的通道系统，使原有的通道能力降低；同时，生境被逐步分割，面积变化，动物群落更加需要在分割的空间中建立起栖息和取食地之间的通道联系。

4. 行为诱导原理

在自然生态系统中，动物通道都是自发形成的稳定通道体系。但在人工设计的自然、半自然群落系统中的通道是在原有的通道体系基础上增加的，并非原有通道的有机构成。为了有效规划和促使动物有效使用这些通道，并通过重复性使用，使人工通道逐步成为自然通道的一部分，就必须采用动物行为诱导原理，通过通道生态规划设计，实现行为诱导目标。行为诱导主要包括：①食物诱导。一是针对目标动物在设计的通道沿线人为设计食物投放点；二是在设计通道沿线的植物群落设计中针对植食性动物喜欢的草类进行有目的地种植；三是通过植物果实的诱导作用。②环境诱导。通过植物种类选择、种植密度、灌丛高度、多刺植物等系列选择，在植物间有目的地形成通道，对进入片区的动物具有通道的指引性，这种指引性具有被动性，强迫动物进入规定的通道内。③气味诱导。是采用目标动物所喜欢的动植物所具有的花、果、分泌物等所特有的气味对目标动物进行诱导，使其进入到设计好的人工通道中。④综合诱导。在生态规划设计中，最常用的方法是将食物诱导、环境诱导和气味诱导结合起来，实施综合诱导的方式和方法。有时也采用单一的诱导方式，如规律性地人工投放食物或者采用植物设计来解决通道问题。

4.4.2 景观生态理论

1. 廊道与生态网络理论

廊道是指景观中与相邻两侧环境不同的线状或带状结构，是景观生态空间格局的基本要素之一。Foreman 在《Landscape Ecology》（1986 年）一书中叙述了廊道在运输、保护、资源和美学等方面的应用，认为廊道几乎能以各种方式渗透到每一个景观中。廊道的结构特征包括形状、曲度、宽度、连通性、内部环境及其与周围斑块或基质的相互关系。廊道按其结构特点或生态系统类型主要分为三种：线状廊道，如小道、公路、树篱、地形线、排水沟及灌渠等，是指全部由边缘物种占优势的狭长条带；带状（窄带）廊道是指含丰富内部生物的、具有中心内部环境的较宽条带；河流（宽带）廊道分布在水道两侧，其宽度随河流的大小而变化。

廊道作为景观的基本要素，在结构上体现了分割景观格局、连通景观单元的通道—阻隔二元性作用；在功能上廊道对于保护生物多样性、设立自然保护区、城市及道路规划设计、防止水土流失及过滤污染物、资源管理和全球变化等方面具有重要的现实意义。廊道影响着景观格局，几乎所有的景观都会被廊道分割，同时又被廊道连接在一起。廊道的结构强烈影响和制约着区域内的景观生态过程，影响着信息、能量、物质、生物及人类在景观中的运动。廊道的起源、宽度、连通性、曲度、能否连接成网络等结构特征对于能量、物质及生物的扩散、物流及携带作用等生态过程起着关键性的控制作用。

生物廊道的通道功能对于生物多样性保护具有重要意义。一方面，廊道为基质中的物质、能量尤其是物种的交流和贮存提供了渠道。如最常见的树篱廊道，通过招引鸟类撒下树木种子，使树篱及其所连接的草原或农田生态系统的生物群落得到交流和发展。另一方面，景观破碎化是生物多样性丧失的主要原因，原来完整的景观被城镇、农田等分割成孤立的斑块，不利于物种延续及多样性的维护。采取建立廊道的措施增加景观的连通性，可促进种群的增长和外界种群的迁入，提高物种和基因的交流速率和频率，一定宽度的廊道能够给缺乏空间扩散能力的物种提供一个连续的栖息地网络，增强种群的抗干扰能力和稳定性。另外，廊道有阻断基因或物种流，分割生境斑块，造成生境破碎化或引导外来种及天敌的侵入进而威胁乡土物种生存等负面作用。这就要求在恢复及设立廊道时尽量依靠乡土种，考虑当地景观格局特点，因地制宜，并改造那些造成生境破碎化的廊道。廊道在景观规划设计中的作用体现在城市规划和道路建设等方面。将人类活动区沿着绿色廊道和道路廊道分布，有利于人们的身心健康和出行；通过建立绿色廊道，给小型动物的迁移提供路径；此外，绿色廊道建设对于污染物防控、减少噪声污染等也有重要意义。道路的建设易切断生物迁移的路径、降低景观连通性、提高景观破碎程度，道路廊道在景观生态功能中往往起到阻隔的作用，可通过设立桥梁、隧道、涵洞等来降低道路对生物迁移的阻隔作用。

廊道的宽度特征对于廊道的生态功能有重要意义，它直接影响着物种沿廊道和穿越廊道的迁移效率。一般认为廊道越宽越好，窄带廊道易对敏感生物种的迁移产生影响，并影响廊道对有害物种和污染物的过滤。随宽度增加，多数物种可沿廊道迁移，并且宽度越大，环境异质性也会增加，边缘种和内部种都会随之增加。针对不同物种的保护，廊道的宽度设计也不尽相同。表4－1列出了国外对生态廊道宽度的不同建议。

国外对生态廊道宽度的不同建议　　表4－1

廊道类型	提出者	年份	宽度（m）	说明
河流生态系统缓冲带	Cobertt E S	1978	30	使河流生态系统不受伐木的影响
	Budd W W	1987	30	使河流生态系统不受伐木的影响
鸟类保护的廊道宽度	Tassone J E	1981	50～80	松树硬木林带内几种内部鸟类所需要的最小生境宽度
	Stauffer、Best	1980	200	保护鸟类种群
	Forman R T T	1986	12～30.5	对于草本植物和鸟类，12m是区别线状和带状廊道的标准，12～30.5m能够包含多数边缘种，但多样性较低
			61～91.5	具有较大的多样性和内部种
	Brown M T	1990	98	保护雪白鹭的河岸湿地栖息地较为理想的宽度
无脊椎动物、哺乳动物以及爬行类	Newbold J D	1980	30	伐木活动对无脊椎动物的影响会消失
			9～20	保护无脊椎动物种群
	Brinson	1981	30	保护哺乳、爬行和两栖类动物
	Cross	1985	15	保护小型哺乳动物
边缘效应宽度	Ranney J W	1981	20～60	边缘效应在10～30m
	Harris	1984	4～6倍树高	边缘效应为2～3倍树高
	Wilcove	1985	1200	森林鸟类被捕食的边缘效应大约范围为600m
	Csuti C	1989	1200	理想的廊道宽度依赖于边缘效应宽度，通常松林的边缘效应有200～600m，小于1200m的廊道不会有真正的内部生境
植物群落	Peter John W T	1984	100	维持耐阴树种山毛榉种群最小的廊道宽度
			30	维持耐阴树种糖槭种群最小的廊道宽度

续表

廊道类型	提出者	年份	宽度（m）	说明
鱼类保护通道宽度	Williamson	1990	10～20	保护鱼类
	Rabent	1991	7～60	保护鱼类、两栖类
			168	保护蓝翅黄森莺较为理想的硬木和柏树林的宽度
生物多样性	Juan A	1995	3～12	廊道宽度与物种多样性之间相关性接近于零
			12	草本植物多样性平均为狭窄地带的2倍以上
			60	满足生物迁徙和生物保护功能的道路缓冲带宽度
			600～1200	创造自然化的物种多样性的景观结构
	Rohling	1998	46～152	保护生物多样性的合适宽度

2. 生境破碎与孤岛化理论

生境是指生物生活的空间和其中全部生态因子的总和。人们既可以谈到某一个体或群体的具体生境，也可以泛泛讨论某个分类阶元（种、属、科、目、纲、门）的生境。生态因子包括光照、温度、水分、空气、无机盐类等非生物因子和食物、天敌等生物因子。生境一词多用于类称，概括地指某一类群的生物经常生活的区域类型，并不注重区域的具体地理位置；但也可以用于特称，具体指某一个体、种群或群落的生活场所，强调现实生态环境。一般描述植物的生境常着眼于环境的非生物因子（如气候、土壤条件等），描述动物的生境则多侧重于植被类型。

生境不同于环境，它强调决定生物分布的生态因子。欧洲学术界还流行“生态小区”一词，该词常被认为与生境同义。但有些学者建议用生态小区一词专指某一群落的具体生活场所，而以生境一词泛指物种生活的区域类型。由生境一词还派生出“小生境”一词，该词常在进一步描述某一生境的细部时使用，但大小只是相对而言。另外，小生境也常指个别生物周围很小的那个范围，如一棵树周围的那一小部分土地和空间就是它的小生境。

生物与生境的关系是长期进化的结果。生物有适应生境的一面，又有改造生境的一面。有些动物在正常情况下便可以有多种生境，例如，候鸟随季节变化而往返于繁殖地和越冬地两种生境。某一生境的生物还可以占领新的生境，如植物种子传播到各种新的生境后，一旦条件适宜便有可能繁衍并定居下来；一些动物在当地自然条件恶化时，也可被迫迁到新的生活场所。在同种生物适应不同生境的过程中，可能分化出具有不同生态特性的生态型或生态宗，进而还可能演化出新物种。

生境也就是动植物栖息地，是某一类生物活动的生活场所。整个环境是靠植物和光照、温度、湿度、土壤、气候等自然因素来营造的，其中，最主要的还是植物。用植物来营造通道周边的环境，使道路两边的生境可以得以延续。道路设施的修建使得野生动物生境破碎化，生境破碎化对野生动物的灭绝具有重要的影响。所谓的生境破碎化是指一个大面积连续的生境，变成很多总面积较小的小斑块，斑块之间被与过去不同的背景基质所隔离。包围着生境片断的景观，对原有生境的物种并不适合，物种不易扩散，残存的斑块可以看做“生境的岛屿”。生境的破碎化在减少野生动物栖息地面积的同时增加了对生存于这类栖息地的动物种群的隔离，限制了种群的个体与基因的交换，降低了物种的遗传多样性，威胁着种群的生存力。此外，生境破碎化造成的边缘生境面积的增加将严重威胁那些生存于大面积连续生境内部的物种的生存。生境的破碎化改变了原来生境能够提供的食物的质和量，并通过改变温度与湿度来改变微气候，同时也改变了隐蔽物的效能和物种间的联系，因此增加了捕食率和种间竞争，放大了人类的影响。另外，生境破碎显著地增加了边缘与内部生境间的相关性，使小生境在面临外来物种和当地有害物种侵入时的脆弱性增加。

生境破碎化有两个原因会引起灭绝：一是缩小了的生境总面积会影响种群的大小和灭绝的速率。其次，在不连续的片断中，残存面积的再分配，会影响物种散布和迁移的速率。因此在生境破坏后，生境岛屿化对物种灭绝有着重要影响。生境破碎化的后果是生境异质性的消失。看上去一致的大面积生境，如森林或草地，实际上是由不同生境镶嵌而成的。个别的斑块不可能找到大面积原生生境中的不同小生境。斑块状分布的物种或仅利用小生境的物种在这种情况下更为脆弱。有些物种在其生活周期中需要较多的生境，破碎化的生境使它们在生境之间移动受到障碍，从而影响了这些物种的存活。随着保护生物学研究的进展，通过对不同生境中的种群动态及其机理的研究，出现了许多新的种群与生境关系的理论与数学模型，如异质种群、种群生存力分析、精确空间模型。生境的破碎化使得同一物种的不同种群生存于不同的生境中经历不同的环境影响而产生不同的种群参数种。

3. 通道与生态连接度理论

生境的破碎化和孤岛化促使景观生态格局呈现出高度的分割状态，使原本紧密的生态联系出现弱化，甚至断裂的状态。通道就是在分割的景观类型间建立起的生态联系桥梁。人工通道就是对弱化和断裂的生态联系进行修复的重要技术环节。景观生态网络的主要属性特征就是网状的生态联系和高效率的网络连接特征，只有相互有效连接的网络才是景观生态规划设计追求的网络。通道成为实现网络有效连接的重要环节。景观生态连接度通常有以下指标进行评价。

1）γ、α、β 指数

γ、α、β 指数是以拓扑空间为基础产生的，是一种非常有用的抽象概念。主要揭示节点和连接数的关系，反映网络的复杂程度，但并不能反映实际距离、线性程度、连接线的方向及节点的确切位置。尽管这些因素对景观中的某些流也具有十分重要的影响。

γ 是网络中连线的数目与该网络最大可能的连线数之比。以 L 表示网络中实际存在的连线数，V 表示网中实际的节点数，则通过 V 可以确定最大可能的连线数 L_{max}。γ 取值在 0 到 1 之间，0 表示节点间没有连线，1 表示每个节点间都相互连通。对于网络连接来说，

γ 多取值在 $1/3<\gamma<1$。当 γ 接近1/3时，网络呈树状；当 γ 接近1时，网络近似于最大平面网络。γ 指数为：

$$\gamma = L/L_{max} = L/2(V-2)$$

α 指标为网络环通路的量度，又称环度，是连接网络中现有节点的环路存在的程度。巡回路线是提供的可选择的环线；网络连接度的 α 指数的变化范围在0（网络无环路）和1（网络具有最大环路数）之间。α 指数为：

$$\alpha = \text{实际环线数}/\text{最大可能环线数} = (L-V+1)/(2V-5)$$

β 指数是度量一个节点与其他节点联系难易程度的指标。以 L 表示网络中实际存在的连线数；V 表示网中实际的节点数，则 β 指数为：

$$\beta = \frac{2L}{V}$$

2）节点度数与廊道密度

每个节点的度数是对所给的每个节点所具有的连接线数量的度量。在景观图中，任何给定的景观元素的节点度数表示这个元素的易接近性和所具有的网络连接特征。一个节点具有的节点度数越大对外连接途径越高，在景观生态网络中往往成为重要的战略点或生态源，反映网络点具有的连接性特征。同时，廊道密度是直接度量单位面积廊道的长度的，反映景观生态网络连接线具有的通达特征。以 L_i 为某一类型景观的总廊道长度，A_i 为景观的总面积，L_i 定义为廊道长度，A_i 为研究区面积。则廊道密度为：

$$T_i = L_i/A_i$$

3）C 指数

在景观生态网络连接度评价中，尝试性引入交通网络的有关模型。景观生态网络记作 $G=(V, E)$，其中 V 为网络图 G 的节点集，E 为 G 的边集。规划区域内各节点依靠廊道相互连通的强度，称为景观生态网络的连接度 C。其计算公式为：

$$C = \frac{L/\xi}{\sqrt{nA}}$$

其中，L 为研究区域内廊道的总长度（km），A 为区域面积（km^2），n 为区域内应连接的节点数，ξ 为规划区域内景观生态网络的变形系数，是各节点间实际廊道总长度与直线总长度之比。由于在理想状态时，廊道是直线形的，$\xi=1$，所以 $C=e/n$（式中：e 为景观生态网络的边数）。因此景观生态网络连接度计算公式可以用比较简单但近似程度较高的景观生态网络中边数与节点数之比来表示，即 C 约等于 e/n。

4.4.3 生物通道的生态效应

1. 生物多样性保护的重要途径

生物多样性是生物中的多样化和变异性以及物种生境的生态复杂性，它包括植物、动物和微生物的所有种及其组成的群落和生态系统。生物多样性是人类生存的基础。目前，人类对自然的过度利用导致生物多样性的大量、快速丧失，保护生物多样性成为人类实现可持续发展过程中面临的首要任务。生境破碎化是生物多样性面临的最大威胁。生境的重新连接是景观生态规划的重要切入点。通过建立生物廊道，将保护区之间或彼此隔离的生境相连。生物通道把不同地方的生境构成完整的生态网络。生物多样性的维持，有益于一些珍稀濒危物种的保存。任何一个物种一旦灭绝，便永远不可能再生。今天仍生存在我们地球上的物种，尤其是那些处于灭绝边缘的濒危物种，一旦消失了，那么人类将永远丧失这些宝贵的生物资源。而保护生物多样性，特别是保护濒危物种，对于人类后代、对科学事业都具有重大的战略意义。生物多样性具有重要的生态功能，无论哪种生态系统，野生生物都是不可缺少的组成成分，在生态系统中野生生物之间具有相互依存、相互制约的关系，共同维系生态系统的结构和功能。野生生物一旦减少，生态系统稳定性就要遭到破坏，人类生存环境也就要受到影响。

2. 提供生物避难场所和通道

由于通道设计通常都会针对目标动物来进行，不是所有的动物都使用一个通道，通道具有选择性的适应性。正是这种选择的适应性有目的地保护了一批通道适应的动物，而限制了一批对目标动物构成潜在危害的动物。对于通道适应性的动物来说，通道既是生物避难空间和场所，也是日常活动中穿越各种生态障碍物和生态隔离设施的通道，保证了动物的安全性和生态网络连接性，既实现了生物物种的保护，拓展了动物的活动范围，也保护了生物的多样性规划设计目标。

3. 增强网络连接性与生态扩散性

网络的复杂性和连通性是生态网络有效性的重要特征。网络的复杂性指网络构成要素的多样性、要素耦合关系和耦合方式的层次性以及节点之间连接的多元性。正是多样性、层次性和多元性的存在使得网络不同于单个点、单个线生态形态的生态功能，使网络更加稳定复杂，相互依赖更加多元可靠，生态联系更加安全有序，呈现出整体的生态效益由中心区域向周边环境沿网络进行扩散。连通性越高的网络，生态扩散的效应越高。

4. 营造独特的通道群落系统

通道的类型多种多样，通道所处的环境条件也千差万别。生境的多样性和通道类型的多样化使得每一条通道都处在一个特定的群落生境中，经过人工设计对通道群落中动植物的种类和层次结构进行调整，进一步适应目标动物的特征，并经过长期的次生演替形成稳定安全的群落生态系统，形成独特的通道型群落。在现实的景观生态格局中，依据通道的规模可以划分为不同层次的通道体系。大型的通道满足大型动物等多种动物共同使用，具有宽度大、距离远的特点，形成群落共生的通道系统。中型通道多存在于区域尺度内部，是通道中使用最多的通道类型，是小型通道逐渐汇集并连接大型通道的中间桥梁。小型通道是尺度最小的，服务面较小和物种有限的通道类型。无论是哪一种通道都成为通道群落中的一个关键环节。

4.5 通道设计的核心

4.5.1 通道的网络性与通道布局

1. 通道的网络性

通道具有规模和尺度特征。服务于不同动物和不同空间尺度动物迁移的通道具有各自不同的通道，而且不同的动物群体也使用各自的通道，因此在一定的空间范围内通道形成了一个由不同大小、不同类型、不同使用主体共同构成的通道体系。通道体系中各个通道在空间上相互耦合、相互交织、相互影响形成具有网络特征的通道系统。表现在大通道中复合小通道、小通道依托大通道、小通道与小通道相连接等复杂的网络形式。因此，对于规划区范围内的通道设计应把握网络性的以下几个要点：①通道体系的规划与设计。不同尺度、不同类型以及地上、地下和空中的通道体系是网络性构成的重要组成。②合理设计“源—通道—汇”景观生态空间格局及其生态过程。③合理设计“节点—通道”组合的多维性。使每一个节点都具有不同类型和不同尺度的通道，并尽可能多地与外界建立通道联系。

2. 通道布局

通道呈现出网络性的特征并不是说通道在空间上的分布是无序的和随机的，而是具有很强的选择性和适应性。通道在空间上具有很强的环境决定特征，有的通道是明显的和易发现的，而有的通道则是隐蔽的和难以发现的。通道的环境决定性表现在：①水生动物的通道只能分布在河流、湖泊等特定的生境中。②鸟类通道只能分布在地面具有丰富食物源和安全栖息地的环境上空。③对于陆地动物来讲，大型尺度通道的环境决定性特征较明确，而小型通道分布的环境决定性则较弱。通道的选择性和适应性是通道分布的主要特征，主要表现在：①动物通道的形成不是单个动物的个体行为，而是同种类型动物群体以及在不同动物群体关系的影响下长期的一个选择行为和结果。一种动物在选择自己的通道的同时，另一种具有捕食和被捕食关系的动物也在选择自己的通道。②在同类合作和捕食与被捕食关系的影响下，动物在通道选择和形成过程中体现出适应性的特征，通道不仅适应环境，而且适应于动物之间的关系，充分体现在通道存在的动植物群落环境和庇护功能。通道布局设计具体要通过系统的动植物群落调查和通道调查，明确动植物的种类与分布、通道的类型与使用动物，并将两者建立对应的关系，明确现有的通道分布格局，在此基础上对通道进行功能性和网络性的改造设计。

4.5.2 通道的可达性与引导体系

1. 通道的可达性

网络的有效连通性决定了通道的可达性特征。网络的连通性越高，通道的可达性就越强，表现出良好的群落通道特征。通道的可达性取决于：①通道的网络性。正如前文论述，规划范围内众多的通道交织在一起，相互影响，相互复合，形成一个有机的网络，网状通道的通道性优于单一的通道或相互平行的通道类型。②网络连接的有效性。由于不同尺度、不同类型、不同空间高度的通道网络相互交织在一个整合的空间中，不同尺度、不同类型和不同高度的通道都单个呈现出网络特征，但由于网络的自成体系，网络之间在有的节点就相互耦合在一起，而在有的节点网络之间没有耦合，呈现出平行网络的关系，这样就使得网络连接的有效性降低。③节点连接的高效性。在通道网络中，节点是通道可达性的重要环节，节点连接的有效性直接决定了网络的有效性和可达性。④网络通道无断点。断点是通道无效的最直接因素，弥补断点也就是通道可达性设计的最基本出发点。

2. 引导体系

在通道网络中，自然通道体系是动物选择性和适应性的结果，成为动物日常活动的特定路径。但是在人工通道体系中，动物对通道的使用具有初期的排斥性和不适应性，因此如何引导动物使用人工通道成为通道网络的重要环节，也是决定通道设计合理与否、成功与否的重要指标。通道引导体系设计的内涵主要包括：①人工通道与原始自然通道之间的耦合与连接。这是每一条人工通道设计都必须重点考虑的设计环节，重点设计人工通道与自然通道连接节点的连接方式。②人工通道与周边植物群落与环境之间的联系和区别，通过植物种植形成通道格局。③人工通道生境的营造。目的在于将通道营造成为具有系统性、连续性和完整生态功能的安全体系。④人工设施的引导与应用。

4.5.3 通道的安全性与通道陷进

1. 通道的安全性

发达的网络通道体系在提高网络可达性的同时，也提高了网络中捕食者的捕食范围和通达能力。也就是说通道建设在实现网络性和可达性目标后，呈现出两个相互矛盾的现象：①通道的网络性和可达性提高了动物的活动范围并为生物多样性和生态稳定性提供了基础；②由于网络性和可达性的提高，捕食者利用网络进行捕食的能力和范围进一步提高，通道使用者的危机进一步提高。有时会出现为了保护某种动物，设置了专门的通道，但由于捕食者在通道中捕食的更加便捷性，使得要保护的目标动物出现更多死亡的现象。因此，通道的安全性成为人们一直争论的焦点。焦点体现在以下几个方面：①人工通道是否会成为通道陷阱并成为捕食者的天堂；②人工通道是否需要，如果需要应如何避免通道陷阱的形成？该问题成为一直困扰和影响通道设计的关键问题。

2. 通道陷进

由于在一种动物选择自己通道的同时，另一种具有捕食和被捕食关系的动物也在选择自己的通道。在通道网络体系形成的同时，由于选择性和适应性的原因，捕食动物也具有对新通道的感知能力和适应能力，从而修正自己的通道和捕食关系。通道陷阱是指因人工通道的建立，捕食动物据守在通道附近，并使通道使用的动物成为捕食动物的食物的现象，称之为通道陷进。对于通道陷进可以采取以下几种方式进行弥补：①由于捕食者通常具有较大的个体特征，适宜在较空阔的地方活动，因此在人工通道的周边较大范围内种植密度较高的灌木，一方面成为捕食者视线的障碍，另一方面制约捕食动物的捕食行为；对于通道使用动物来说，茂密的灌木丛有效地提供了隐蔽性和便于躲避捕食者的追捕。②通过人工隔网设施，将通道使用动物限定在隔网以内，通过隔网引导，将通道使用动物隔离穿越一定的范围，直到安全区域。③在通道外围，采用气味、颜色、动物天敌叫声等环节的人工干预或直接驱赶，将捕食动物限定在通道外围。

第二部分
江南生态园群落生态设计

第5章

案例区域生态调查与分析

5.1 自然生态因子与生态格局

昆山的自然环境为典型的江南水乡，四季分明，降雨量丰沛，河网密布，土地肥沃，良田万亩，动、植物物种丰富。本书选定该区域为研究对象，主要也是因为昆山的自然地理环境能很好地成为江南地区环境的载体，江南的自然地理风貌基本能在昆山得到体现。

5.1.1 雨量充沛，水资源丰富，水网密布

昆山市属北亚热带南部季风气候区。气候温和湿润，四季分明，光照充足，雨量充沛。

昆山市年平均降水量1063.5mm。各月降水量分布，以6月最多，月平均降水量达154.8mm，其次9月为133.3mm，冬季12月和1月降水量在40mm以下。

全年降水日数平均为127天。日降水量大于50mm的暴雨日数，全年平均为2.1天；大于100mm的大暴雨日数，全年平均0.5天。

四季平均降水量分布：春季（3~5月）286.8mm，占全年降水量的27%；夏季（6~8月）406.1mm，占全年降水量的38.2%；秋季（9~11月）243.7mm，占全年降水量的22.9%；冬季（12月至次年2月）127mm，占全年降水量的11.9%。

全境河流总长1056.32km，其中主要干支河流62条，长457.51km；湖泊41个，水面10余万亩。全年平均地表水资源总量近70亿m^3，人均拥有水量1.32万m^3，亩均耕地拥有水量0.84万m^3。

年地表水中河湖蓄水6.9亿m^3，承泄太湖来水51.3亿m^3，引入长江水2.5亿m^3；年地下水开采量约0.95亿m^3。

5.1.2　光照充足，温度适宜，生长期长

昆山全年总日照平均为2156.7h，占当地可照时数百分率为49%。一年之中，以夏季日照时间最充裕，7、8月每月日照时数在250h左右，日照百分率达60%左右；秋季次之，月日照时数为160~180h；1、2月最少，月日照不足150h。从日照百分率看，一年中有两段时间相对偏少：一段在4、5月，日照百分率为全年最少时段，仅有41%~43%；另一段在9月，日照百分率49%，比8月份减少15%。

昆山市年平均温度为15.3℃。一年中以7月平均温度最高，为27.7℃；1月平均温度最低，为2.9℃。以候平均气温来划分四季，10.0~22.0℃为春、秋季；22.0℃以上为夏季；10.0℃以下为冬季，则昆山冬、夏长，春、秋短。冬季最长，平均132天（11月20日~3月31日）；春季为66天（4月1日~6月5日）；夏季102天（6月6日~9月15日）；秋季为65天（9月16日~11月19日）。春季气温逐步回升，但有时早春有“倒春寒”天气出现。盛夏季节有一段高温天气，旬平均温度大于28℃以上的时段为7月中、下旬和8月上旬。9月中旬入秋后，气温下降。

5.1.3　地势平坦，土地肥沃，有机质含量高

昆山属长江三角洲太湖平原。玉山是昆山市内的主要山体，除此之外，昆山多为平原。昆山境内河网密布，地势平坦，自西南向东北略呈倾斜，自然坡度较小。地面高程多在2.8~3.7m之间（基准面：吴淞零点），部分高地达5~6m，平均为3.4m。

区域内大小河道纵横，将土地分隔成自然的地块。市境北部为低洼圩区，中部娄江以南及吴淞江两岸为半高田地区，地面高程在3.2~3.8m之间，河港交错，但无大中型湖泊。市境西南部、吴淞江以南地势高，为濒湖高田区，西南河港密布，湖泊众多，全区水域约10万亩，占全市水域面积的30%左右，陆地呈岛状，田面起伏较大，地面高程多在4m以上。

据1980年土壤普查，昆山境内由南到北，从高到低，大致由黄泥土、乌山土、青紫土、青泥土逐步过渡，呈现有规律的分布。土壤pH值平均为7.2，有机质含量达3.14%，全碳1.82%，全氮0.19%，碳氮比9.48，水解氮123.3ppm。全磷（P_2O_5）0.141%，速效磷6.4ppm，速效钾7.8ppm。土壤肥沃，很适合植物生长。

5.1.4　动植物种类丰富，适合于多种植物生长

野生动物品种繁多，其中阳澄湖大闸蟹驰名中外。林木类有竹、松、梅、桑等，观赏型树种日渐增多，以琼花为珍。野生药用植物有百余种，数并蒂莲为贵。主要农作物为水稻、小麦和油菜等。此外，田头、路边零星土地种植大豆、玉米，小河旁和溇潭、湖边常种植茭白和芦苇。在旱地、路边、荒滩除杂草丛生外，还生长许多野生中草药，主要有墨旱莲、蒲公英、车前草、金钱草、益母草等；在湿田、沟渠边生长

有鱼腥草、半边莲、毛茛、蛇苏、旋覆花等；在河湖池塘中有芡实、芦根、浮萍、槐叶萍等。

5.2 人文生态因子与生态格局

5.2.1 人口众多，城镇密集，土地压力

昆山市域面积927.7 km^2，约合138.2万亩。其中耕地70.5万亩，园地1.65万亩，林地1.7万亩，居民点及工矿用地33.62万亩，交通用地8.13万亩，水域30.9万亩，未利用土地0.55万亩。户籍人口60万，辖10个镇和一个国家级经济技术开发区。

5.2.2 交通发达，形成通达性较高的网络

昆山位于东经120°48′21″~121°09′04″、北纬31°06 ′34 ~31°32′36″，处江苏省东南部、上海与苏州之间。北至东北与常熟、太仓两市相连，南至东南与上海嘉定、青浦两区接壤，西与吴江、苏州交界。东西最大直线距离33km，南北48km，总面积927.7km^2。昆山地处中国经济最发达的长江三角洲，是上海经济圈中一个重要的新兴工商城市，历史悠久，物产丰饶，素有“江南鱼米之乡”美称。

昆山凭借其优越的地理位置，有着得天独厚的便利交通（图5-1）。其中，航空方面，距上海虹桥机场45km，约半小时车程，距上海浦东机场100km，约1小时车程。港口方面，距上海港60km，距张家港100km，距太仓浏家港35km。铁路方面，京沪铁路穿越境内，并设有二等客货运输站。公路方面，区域内公路网健全，沪宁高速公路、机场路、312国道穿越境内。

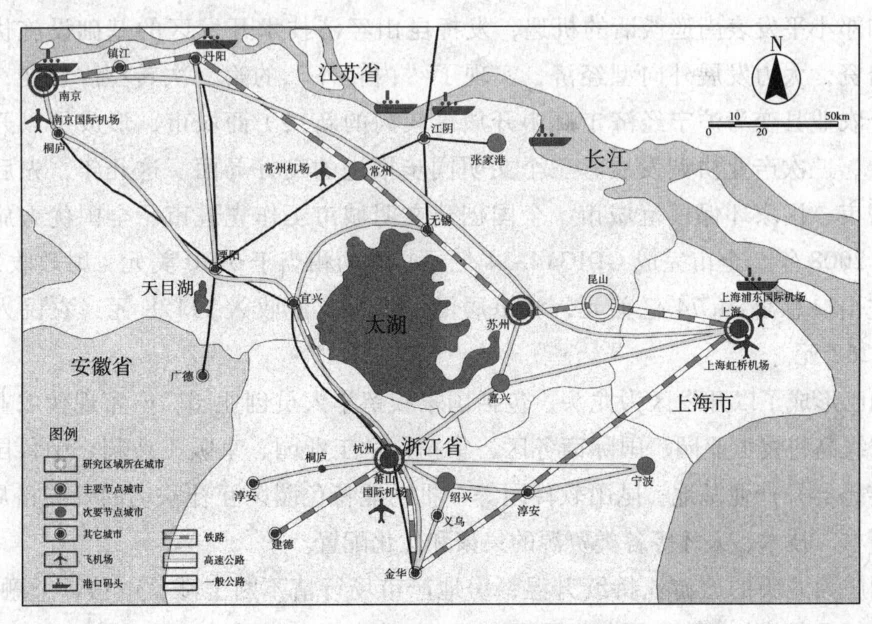

图5-1 昆山与周边交通联系示意图

5.2.3 历史文化悠久，独具江南文化特色

历史悠久的昆山，古称“鹿城”，这里物华天宝，人杰地灵，历代人才辈出，曾诞生过著名爱国主义学者顾炎武、散文家归有光、画家龚贤、昆曲创始人顾坚等名人，更是被誉为“百花园中一株幽兰——昆曲”的发源地。

昆山三宝是昆山的文化瑰宝。

昆石产于昆山之玉山（又名马鞍山）中，天然多窍，色泽白如雪、黄似玉，晶莹剔透多窍，玉洁冰清，形状无一雷同，十分奇巧，所以称为巧石，又名玲珑石，他方人称昆山白石，历来被视为艺术欣赏品，供于几案，视若珍宝。

琼花，昆山亭林公园的琼花，被誉为“昆山三宝”之一。其中最大的一棵花树，连理交枝，树冠周整，玉花繁盛，堪称今世“琼花之最”。琼花，是像玉一般明洁的、我国独有的古老珍异花卉，古代诗人盛赞它为“天下无双独此花”。

并蒂莲，马鞍山下有并蒂莲，又名千叶莲、千蕊莲，为“昆山三宝”之一，原为元末高士顾阿莲手植，流传至今已有600多年，人称“古莲”。苏州著名文人周瘦鹃首作文记之，称并蒂莲“色香双艳”。

5.2.4 经济快速发展，生态压力和冲击较大

昆山过去是一个农业县，工业基础差、底子薄，改革开放以来，重视发挥优势，积极抢抓机遇，加速结构调整，加快经济发展，推动了两次大的经济转型。一是20世纪80年代，充分发挥区位优势，东靠上海，西托三线，大力开展横向经济联合，大力发展乡镇工业，实现了“农转工”的第一次转型。二是20世纪90年代，抓住浦东开发开放和邓小平发表南巡谈话的机遇，发挥昆山经济技术开发区的基础设施优势，扩大招商引资，大力发展外向型经济，实现了“内转外”的第二次转型。现在，昆山已经从一个农业县变为沪宁经济走廊中开放度较高的新兴工商城市，形成了以开放型经济为主导、三次产业协调发展、三个文明同步推进的良好局面。这几年，先后荣获国家卫生城市、国家环保模范城市、全国创建文明城市工作先进市、全国优秀旅游城市等称号。2008年，全市完成GDP314.34亿元，人均相当于6290美元，财政收入41.52亿元，进出口总额84.74亿美元，城镇居民人均可支配收入11128元，农民人均可支配收入6262元。

昆山已形成了以开发区为龙头，包括国家级留学人员创业园、国家现代农业综合示范园、省级高科技工业园、国际商务区、华扬科学工业园、京阪工业园、中科昆山高新技术（传感器）产业基地、昆山软件园等一批功能特色园区互补联动的发展格局，有效促进了资本、技术、人才等各类资源的集聚和优化配置。

以周庄为龙头的旅游业持续升温，房地产市场行情不断上涨，电信、金融、保险、会计、律师及其他各类中介服务发展迅速。2003年，全市三次产业之比为4:65:31。

5.3 区域生态整体特征与机理

5.3.1 区域景观具有较高的均匀性和整体性

从江南水乡区域景观水平尺度看，形成以农耕水田为基质，道路、河流和灌溉渠道为廊道，居民点和水塘为斑块的景观镶嵌结构。从景观分析可以看出，基质、斑块、廊道分化十分明显，普遍呈现出水田、水塘和居民点的镶嵌特征，形成较高的均匀性（图5-2）。

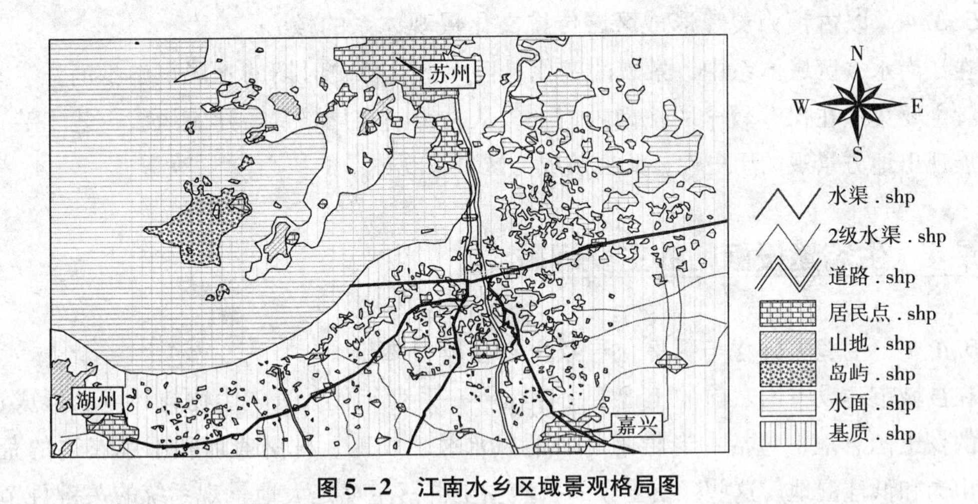

图5-2 江南水乡区域景观格局图

5.3.2 土地利用斑块具有高度破碎化特征

江南水乡区域景观中斑块—廊道—基质分化明显，但类型单一。从斑块的类型来看，仅仅局限在居民点和水塘两种类型。从研究区域的对比来看，板块4种类型分化为418个板块，其中水塘达到332个，居民点达到79个（表5-1）。

江南水乡区域景观斑块—廊道—基质镶嵌特征 表5-1

景观类型		数量	结构	说明
斑块	水面	322	77%	除太湖水面完整外，陆地水面破碎度很高
	岛屿	9	2.2%	—
	居民点	79	18.9%	—
	山地	8	1.9%	—
廊道	一级水渠	6		水渠是区域景观体系中重要的景观连通方式
	二级水渠	16		
	道路	4		—
基质	农耕地			以水田为主体的基质具有极高的均匀性

5.3.3 以水为中心构成整体人文生态系统地方性特征

水不仅是江南古镇景观的灵魂，也是江南水乡区域景观体系的核心。渠道水网交织，水塘星罗棋布，成为区域景观体系的核心。在多水的自然环境条件下形成了独特的农耕活动、聚落文化和交通运输方式，水是整体人文生态系统的关键，也是不同于其他地方景观特征的地方性特征。

5.3.4 以古镇为灵魂形成区域传统文化景观体系的核心

在江南水乡区域体系中，景观的变化是巨大的，历史时期的景观正逐步消失。景观的延续主要集中在保存较全的江南古镇上，从古镇的布局格局、建筑风貌、艺术装饰等能够展现出地方景观的历史性，此古镇成为区域景观体系的核心。

5.4 生态建设面临的主要问题

5.4.1 生境破碎化与孤岛化导致生物多样性降低

在被城市建设占用之前的土地上，存在着一系列年代久远、生物与环境已形成良好关系的乡土栖息地，包括古老村落的所谓风水林、坟地、村落残址和不宜农耕的荒滩、乱石山沟和低洼湿地。这些残留至今的自然乡土群落生境是大地景观系统的关键性节点，是生物克服空间阻力运动时联系两个自然地之间的跳板。候鸟的栖息，远足动物的暂时停留等，都有赖于这些残留的栖息地。

随着昆山经济的发展，城镇化水平大大提高，大规模的城市建设、道路修筑和水利工程建设的实施，很多弥足珍贵却被视为荒滩荒地的自然乡土生境遭到破坏，导致群落生境破碎化。

随着昆山经济的快速发展，人们生活水平大大提高。生活水平的提高对于居住的要求就更高，和大多经济发达地区一样，房地产开发在昆山犹如雨后春笋般崛起，高楼大厦亦拔地而起。虽说城市的市容改善了，环境整洁了，但是这是建立在赶走很多其他生物的基础上的，人类成了这片土地上的绝对主导，恣意地遵循着自己的意愿行事着。

除此之外，在城市绿地建设中，过分地讲究视觉效果、艺术感觉，导致绿化树种单一、外来树种称霸的现象。其实有时候领导们在实行经济地方保护主义的时候，也应该想想植物的地方保护主义也同样重要。

5.4.2 生态系统高度分割导致生物通道严重缺乏

昆山原是地理环境非常完整的地区，自然环境属于长江冲积平原，河网密布，农业耕作历史悠久；在文化环境方面，吴文化历史独立发展，成为江南水乡重要的文化景观。在传统农业社会中，这里呈现出水稻耕作—水田养殖—文化古镇—繁华商业的传统景观体系。在工业化、现代化和城市化的浪潮中，昆山又成为现代工业文明发展的代表，加之地处中国经济最发达的长江三角洲地区，毗邻上海，现代城市景观、工业景观等成为冲击传统历史文化景观最主要的力量，并通过改变人的需求、生活方式和土地利用，进一步取代几千年积累下的农业文明景观。传统与现代，保护与发展，革新与传承成为这片土地上最激烈的冲突。其中最为典型的就是昆山作为全国与上海连接的门户，成为进入上海的必经之路，交通路网纵横，将原有的区域性整体景观高度分割，使得生态系统高度破碎化，高度发达的路网取代了完整的生态网络，道路成为最为严重的生态隔离，缺乏相应的生物通道体系来修复被破坏的生态网络。

5.4.3 污染严重破坏生态环境

昆山的环境污染与生态破坏主要根源在于：①昆山是上海经济圈中一个重要的新兴工商城市，工业是其经济发展的支柱产业之一，通过招商引资等手段，大量工业扎根于昆山，再加上昆山的乡土工业，大量的工业生产导致昆山的空气、水体污染严重。虽说昆山是典型的江南水乡，市内河网密布，水资源发达，但是工业的发展使很多河流变成了臭水沟，久而久之便消失在人们的视野中。②发达的农业与农业污染。农业生产大量使用的化肥成为水体富营养化的主要污染源，水质的污染和恶化将面状污染扩大化，成为区域性水环境和水生态破坏的主要特征。同时江南地区盛行的养殖业，也成为这种环境污染的根源。这种恶性循环对昆山的生态环境造成了极大的破坏，同时，污染的加剧亦将阻碍其旅游业的发展。

5.4.4 蚊虫孳生威胁人居环境的健康性

昆山的水系发达、河网密布，本对其生态环境是一个优势，但是从另一个侧面看，水体发达又被污染的地方往往是蚊虫孳生的地方。蚊虫的大量孳生容易造成疾病的传播，对市民的身体健康构成了极大威胁，对市民的生活起居造成了很大影响。

5.4.5 “四化”冲击破坏区域景观的整体性

“四化”冲击主要指城市化、工业化、现代化及商业化为代表的“四化”过程对区域景观整体性的破坏，其核心是城市化与工业化过程。

1. 城市化对区域景观整体性的冲击

1）区域景观的城市化与公园化

城市化的分散发展和成片推进、城市圈经济的冲击使土地利用属性发展快速变化，以江南水乡为例，其在地理位置上紧邻上海、杭州、南京等中心城市，同时地处长三角城市群的腹地，又处在江浙民营经济发展最迅速和最活跃的地区。强烈的城市经济冲击，带动了本地区快速发展的城市化，同时城市圈经济的互补功能促使中心城市外围土地的城市化加快，外围的居住、度假、休闲土地利用方式逐步使水乡土地利用发生巨大变化，在区域景观上形成城市景观和公园化景观逐步替代原来传统地域景观的格局。

2）传统地域景观的盆景化

由于城市的不断增加，规模的不断扩大，城市景观不仅在水平尺度上发生巨大变革，在垂直尺度上也发生了重大变化：经济开发区、工业开发区、农业开发区等各级各类开发区和区域A级高速交通网络的形成，彻底改变了原有的传统景观环境，在这种环境变革中，传统地域的文化景观正成为区域景观体系中的一个微缩盆景或是小的园林景观。失去了其在区域景观发展中应该起到的指导作用。

3）传统地域景观的破碎化与孤岛化

同样以江南水乡为例，区域景观被分割形成以多个“古镇”为中心的景观孤岛。在江南水乡逐步成为微缩盆景化的过程中，在水乡内部也出现较大程度的景观异化过程。主要表现在这些古镇在自己核心保护区外围进行的新城建设、工业区建设和开发区建设，在连续的空间景观上出现古镇景观—现代新城景观—现代产业景观交替出现的景观分割格局。现代城市化景观将传统景观分割，使区域景观失去整体性，呈现出破碎化状态，随着破碎化程度的提高，被完全割裂成为景观“孤岛”。

2. 工业化对区域景观整体性的冲击

1）农业景观的变化

①农田景观规则性更强。由于家庭承包责任制的实施，每家每户的小块耕作使得农田景观格局较为分散和破碎。农户的生活需求、对市场信息的把握、家庭经济基础等方面的差异导致其对土地的经营方式和作物品种（特别是经济作物）选择的不同，从而使得农田景观较为凌乱。土地小块分割打破了农田景观的整体性，即使是在作物较为统一的稻麦生长期，农田景观的连贯性也较低。随着乡村经济的发展和农业规模经营的壮大，加之机械化操作需要土地联结成片，集中化耕作大大降低农田景观的破碎度。规模经营一般以当地自然条件为基础，以市场为导向，同一时期大片土地种植作物基本类似，因此无论从土地形状的整体性，还是从作物的整体性来看，都比较统一。②景观类型更加多样化。随着农业的产业化、市场化、生态化和智能化水平的提高，农田景观也呈现多种多样的面貌。除常见的集中连片的大田景观之外，还出现一些新的景观类型，如设施农田景观、城郊型农田景观、休闲农田景观等。③景观空间分异明显。粮食生产水平的提高为调整种植业提供了相对宽松的环境，因此粮食生产的区域差异直接带来农田景观结构的差异。

2）工业景观的演进

从空间布局来看，其演变的总体趋势是由分散趋向集中，在传统地域乡村工业发展的初期，受建设资金、建设规模、职工来源、生产性质、发展基础和规划管理意识所限，多就地布局，形成较为分散的格局。经过改革开放二三十年的发展，如今多数乡镇已经建立起集中规划管理的、配套设施齐全的、规模较大的工业园区，为企业的集中奠定了良好的基础。

从空间布局形态的演变来看，主要分为三个阶段：①初始阶段：企业规模小、布局分散，工业产值所占比重在各地基本相同。②中级阶段：由于个别企业规模的扩大或高起点的企业布局，使得空间分布空间不平衡，特别是市域和镇域范围，出现重点建设区域。③高级阶段：有若干企业成组布局，或进行工业园区建设，统一配置公用的基础设施，区域出现明显的城镇功能分区。

总的来说，工业化的快速发展使传统地域景观出现了严重的边缘化问题：部分地区由于发展过程中偏离经济的中心地区和热点地区而成为经济发展相对的“冷区域”，经济发展相对落后，社会变革相对缓慢，传统地域文化景观得以保存。但由于交通变化和对外联系途径的变化而失去往日繁华的地位，在空间上成为被遗弃的区域从而具有边缘化特征。相对地处偏远，较低的可达性也造成传统地域景观的边缘化特征。从某种程度上看，传统地域景观能够存在主要得益于现代经济社会文化的相对滞后。但边缘化使这些传统景观区域付出保护与发展的巨大机会成本，并因为与周边环境间巨大的差异而形成巨大的文化和心理反差，进一步加大人们对现代文化的渴望和需求，从而加强了景观边缘化的格局。

第 6 章
江南生态园的生态设计

6.1 解读江南整体人文生态系统

昆山江南生态园，地处昆山市北郊，占地约 300hm^2，整个场地水资源丰富，一半左右面积被鱼塘及水体占据，具有典型的江南特色。

昆山江南生态园之所以称为生态园，是因为它不仅体现了江南的自然生态景观，也体现了江南的人文生态景观。在生态设计中，人文生态景观是设计中的"硬生态"，自然生态景观为"软生态"，两者好比电脑中的"软件"与"硬件"的关系，两者虽功能不同，但缺一不可。自然生态景观主要通过景观环境、群落生境和群落设计三个途径实现；人文生态景观通过所具有的地方性特征深刻反映在生活与生产的物质空间中并形成独特的图式语言，主要体现在建筑与聚落景观、土地利用景观、水资源利用方式和地方性居住模式四个方面。居住模式则是人文生态景观中建筑与聚落、土地利用、水资源利用方式三者的综合体现。

6.1.1 江南水乡之建筑与聚落模式

地域建筑是对地域特定的气候、土壤、水质生态、文化及生活形态等的真实、理性应对。在传统的地域建筑中，往往采用当地的自然材料与适宜技术，以合理的构造与营建方式，来有效地塑造空间和场所。地域建筑的产生首先以满足人的基本需求为目的，进而追求方便、舒适的住居环境。在一些发育良好的传统聚落中，我们往往能看到一种安全、舒适、人与人之间和谐相处、具有良好归属感和家园感的居住氛围，满足人的多层次心理需要，体现出对人的尊重。①江南水乡建筑多呈现出白墙黑瓦的传统印象，高高的山墙竖立，面水而立，层层后退；②江南水乡是我国传统文化发达的吴越之地，又是我国近代民族资本和现代经济的发源地之一，也是我国早期与西方文化交融的地区，中国的传统建筑与西洋建筑交融。

6.1.2 江南水乡之土地利用肌理景观

江南水乡的土地利用肌理可以从两个尺度来图解。①在视点为15000m高的尺度来看，那水乡的土地利用形态因受洼地—岗地—平地相间分布的地形影响，加之水资源丰富，在洼地形成了广泛分布的水面；同时，陆地上纵横交织的河流、水渠分割土地，河流、渠道和水面—陆地形成的水线共同形成了边界极为不规则的土地分割体系，从而形成了边界延伸较长、形态弯弯曲曲、曲线较为光滑，类似于细胞结构的形态特征。形成了一块块绿色的土地似连非连又相互聚集的土地单元，像细胞一样漂浮在蓝色的水体之上。②降低高度，在视点为1500m高的尺度来看，进入到单个的土地利用细胞单元，细胞壁的形态是自然的和弯曲的，外围环绕水体或河流，居住用地以河流或水渠为轴线环绕在细胞壁上。在细胞内部是相对均质的土地类型，主要划分为耕地和水塘以及无法利用的洼地湿地三种类型。一方面，由于人口多，土地少，土地被分割成较小面积的地块；另一方面，由于耕作的方便，土地地块形成了比较规整的矩形；鱼塘也形成了规则的矩形，大大小小、蓝蓝绿绿的矩形相间分布，中间间或穿插不规则的自然湿地、水体和渠道，构成江南水乡整齐而又富有变化的土地利用景观。

6.1.3 江南水乡之水利用方式

在江南水乡中水体成为所有生产和生活的中心和轴线。人们不仅临水而居，而且水成为江南水乡社会关系、邻里关系和经济关系的重要载体。在聚落与水的关系上可以看出，所有的建筑都沿河形成线性分布并成为聚落的轴线和生活活动的主要场所。以水为中心形成了村落，随着人口增长逐步发展成为城镇，水贯穿整个区域。水不仅取代道路成为重要的交通方式，还成为村镇居民地商业贸易的场所和商贸中心。在生产方面，江南水乡丰富的水田资源孕育了历史悠久的稻耕文明，广泛分布的稻田成为江南水乡重要的景观形式。与此同时，在大面积零星分布的洼地水塘形成了丰富的养殖生产，丰富的水产资源，使江南水乡成为我国重要的鱼米之乡。江南一带临水街区相似的自然条件、生产及生活方式和相同的文化背景及思维模式，在与周边其他市镇的交往中，转化为有形的物质空间环境，形成几乎相近的物质空间构成关系，其空间要素、空间组织方式及尺度方面的相似使人产生相近的空间感受和情感体验。

6.1.4 江南水乡之生活居住模式

在江南水乡可以清楚地看到，沿水系分布的住宅组成的线性聚落—聚落两侧的农田—交织分布的鱼塘构成典型的江南水乡居住模式。人们通常都用“枕河而居”来描述江南水乡之生活与居住模式。①从居住的大环境来看，首先江南水乡村镇聚落大多具有临河的特征。在村落较小时，分散的建筑沿河流面南分布，基本上只有一间房进深，形成房前是水，房后是田的格局。随着聚落扩大，房子沿纵横交错的河流水系展开，重复以前的布局关系，逐渐形成了沿水系分割围合的村落格局。临河不仅形成了便捷的水上交通体系，还形成了以水为中心的商贸系统。其次，由于特殊的生产构成和特殊的环境，在聚落外围形成了耕地、菜园和鱼塘相间分布的格局。②从居住的小环境来看，由于沿河流分布的居住格局决定了沿河土地的稀缺性，沿河门面房十分珍贵。因此，江南水乡临河居住的人家门面房十分狭窄，房屋由河岸沿垂直于河流的方向形成狭窄的延伸，形成多进房屋居住模式。在多家相邻后形成十分狭小的公共通道以贯通沿河一面与街区内部。

6.2 江南生态园规划设计

通过对昆山江南生态园人文生态的解读，再结合昆山江南生态园的自然生态特色，主要从典型居住模式、自然景观及土地形态等三方面在规划设计中体现生态园的生态特色，形成了江南生态园的空间语汇。

6.2.1 规划区域现状

昆山江南生态园，地处昆山市北郊，占地约 300 hm^2，原有场地主要由建筑、鱼塘、农田、沟渠等要素构成（图6－1、图6－2）。规划区域内渔业用地（即鱼塘占地）面积约为 120 hm^2，约占总面积的40%；农业用地（即农田占地）面积约为 160hm^2，约占总面积的53%；居住用地（即为原有村庄及个别服务设施建筑）面积约为 20hm^2，约占总面积的7%（图6－3）。

从规划区域现状土地所占比例可以看出，规划区域内水资源丰富，多以鱼塘及沟渠的形式存在，在规划设计中对其尽量合理利用，使整个规划区域内土方量达到平衡（图6－3）。

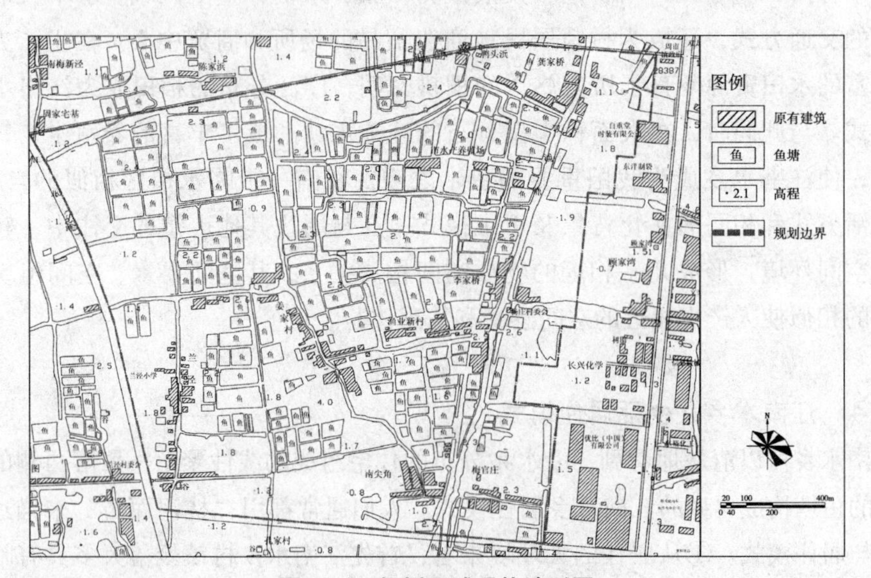

图6－1 规划区域现状地形图

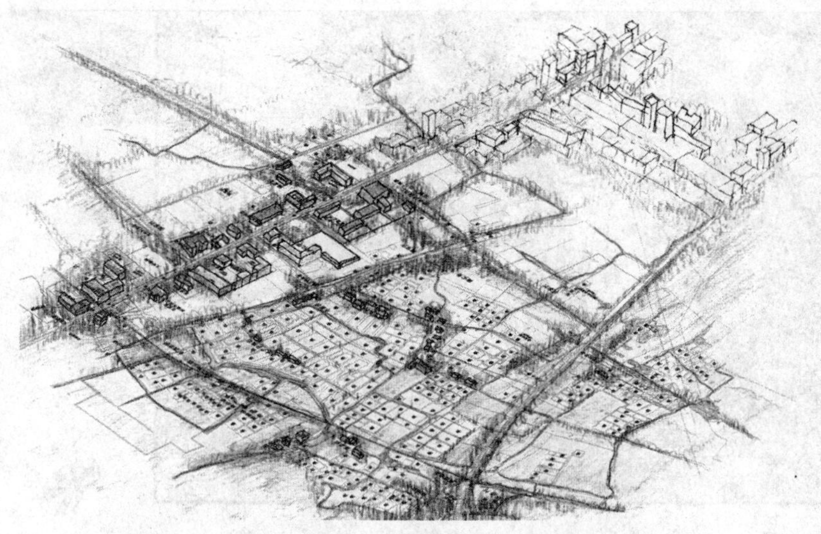

图6－2　昆山江南生态园场地及其周边现状鸟瞰图

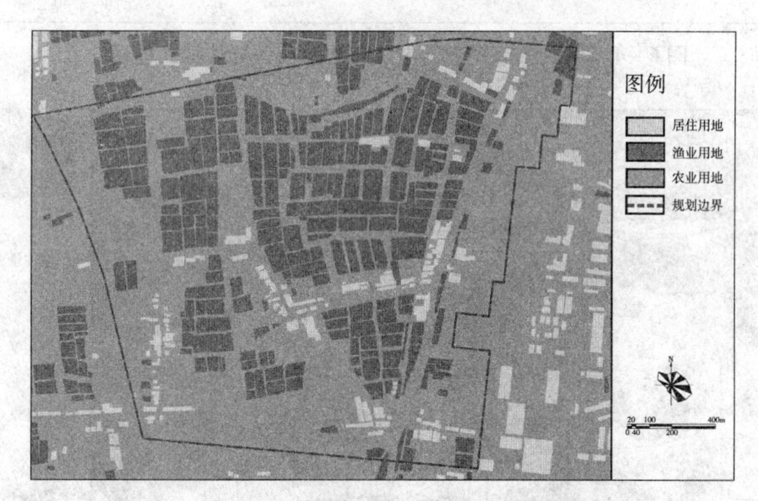

图6－3　规划区域土地利用现状图

规划区域周边环境比较简单，东边为昆山的一个工业区，分布着服装加工厂、塑料加工厂、化工厂、树脂厂、油漆厂、造纸厂等不同类型的工厂企业，这些工厂企业排放的废气及烟尘对规划区域有一定的影响。规划区域其他南、西、北三面均为和规划区域性质类似的地块，一般都由村庄、农业用地、渔业用地等构成，对规划区没有特殊的影响。

6.2.2　江南生态园地方性空间语汇的应用

1. 典型居住模式

在江南水乡中水体成为所有生产和生活的中心和轴线，在聚落与水的关系上可以看出，所有的建筑都沿河形成线性分布并成为聚落的轴线和生活活动的主要场所。沿水系分布的住宅组成的线性聚落—聚落两侧的农田—交织分布的鱼塘构成典型的江南水乡居住模式（图6－4、图6－5）。

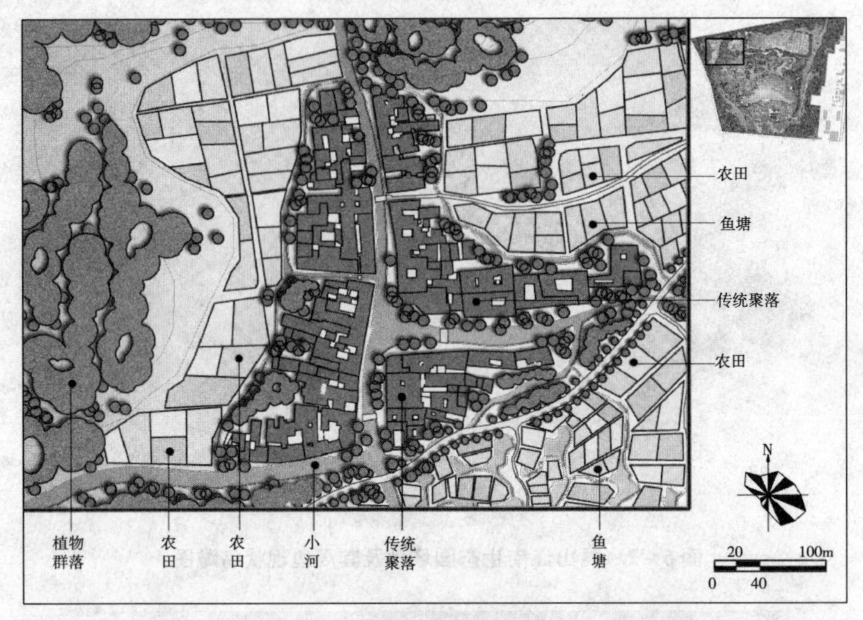

图6－4 昆山江南生态园内江南水乡典型居住模式体现一

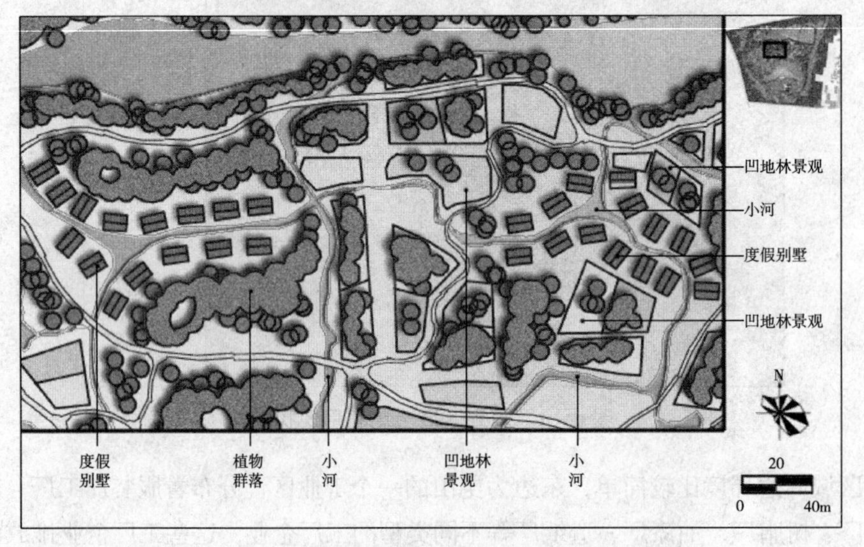

图6－5 昆山江南生态园内江南水乡典型居住模式体现二

2. 自然景观

江南的自然景观典型的有江、河、湖、滩涂等，这些自然景观都与水有着密切的联系，为此，江南生态园内水系规划是江南自然景观的很好体现。

生态园内的水系分布广泛，几乎整个园内都由水系连接，除了道路交通外，游客亦可划船到达园内各主要节点服务区。当然，一个约 $300hm^2$ 的生态园是无法将所有江南的自然景观容纳其中的，只能选择典型的自然景观集中体现其自然特色。在规划设计中主要选择了中心湖、滩涂、小河、河谷等自然景观作为表现手段（图6－6、图6－7）。

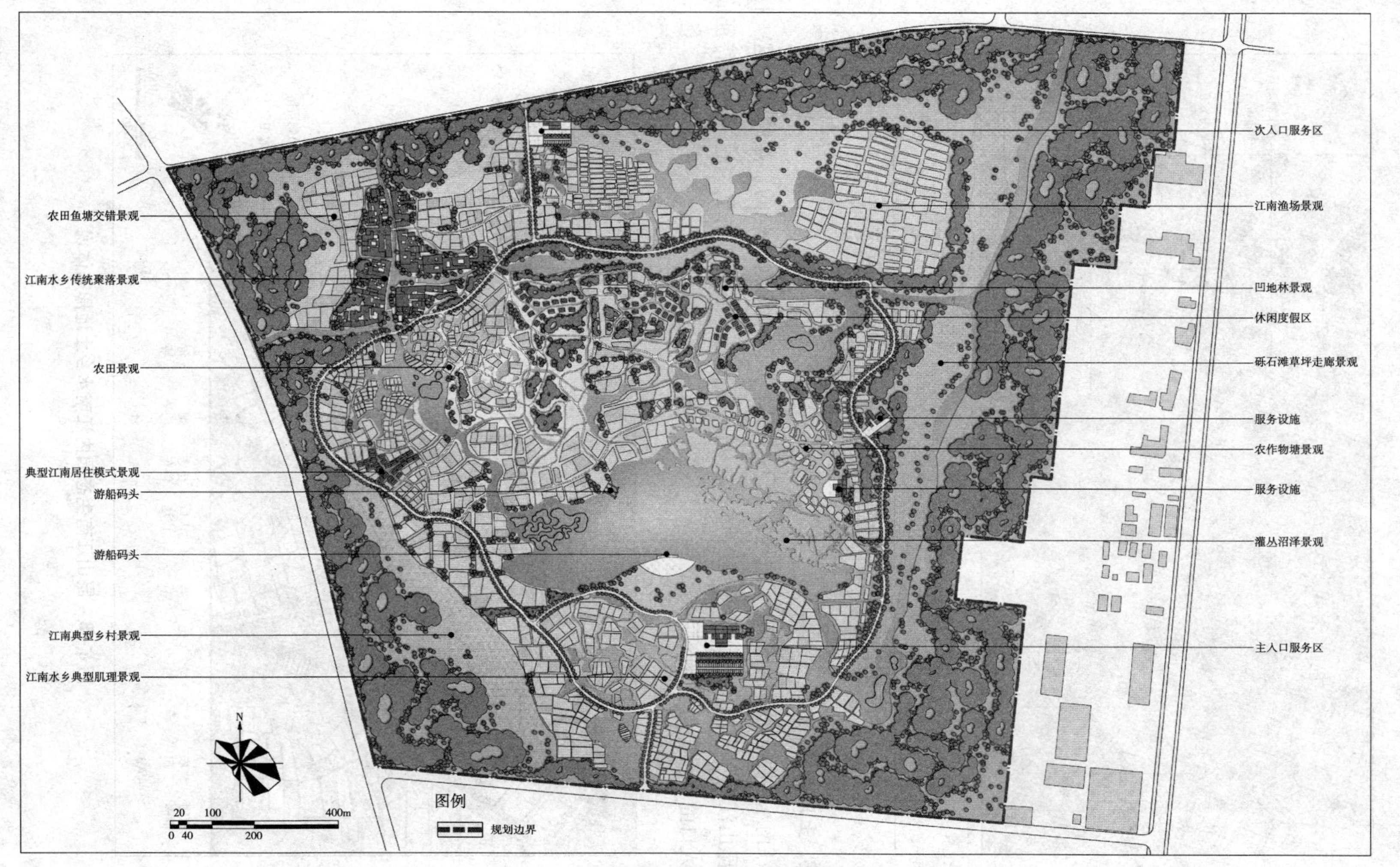

图 6-6 昆山江南生态园规划总平面图

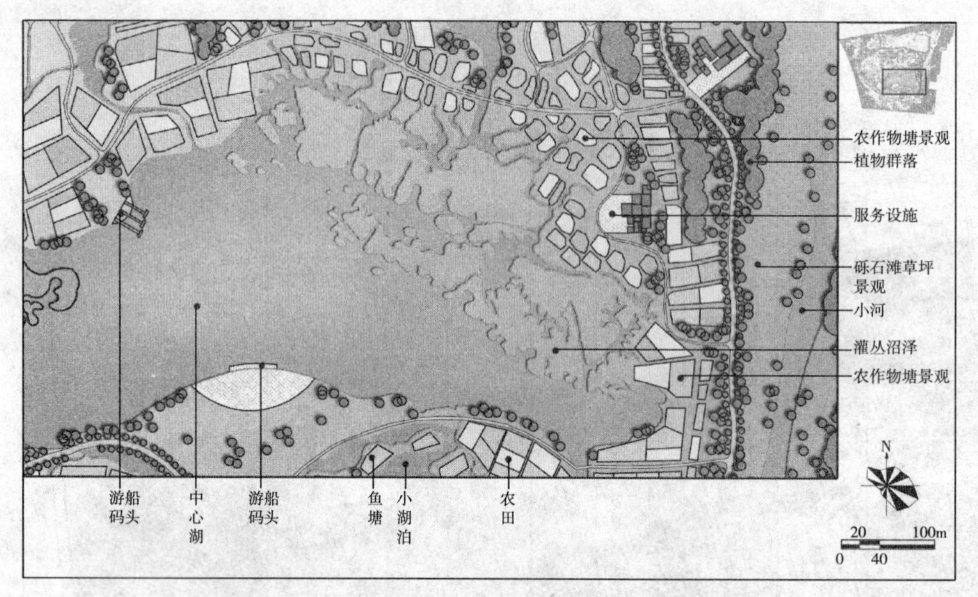

图6-7 昆山江南生态园内江南水乡自然景观体现

3. 土地形态

江南水乡的土地利用形成了边界极为不规则，类似于细胞结构的形态特征，这一特点在昆山江南生态园内得到了很好的体现，尤其是在入口景观服务区，这一形态特征成为了入口的一大亮点（图6-8）。

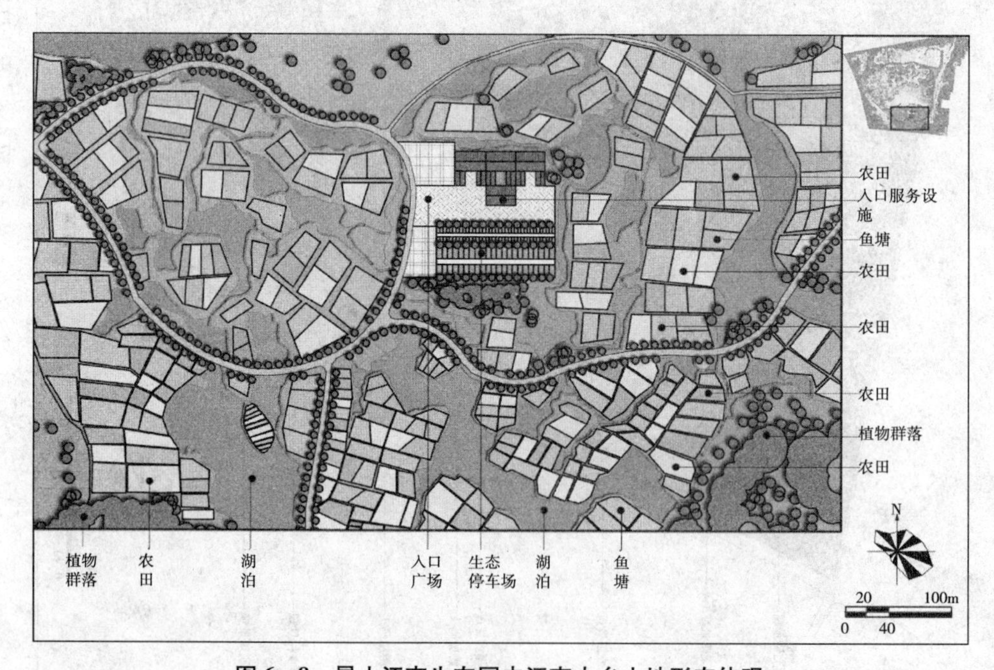

图6-8 昆山江南生态园内江南水乡土地形态体现

6.2.3 景观功能规划

昆山江南生态园总体上分为七大功能区，分别是典型江南居住模式景观区、江南乡村景观区、休闲度假区、入口景观服务区、砾石滩草坪走廊景观区、江南渔场景观区、湿地景观区（图6-9）。下面就每个功能区的主要功能及特色作详细的阐述。

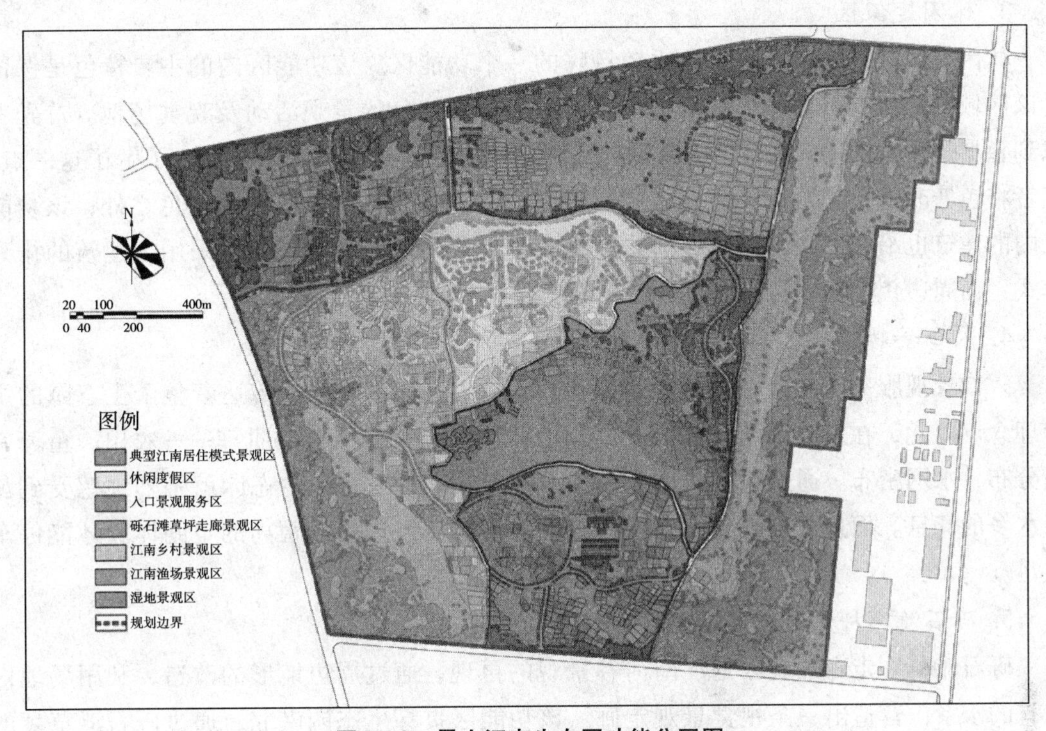

图6-9 昆山江南生态园功能分区图

1. 典型江南居住模式景观区

在人文生态景观解读之居住模式中已经涉及了此方面的内容，通过与皖南徽州、广东平原、中原河南三个地区的居住模式的比较，可以清楚地看到，沿水系分布的住宅组成的线性聚落—聚落两侧的农田—交织分布的鱼塘构成了典型的江南水乡居住模式。为此，在生态园的这一功能区内，笔者将这一模式经过加工处理应用到规划设计中。要应用这一模式，首先生态园所在地块必须具有较发达的水系网络，这样才能更好地发挥场地原有条件的优势，使方案更突出生态的理念。通过对地块现场的调查，我们可以看到地块中发达的水系网络为建设典型江南居住模式景观区提供了基础条件。通过对原有水系的整理，生态园所在地块较易形成水网密布的格局，在此格局上形成住宅的线性分布，并同周边的鱼塘、农田共同形成了典型江南居住模式景观区。

2. 江南乡村景观区

江南乡村景观区主要体现江南水乡乡村的景观特色，通过田野、草地、林地三个层次不同特色的景观的营造来体现。当然，这三个层次的景观不是孤立存在的，三者是相互交融、你中有我的关系。三个层次的景观能形成两个不同的交错带——田野与草地交错带、草地与林地交错带，交错带上的生物物种往往都较一般地块中丰富，因此，交错带的形成大大提高了该功能区的生物多样性。除此之外，此功能区又包含了一个子功能——天然氧吧。该子功能主要通过具有保健作用的植物群落的构建来达到。

3. 休闲度假区

休闲度假区是整个生态园中比较特殊的一个功能区。该功能区内的主要特色是保留了该区域内的原有鱼塘，将其改造利用，形成各具特色的景观活动及观赏场地。首先考虑到鱼塘是一片凹地，在江南地区潮湿的环境中比较容易形成湿生环境，了解了这一点，笔者将鱼塘改造成了两大类型，即观赏型与活动型。除鱼塘改造这一特色之外，该功能区内的建筑也沿袭了江南的居住模式，临水线性分布，但此区域内仅采用了建筑的排列模式，而周边鱼塘与农田交织分布的环境没有采用。

4. 入口景观服务区

入口景观服务区是整个生态园的亮点，就像人的眼睛一样，传达着整个生态园的主旨理念。因此，在入口景观服务区大面积地营造江南水乡的典型肌理——农田、鱼塘交织分布，水网密布。通过这些典型肌理的营造，使人们一进入生态园就强烈地感受到江南水乡的气息。而且入口服务设施设在内部，人们需经过一段距离的空间体验才能停车驻足。

5. 砾石滩草坪走廊景观区

砾石滩草坪走廊景观区是江南河谷景观的再现，通过周边地形的改造，利用场地内现有的水系，营造出一条视觉景观走廊。该功能区贯穿生态园南北，通过砾石滩草坪的营造，形成一个景观丰富，可供人们驻足观赏游玩的大型场地。

6. 江南渔场景观区

江南渔场景观区是江南人的一个生活场景的再现，是江南人文景观的一个部分。该功能区以湖为中心，三面围以鱼塘，一面是疏林草坪及林地，不仅视野开阔而且独具地域景观特色。

7. 湿地景观区

湿地景观是整个生态园分布最广的一类景观，其中农田、鱼塘、农作物塘及湖泊水系都属于湿地景观类型，但是本功能区主要指生态园内比较集中的一处湿地分布区，不包括穿插在其他功能区内的农田、鱼塘和湖泊水系等。

该功能区内的湿地景观主要有两大类，一类是仿自然的湿地景观，主要是指灌丛滩涂湿地景观，另一类是人工湿地景观，这里主要是指农作物塘。其中灌丛滩涂湿地景观主要通过水体形状的营造及各种湿生植物群落的构建来体现。这里说的农作物塘是指将场地原有的鱼塘形式保留下来，并将其改造，使原本养鱼的池塘变成种植各种具有较高观赏性的农作物的池塘，根据所种农作物的需要营造各种所需的生境。

6.2.4 空间结构

昆山江南生态园的整体空间结构以中心湖为中心，环湖依次分布了八大空间组团，犹如昆山市的市花琼花的别名——聚八仙（图6-10）。各个空间组团之间以道路及水体连接，各组团之间的交通既可以使用道路交通，又可以使用水上交通（主要以划船的形式），道路交通满足了人流拥挤时的快速疏散功能，水上交通体现了江南水乡传统的交通方式，是游客很好的体验形式。

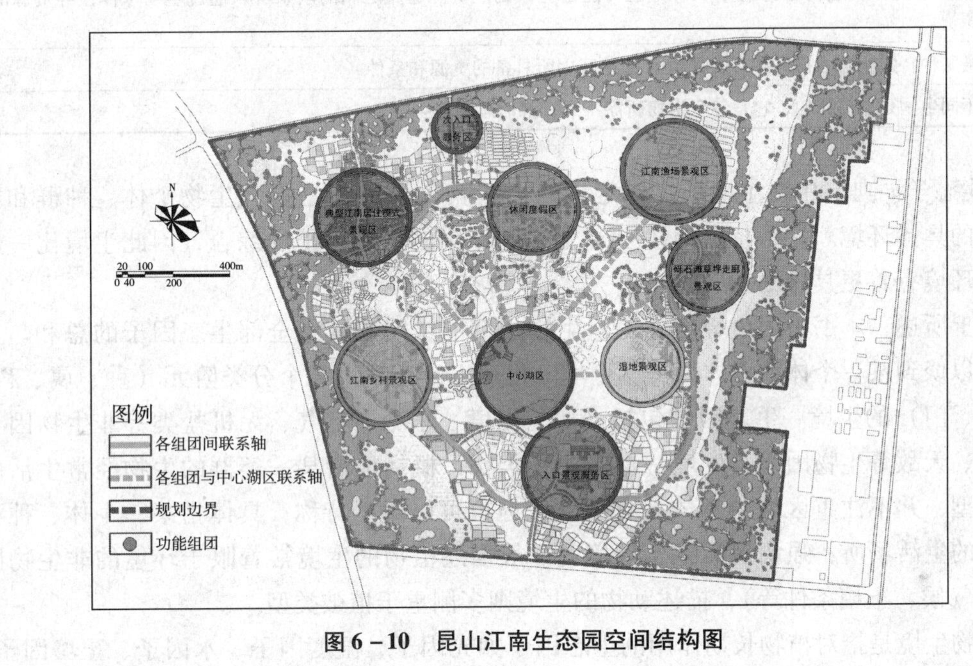

图6-10 昆山江南生态园空间结构图

6.3 生境与群落构成

6.3.1 生境构成与规划

1. 生境构成

对于生境的定义，人们还在继续争论（Dennis 等，2003），表6-1简要列出了在文献中可以收集到的很多关于生境的定义，这些定义之间有着或多或少的重叠。很显然，这些定义要么强调物理环境中的一个场所，要么强调环境条件的组合。考虑到生境的这两个侧面，不难理解生态学家为什么不厌其烦地引入新名词，给出多种更精细的分类。所以G. E. Hutchinson（1967）写道："在一个群落生境内，我们还可以识别出一系列的生境，这些生境的特征可以由存在的不同物种描述。对一个物种在其地理分布区内的生境进行定义可以这样去操作：划定那些为了保证物种生存而在群落生境（biotope）中所必须具备的生态系统组分。这里的生境概念是具有空间外延的"。

Dennis（2003）从文献中整理的各种关于生境的定义　　表6－1

有机体生活的场所，生存空间
有机体生活的环境类型
有机体占据的地点、场所以及特定的局部环境
物种通常生活的地方，往往用物理因子（如地形、土壤湿度）或者相伴的其他优势生活型对其进行描述
对种群是否能够出现、存活以及繁殖起决定作用的各种资源与环境条件
包含有生物得以维持所需要的一组资源（消耗品和服务）的一个地带（地区）
这些资源同时出现，或者交互发生，其作用也可能是等效的。资源通路之间的联系可以通过生物个体搜寻资源的行为而实现
生境是被某种特定生物占据（生存并繁殖）的地区中所具备的资源和条件
生境对不同生物是不一样的，它是各个生物所需特定资源的总和

《生态学词典》中对生境是这样定义的：生境（niche）是指“生物个体、种群和群落所处的具体环境。它是特定地段上对生物起作用的生态因子的综合，因此生境比一般所说的环境有着更具体的意义”。

综上所述，本书中的生境定义为：生物生活的空间和其中全部生态因子的总和。人们既可以谈到某一个体或群体的具体生境，也可以泛泛讨论某个分类阶元（种、属、科、目、纲、门）的生境。生态因子包括光照、温度、水分、空气、无机盐类等非生物因子和食物、天敌等生物因子。生境一词多用于类称，概括地指某一类群的生物经常生活的区域类型，并不注重区域的具体地理位置；但也可以用于特称，具体指某一个体、种群或群落的生活场所，强调现实生态环境。一般描述植物的生境常着眼于环境的非生物因子（如气候、土壤条件等），描述动物的生境则多侧重于植被类型。

植物生境是指对植物长期作用的生态因子如光因子、温度因子、水因子、土壤因子、大气因子、生物因子等不是孤立地对植物发生作用，而是综合在一起影响植物的生长发育。生态因子的综合称为生态环境，或者简称生境，林学上又称为立地条件或立地。生境与植物种之间有着极强的对应关系，一定的植物种要求一定的生境，反之，有什么样的生境就决定了生长什么样的植物种（Brian Clouston，1992）。

本书中的群落生境是指在植物生境的基础上考虑到动物生境，即用非生物因子营造植物生境，在此基础上利用已经营造的植物生境来营造动物生境，最终营造出丰富多样的群落生境。这样才能形成一个较完整的生态循环系统，达到群落内部的生态循环，获得更好的生态效益（Pugh，1996；Margaret Livingston，2003；H. D. van Bohemen，1998）。

2. 生境分类

昆山江南生态园的生境可分为三大类型，分别为林地生境、草地生境及湿地生境。这三大类型又可逐级下分，最终将生态园分为十种小生境，分别为坡地林生境、平地林生境、洼地林生境。纯草地生境。砾石草地生境、湖泊生境、灌丛沼泽生境、农田生境、农作物塘生境及鱼塘生境（图6－11）。每种生境类型都各具特点，再根据这三大类十种不同的小生境阐述其生境特点及其营造要求。

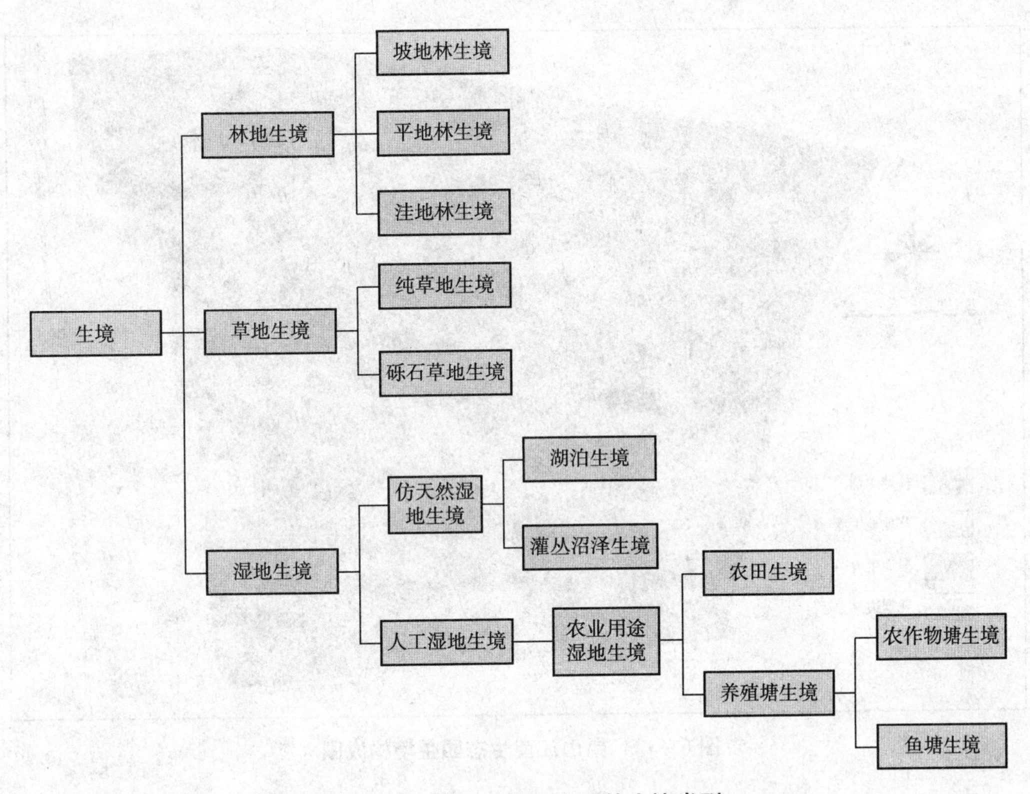

图6-11 昆山江南生态园的生境类型

《世界资源2000—2001》（World Resource 2000-2001；WRI，2000）一书中将地球上的生境分为森林、草地、农田、海岸和淡水生态系统5种生境系统类型。这里所说的草地生境系统包括了开阔灌丛、郁闭灌丛、多树木的热带稀树草原（woody savanna）、热带稀树草原、草原和冻原。农业生境系统既包括农田，也包括农田、自然植被镶嵌体。

根据昆山江南生态园的具体情况而言，上述分类系统涵盖面过广，范围过大，不利于在规划设计中具体实际地掌握。为此，根据昆山江南生态园的实际生境，将其划分为林地生境、草地生境、湿地生境三大类生境。其中林地生境分为坡地林生境、平地林生境和洼地林生境。草地生境又分为纯草地生境和砾石草地生境。湿地生境又分为仿天然湿地生境和人工湿地生境，其中仿天然湿地生境又分为湖泊生境、灌丛沼泽生境，人工湿地生境在这里主要指农业用途湿地生境，此类生境又可分为农田生境、养殖塘生境，其中养殖塘生境又可分为农作物塘生境和鱼塘生境。江南生态园规划的林地生境面积约126.8hm^2、草地生境面积约38.5hm^2、湿地生境面积约120.7hm^2。综合上述，可以看出，昆山江南生态园内的小生境种类比较丰富，而且各类生境相互穿插衔接，造就了生态园内的生物多样性，也使生态效益大大提高（图6-12）。

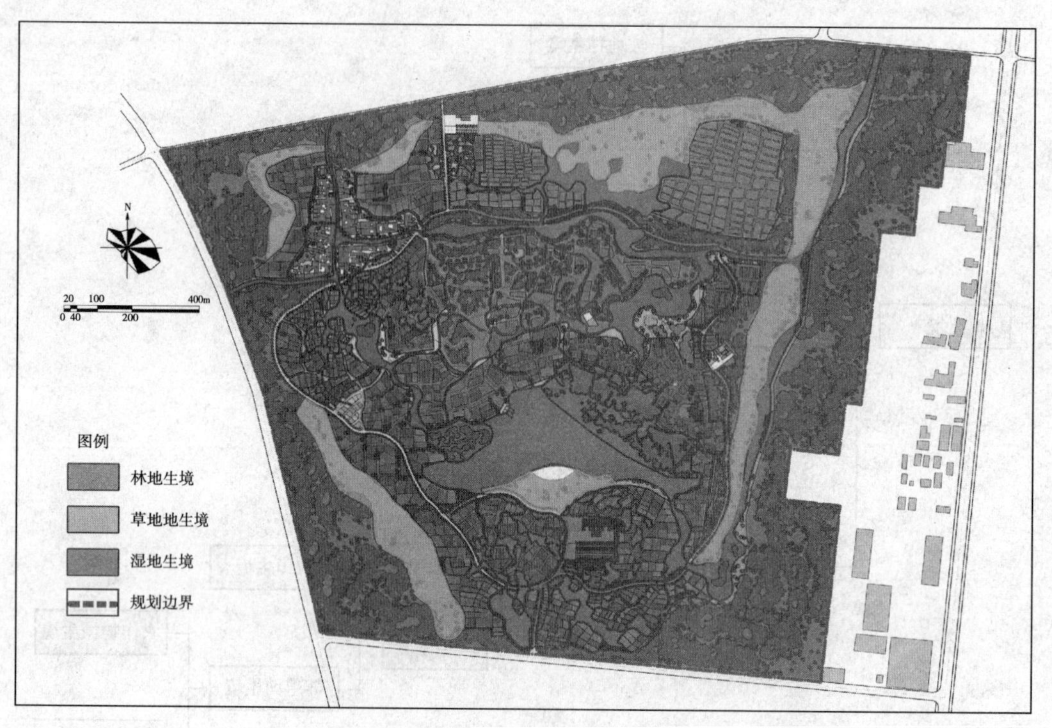

图 6－12　昆山江南生态园生境构成图

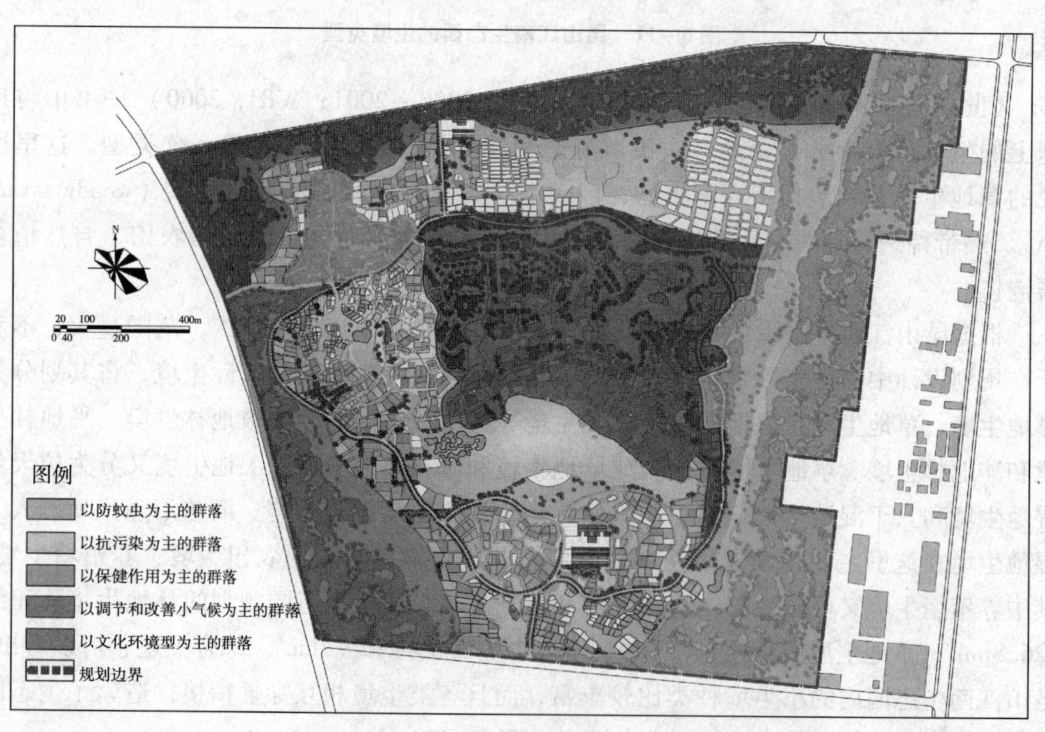

图 6－13　江南生态园主要群落构成图

6.3.2 群落构成与规划

什么样的生境生长什么样的群落。根据生境类型的多样，昆山江南生态园内的群落类型也是多样的。根据对当地地理环境、气候环境及相应功能的需要，整个生态园内分布了五大功能的植物群落类型，分别是以防蚊虫为主的群落、以抗污染为主的群落、以保健作用为主的群落、以调节和改善小气候为主的群落和以文化环境型为主的群落（图6-13）。在江南生态园内，每一种生境往往对应多种功能的群落，不是简单的一对一的关系，而是一个复杂的一对多或多对一的关系（表6-2）。在江南生态园的群落规划中，各个群落的主要分布面积为以防蚊虫为主的群落约80000m^2（8hm^2），以抗污染为主的群落约491142m^2（49hm^2），以保健作用为主的群落约260153m^2（26hm^2），调节及改善小气候为主的群落约306420m^2（30.6hm^2），以文化环境型为主的群落约463357m^2（46hm^2）。

生态园内各类生境对应群落构成类型　　表6-2

生境类型	对应群落构成
坡地林生境	以抗污染为主的群落
	以调节和改善小气候为主的群落
	以保健作用为主的群落
平地林生境	以防蚊虫为主的群落
	以保健作用为主的群落
	以文化环境型为主的群落
洼地林生境	以防蚊虫为主的群落
	以文化环境型为主的群落
纯草地生境	以保健作用为主的群落
	以调节和改善小气候为主的群落
砾石草地生境	以抗污染为主的群落
	以防蚊虫为主的群落
湖泊生境	以文化环境型为主的群落
	以防蚊虫为主的群落
灌丛沼泽生境	以文化环境型为主的群落
	以防蚊虫为主的群落
农田生境	以文化环境型为主的群落
	以防蚊虫为主的群落
农作物塘生境	以文化环境型为主的群落
	以防蚊虫为主的群落
鱼塘生境	以文化环境型为主的群落
	以防蚊虫为主的群落

第7章

江南生态园的群落生境营造

7.1 林地生境特点及营造

7.1.1 坡地林生境

1. 坡地林生境的特点

坡地是倾斜的地面，根据倾斜的坡度可分为三种：缓坡，坡度在8%～12%；中坡，坡度在12%～20%；陡坡，坡度在20%～40%。坡地是种植空间较大的区域，可根据场地的坡向、坡度的不同种植不同习性的植物，同时，可适当地将缓坡场地改造成有起伏变化的地形，形成多样化的小环境，丰富绿地景观。

2. 坡地林生境的营造

坡地林生境营造的关键是地形的营造，营造出适宜不同习性的植物生长的地形条件。地形本身不是影响植物分布及生长发育的直接因子（如水因子、光因子、温度因子等），而是由于不同的地势如海拔高度、坡向、坡度等对气候环境条件如温度、光照、风等的影响而直接作用于植物的生长发育过程。在自然界中，地形的海拔高度、坡向、坡度、沟谷、盆地等变化多端造成生境的复杂多样，影响着植物的分布。

海拔高度对气候有很大影响，海拔由低至高则温度降低、相对湿度渐高、光照渐强、紫外线含量增加，这些现象以山地地区更为明显，因而会影响树木的生长与分布。山地的土壤随海拔的增高，温度渐低，湿度增加，有机质分解缓慢，淋溶和灰化作用加强，因此pH值渐低。由于各方面因子的变化，对于树木个体而言，生长在高山上的树木与生长在低海拔的同种个体相比较，有植株高度变矮、节间变短等变化。植物的物候期随海拔升高而推迟，生长期结束早，秋叶色艳而丰富，落叶相对提早，而果熟较晚。

不同方位山坡地气候因子有很大差异。例如，在中纬度地区，山的南坡光照强，土温、气温高，土壤较干，土层也较薄，称为阳坡。阳坡上的群落具有喜暖耐旱的特征；

北坡则正好相反，相对来说温度较低，土壤湿度较大，土层也较厚，常称阴坡，植物群落则具有更多中性和湿性特征；东坡和西坡按其生境条件均处于过渡地位，但是因为太阳在下午照射西坡，下午日光的晒热作用要比上午更加强烈，西坡比东坡较暖较干，因此，常称东坡为半阴坡，而西坡为半阳坡（图7－1）。就水分条件而言，一个地区的干湿季越明显，干季越长或全年干燥，则不同坡向的差异就越明显，对群落分布的影响就越大。

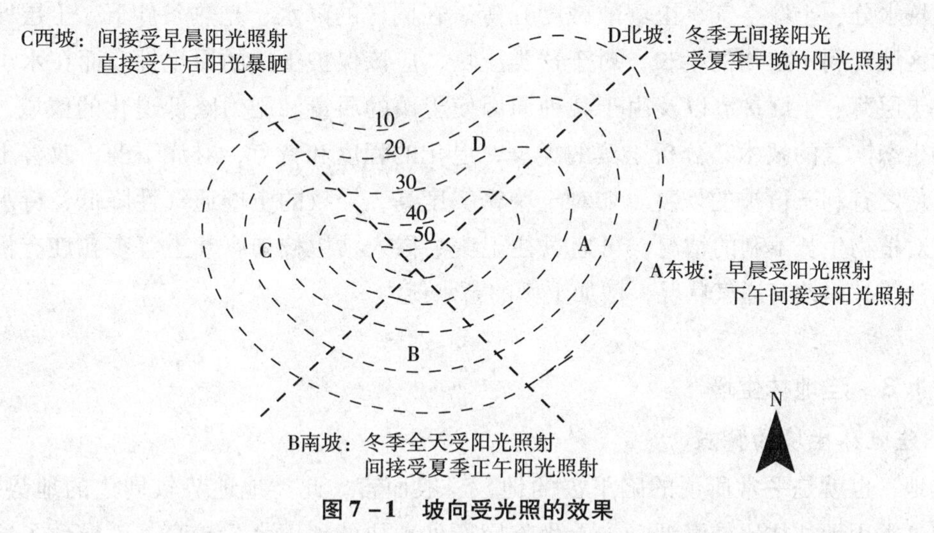

图7－1　坡向受光照的效果

［根据《风景园林设计要素》（诺曼·K·布斯，2006修改绘制）］

坡度的缓急、地势的陡峭起伏等，不但会形成小气候的变化而且对水土的流失与积聚都有影响，因此可直接或间接地影响到植物的生长和分布。山谷的宽窄与深浅以及走向变化也能影响植物的生长状况。

昆山江南生态园的东、西、北向都营造了不同缓急、高低的地形，原则上西北向的地形较东向的地形高些，这是根据生态园所处地昆山的常年风向决定的。一般昆山夏季多东南风，冬季多西北风，为了很好地起到抵御冬季寒风的效果，为生态园内的生物提供更好地生长环境，西北向的地形较高。东向原则上讲不需要营造过多高的地形，这样容易遮挡阳光，但是考虑到生态园东部毗邻较多排放污染物的厂房，为了更好地阻隔污染物通过夏季东南风吹入生态园，故在生态园东面也营造了一些较低的地形，并种植了平均宽度在200m左右的抗污染效果比较好的林带，有效防止了污染物进入生态园内，为生态园内部的植物生长提供了良好的环境条件。

7.1.2　平地林生境

1. 平地林生境的特点

平地一般具有肥沃的土壤，适宜多种植物生存。因此平地林总体上来讲物种比较丰富，可种植的树种也较多。

2. 平地林生境的营造

在平坦的地形中，为排水方便，要求平地有3%～5%的坡度，造成大面积平地有一定的起伏，形成自然式的起伏柔和的地形，为要求排水良好的植物提供种植空间。

昆山江南生态园中，较多的平地是用挖湖的土方填鱼塘而形成的，因此土壤的合理配置对于林地植物生长非常重要。

土壤是植物生存的基础，土壤条件包含土壤的质地、结构和物理化学性质（土壤温度、土壤水分、土壤空气、土壤酸碱度）等。在同样的降水、光热条件下，土层厚、肥力高的区域有利于植物的生长，对于这类土壤，应该保护土壤的原生性。而在水土流失严重、土层薄、土壤贫瘠以及由于某种原因使土壤的质量和肥力降低退化的区域，需借助多种生态恢复的技术，分析土壤的类型、退化的程度和特点，对症下药，改善土壤的环境，使之有利于植被的恢复。如对土壤密实度高，导致的土壤通气性降低，持水能力差造成对植物生长不利的情况，可通过往土壤中掺入枯树枝和腐叶土等多孔性有机物或少量粗沙等，以改善通气状况，增加土壤的蓄水能力。

7.1.3 洼地林生境

1. 洼地林生境的特点

洼地，也就是平常所说的陷下去的地，一般而言，此类地地势较周边的地势要低，这使得这类用地往往比较潮湿，加上生态园所处地块的地下水位较高，就导致了这类用地的环境更加潮湿，但同时，潮湿的环境能让更多的动植物生存。这类用地比较适合种植耐阴喜湿的乔灌木。

2. 洼地林生境的营造

根据洼地的特点，洼地林生境营造的特点就是如何利用和克服它潮湿的特点。潮湿对于植物生长而言，既可作为优势，也可能成为劣势。

昆山江南生态园中的洼地林，根据所处功能区的要求，主要是为人们提供观赏及活动的场所。观赏性的洼地林有两类（图7－2），分别为仅供人们观赏树冠生态的密林、供

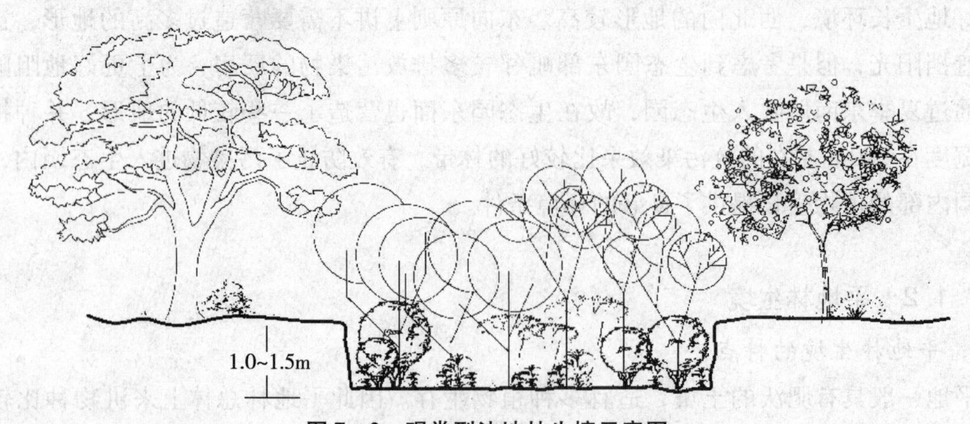

图7－2 观赏型洼地林生境示意图

人观赏灌丛花卉的疏林。这两类观赏性的凹地林，不需要过多人工营造，只要根据立地条件，选择适合的乔、灌、草类型进行群落设计，就可以很好地利用。活动性的洼地林，顾名思义就是可供人完全进入活动的林地。这类林地多为疏林，但是在营造的时候不能仅仅就立地条件利用来进行群落设计，而是应该根据人类活动的需要进行适当营造，如如何使洼地积水问题得到解决，如何使人们在潮湿的环境中活动而不会感到不适，这就需要利用设计手段来解决。为了解决潮湿环境中人们活动不便的问题，可以在洼地活动场地设置栈道等抬高的活动场地，这不仅使原有生态环境得到很好的保护，也使人们活动起来比较舒适方便。此外，在场地底部边缘设计明沟，不仅可以汇集地表径流，缓解内部场地潮湿问题，还可以营造小生境（图7－3）。

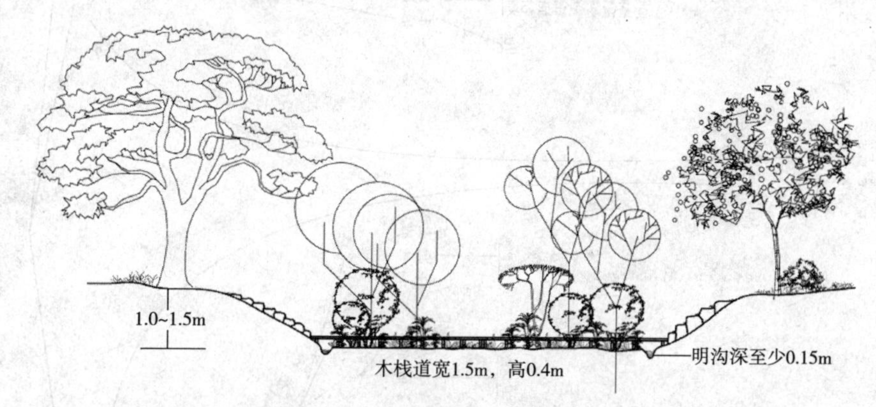

图7－3　活动型洼地林生境示意图

7.1.4　生境适应的逻辑可能性树

一定的生境环境决定了特有的与环境相适应的群落生态系统，特有的群落生态系统有可能存在于多样化的生境中，但最适宜的应当是与植物生境相统一的环境。但由于生物生态位的原因，群落生态系统可以存在于有一定变化后的生境内。基于此认识，面对特有的环境和特有的、多样化的生境系统，到底选取什么植物来构建群落体系成为群落生态设计的一个基本要点。一种生境可能面对着许多适宜生长的植物种类，哪些是最适宜的？哪些又是比较适宜的？同时，群落设计是否又兼顾了“最适宜植物”目标以外的其他因素？也就是说，群落生态设计面临着许多选择，这些选择的依据是什么？每个因子对选择决策的影响有多大？正是在这种决策选择的过程中，尝试性应用“生境适应的逻辑可能性树”的方法来建立群落植物的选择过程，使选择在条件和目标之间进行平衡。“逻辑可能性树”方法的核心有：①建立生境生态因子特征及条件。②对地方性物种的生境适宜性进行初步判定，建立待选植物种类。③依据生境因子的属性，由最基本的限制性因子到附带限制性，在因子与植物之间建立对应关系，逐步进行植物种类选择。④只有全部满足或绝大多数条件满足的植物才是“生境适应的植物”，是群落设计最主要的构成。⑤建立起来的选择体系成为逻辑可能性树，是植物系统选择的决策树（表7－1）。江南生态园群落生态设计主要就是采用逻辑可能性树的方法，主要根据地形对江南生态园林

表 7－1

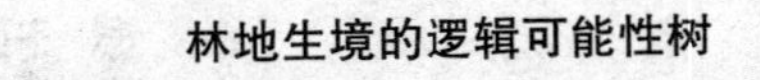

林地生境的逻辑可能性树

层级	内容
8	可能的草本
7	可能的灌木
6	可能的乔木
5	湿润情况
4	坡向
3	土质
2	土壤酸碱度
1	地形
0	生境

- 林地生境
  - 坡地林生境（可能的草本：墨旱莲、蒲公英、车前草、马兜铃）
    - 微酸性
      - 壤质
        - 北
          - 干的：野核桃、杨梅
          - 湿的：粗榧、杉木、紫楠、冬青、苦槠
          - 颇湿的
        - 南
          - 干的：黄连木、山槐；金樱子、扁担杆子、乌饭树、格药柃
          - 湿的：化香、榉树、石栎、枫香、白栎、栓皮栎、麻栎；老鼠矢、米饭花、连蕊茶、檵木、马银花、四川山矾
          - 颇湿的：垂珠花、金樱子、山莓、苏木兰、野山楂
        - 西
          - 干的
          - 湿的：榉树
          - 颇湿的：香樟、金钱松
        - 东
          - 干的
          - 湿的：糯米椴、野漆树、短柄枹、毛梾、榔榆、黄槐、锥栗、南京椴、黄檀
          - 颇湿的：杜鹃、绿叶胡枝子、圆叶鼠李、栀子
      - 沙壤质
        - 北
        - 南
          - 干的：槲树
          - 湿的：香果树
          - 颇湿的：牡荆、山胡椒
        - 西
        - 东
      - 角砾质
        - 北
        - 南
          - 干的
          - 湿的：马尾松
          - 颇湿的
        - 西
        - 东
          - 干的
          - 湿的：青冈栎
          - 颇湿的
  - 平地林生境（可能的草本：瓜蒌、野菊花、连钱草、益母草）
    - 微酸性
      - 壤质
        - 干的：山槐
        - 湿的：南京椴、榔榆、枫香、冬青、苦槠、石栎、粗榧、毛梾、木荷；红脉钓樟、杜鹃、荚蒾、山莓、绿叶胡枝子、栀子
        - 颇湿的：金钱松、红枝紫、香樟
      - 沙壤质
        - 干的
        - 湿的
        - 颇湿的：白檀
  - 洼地林生境（可能的草本：枸杞、旋覆花、蛇苏、毛茛、辣蓼、半边莲、鱼腥草）
    - 微酸性
      - 壤质
        - 颇湿的：粗榧、紫楠、杉木、红枝紫、金钱松、香樟

注：表中可能的乔木、灌木、草本是从当地乡土植物中选择的，最终进行群落设计时以这些树种为主，再根据功能、审美等要求进行调整。

地生境进行划分，设计出坡地林、洼地林和平地林三种类型的林地生境。在此基础上，依据土壤酸碱度、土壤质地与结构、坡向与受光条件、湿润度等因子建立适宜于该生境内的植物生长体系和物种类型，完成群落设计的关键环节。

7.2 草地生境特点及营造

7.2.1 纯草地生境

1. 纯草地生境的特点

昆山江南生态园内的纯草地生境是草地生境的一种类型，这里之所以特别指出是“纯”草地，是为了和下面的砾石草地生境区分开来。这里的“纯”草地生境不是指适合一种草种生长的环境，而是这类生境是为草地提供的，此类生境内可种植的草种是多样的，不仅有常见的草坪草，也有当地土生土长的杂草和可供观花的草花种(图7-4)。

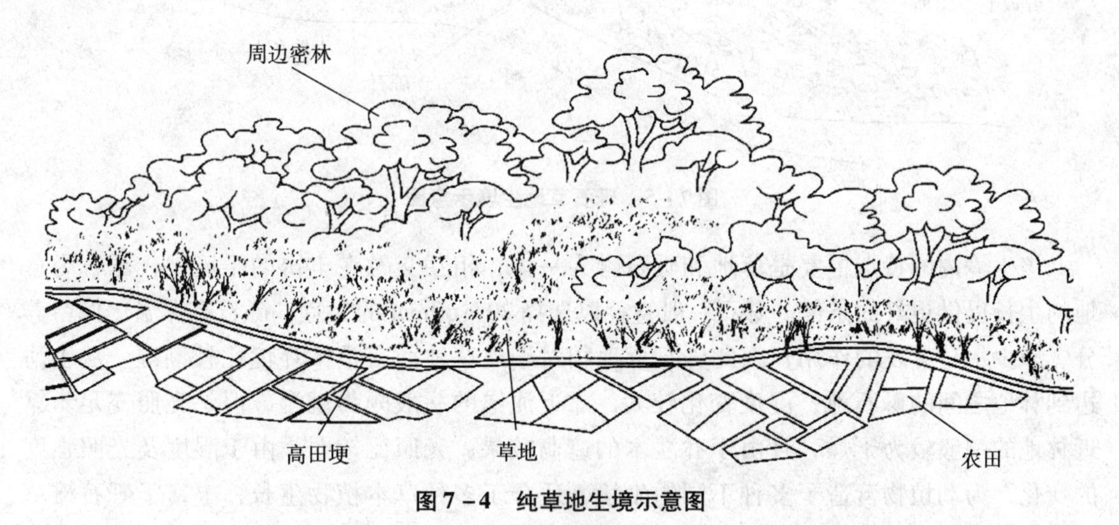

图7-4 纯草地生境示意图

昆山江南生态园内的纯草地生境一般是作为林地生境和农田生境的过渡带的形式出现的，因此，丰富纯草地生境的物种多样性对林地生境和农田生境都有很重要的意义。

2. 纯草地生境的营造

生态园内的纯草地生境的营造主要是从微地形的起伏以及土壤形状的改变来实现的。这里的微地形起伏与上述坡地林生境的设计还是有比较大的区别的，这里的微地形起伏不要求大片的草地整体的坡度是往哪个方向倾斜多少度，而是在一个较小面积的范围内，地形是否有高低起伏，这样才能构成多样生境的相互交错，才能使多种生长形状的草类及草花生长。除此之外，根据某些草类对阳光照射的要求可以在生境中适当散布一些乔木，使生境更符合不同草类的生长。

7.2.2 砾石草地生境

1. 砾石草地生境的特点

砾石草地生境是昆山江南生态园内草地生境的另一种类型。这种砾石草地生境是在河谷生境这类大生境中出现的，主要是依靠生态园内东边的一条小河而形成的一种特有生境（图7-5）。

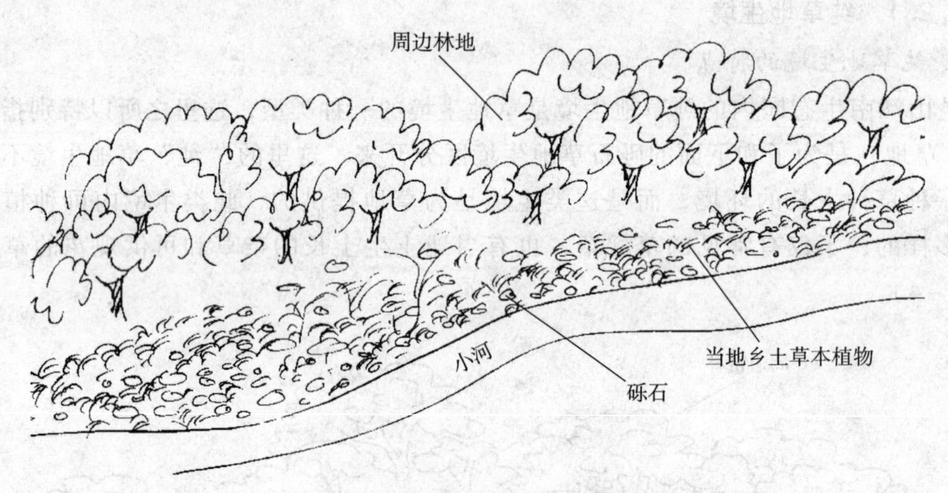

图7-5 砾石草地生境示意图

该生境内的特点主要是草地和砾石融为一体，相互交融在丰富的生境中，砾石为草地的生长提供更好的条件。砾石一般直径以选择20~60mm的为宜，砾石有保温、保留养分、减少水分蒸发的作用，因此砾石草地相对于纯草地而言整体环境比较潮湿。从小河边到林地之间的砾石滩，湿度变化较大，靠近河岸的一般颇为潮湿，但是光照充足。靠近林地的一般较为干燥，且由于乔灌木的遮荫效果，光照比较弱。由于湿度及光照强度的变化，为动植物营造了多种不同的生境，适合于多种草本植物生长，丰富了砾石滩草地的生物多样性。

2. 砾石草地生境的营造

砾石草地生境的营造主要是通过砾石的选择及铺置方式来实现的。首先，选择何种砾石对草地的生长比较有利，这是一个要考虑的因素，当然这也与所要种植的草的类型有关系，两者互相选择。其次，选好砾石后对其如何铺置，间隙控制如何，及砾石大小大概要控制在多少直径范围内也是十分重要的。

7.2.3 生境适应的逻辑可能性树

综上所述，两种类型的草地生境主要是根据土质及湿润情况来划分的，其他的制约要素，如土壤酸碱度等对该生境内的植物生长也产生一定的影响（表7-2）。

草地生境的逻辑可能性草种 表7-2

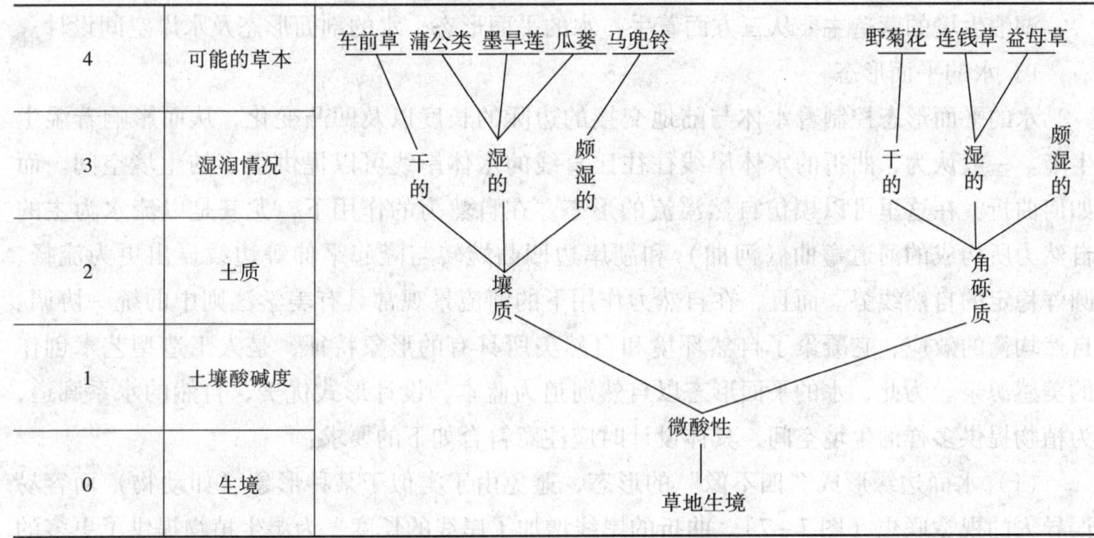

注：表中的可能草本是以昆山当地乡土草本植物为选择对象的。

7.3 湿地生境特点及营造

7.3.1 湖泊生境

1. 湖泊生境的特点

昆山江南生态园内的湖泊生境为仿天然湿地生境的一种类型，主要为水生及湿生植物提供生长环境，而且由于湖泊从湖岸到湖心的水位线不同，造就了水生及湿生植物的种类多样（图7-6），再加上水生及湿生植物群落的建立能吸引众多小动物及微生物来聚居，使湖泊生境更加丰富。

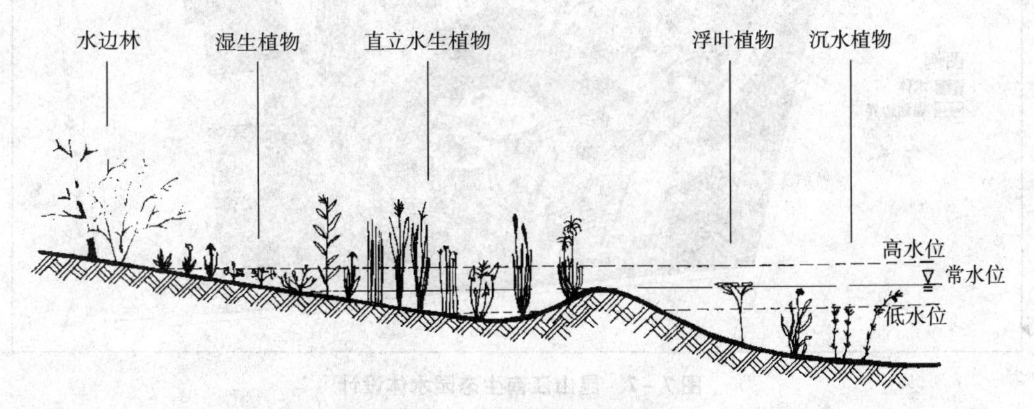

图7-6 不同水深植物分布

［根据《地面绿化手册》（都市绿化技术开发机构，2003）修改绘制］

2. 湖泊生境的营造

湖泊生境的营造主要从三方面着手：水的平面形态、水的剖面形态及水岸空间设计。

1）水的平面形态

水的平面形态控制着水体与陆地交接的边际的长度以及凹凸变化，从而影响着湿生生境。一般认为，曲折的水体岸线往往比直线的水体岸线可以提供更多的生境空间。而如何曲折？在这里可以模仿自然溪流的形态。在自然力的作用下，尤其是以流水为主的自然力所构成的河道弯曲（河曲）和湖岸边凹凸婉转与隆起平伸等边线显出更为流畅、圆浑稳定的自然线势。而且，在自然力作用下的河流景观常具有美学法则中的统一协调、自然均衡的效应，它凝聚了自然环境和自然美所具有的形象特征，是人工造型艺术创作的美感源泉。为此，水的平面形态以自然河道为蓝本，设计形式优美、自然的水系廊道，为植物提供多样的生境空间，具体设计时应注意符合如下的要求：

（1）水面边缘形成“四不像”的形态，避免由于类似于某种形象（如动物）而容易误导人的视觉联想（图7－7）。曲折的岸线增加了岸线的长度，为湿生植物提供了更多的生境空间。

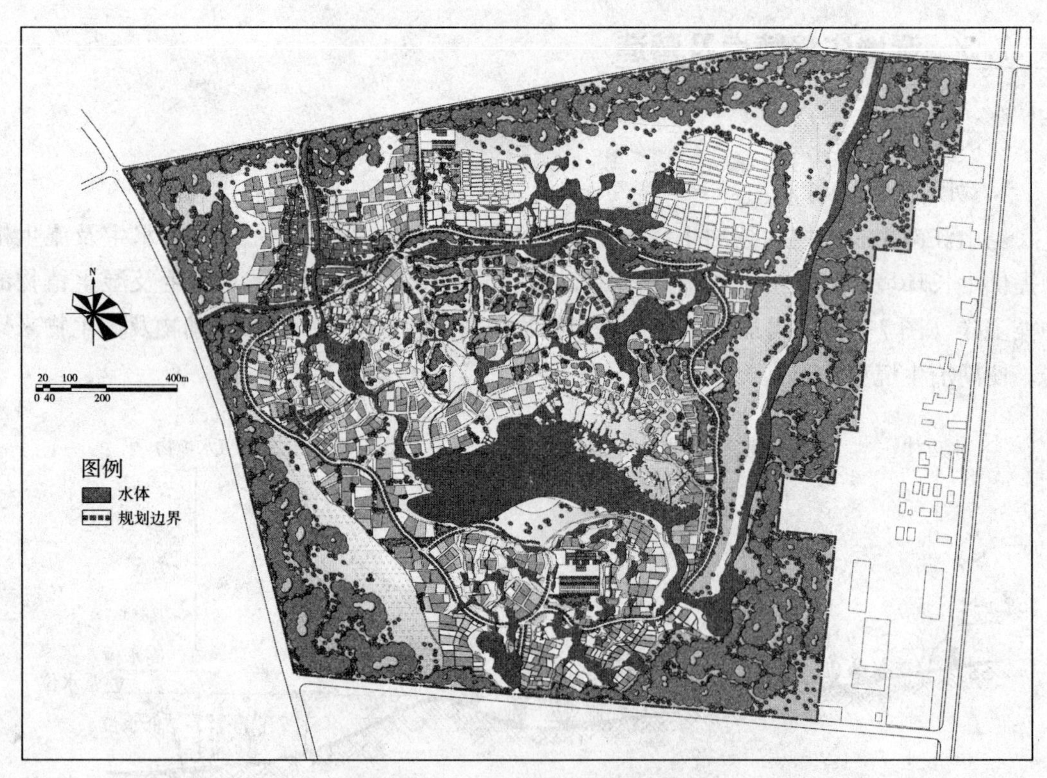

图7－7　昆山江南生态园水体设计

（2）水面应由一个主要空间和几个次要空间组成。同时，为避免园路阻断水系廊道，采用桥、汀步等保持水系廊道的连续（图7－8），促进水和矿物质等养分的流动。

（3）在岸边主要观景点的视野范围内，岸线凹凸曲折变化应不少于三个层次，水面较大时可以湖心岛作为调节（图7－9）。一方面，水的凹岸、凸岸由于受水的冲刷不同而影响植物的分布，凹凸变化多意味着不同的生境空间也较多；另一方面，水中的小岛增加了水中的异质生境空间，同时还丰富了水体景观。

图7－8 汀步保持水体的连续

在利用水进行生境营造的过程中，除了要求水体的平面形态尽量保持自然弯曲的形态外，在设计中要注意处理水流线路和改造河床的物理特性，以创造出接近自然的水流道路，并有不同的水流流速带。具体来说就是低水位的塘底（在平水期、枯水期时水流经过）要弯曲、蛇形，塘底要多孔质化，营造出水体流动多样性以有利于生物的多样性。

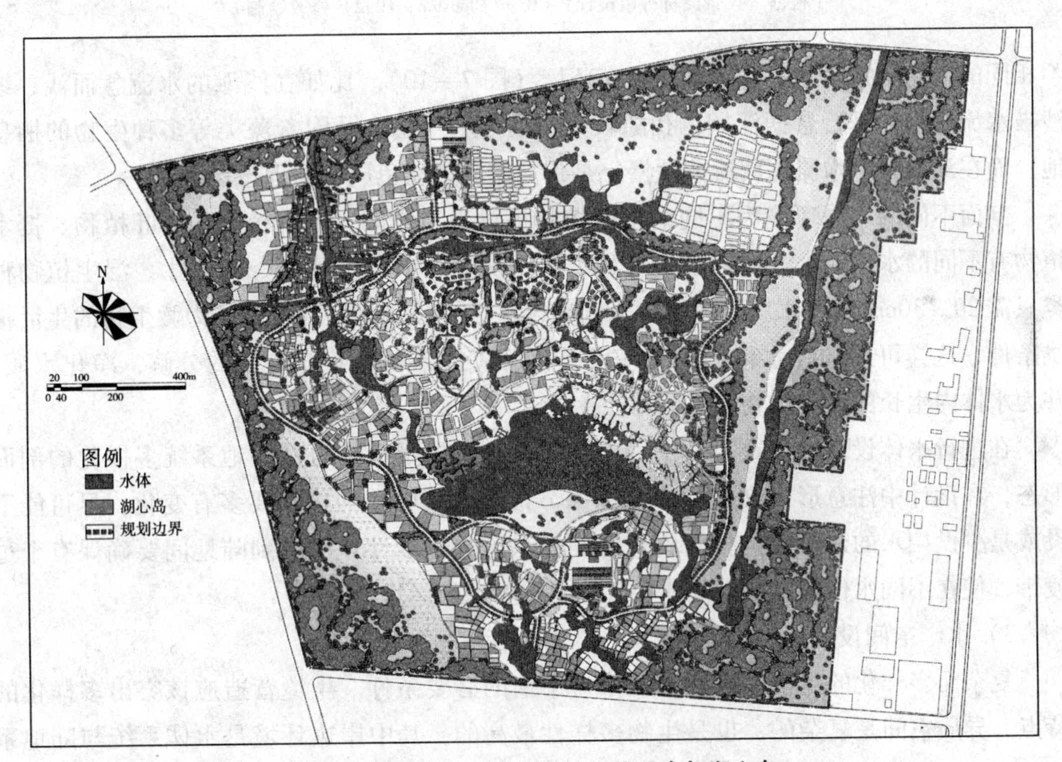

图7－9 昆山江南生态园的岸线层次与湖心岛

水体的平面形态设计要随场地地形和功能而定，做到灵活、收放有致，符合统一和谐、自然均衡的美学原则，尽量避免如简单的圆形、矩形等过于规整的形式。

2）水的剖面形态

剖面的形态设计对生物多样性至关重要，应根据需要设计一定量的异质空间。多变化的水体剖面形态会影响水流的方式、速度等，使对完成其生态功能过程的同时为各

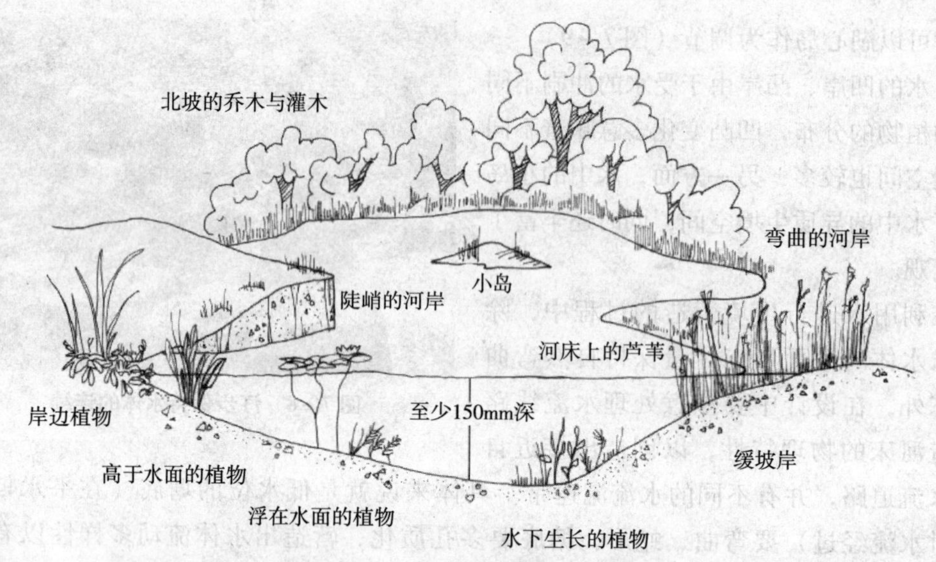

图 7-10 小型湖泊理想生境示意图

［根据《风景园林种植设计》（Brain Clouston，1992）修改绘制］

不相同的生物分别找到各自适宜的生存环境（图 7-10）。比如在浅滩的水流急而浅，细沙被水流冲走，砾石悬摆浮搁，孔隙较大，成为水生昆虫及附着藻类等多种生物的栖息地；而在深潭处，水流深而流速缓慢，是鱼类休息、幼鱼成长的理想场所。

剖面不同的水深环境为不同的水生植物提供生境空间，沉水植物、浮叶植物、挺水植物有不同的水深要求。如挺水植物种类以水深 30～100cm 为宜，而沼生、湿生植物种类只需 20～30cm 的浅水就可以了，否则难以存活或长势不好。尤其是为微生物的生活提供条件，这样可以加强水体内硝化—反硝化反应，有利于营养物质的分解，净化水质，并为水体内生长的各类生物提供营养。

在进行水体设计时注重对其剖面的形态设计，尽量模拟自然湿地系统多样化的剖面形态，在设计中注意形成交替的浅滩和深潭，即水体底部的标高要多有变化，尽可能不设或是少设挡水的建筑或是构筑物，以确保水流的连续性；水域到陆地间要确保有个过渡带，使在不同水位的情况下都能接触到自然生态的岸边。

3）水岸空间设计

复杂而多样化的生境是自然系统维持平衡的必要条件。生境营造应该突出多样化的特点，异质空间是复杂的，也是生物多样性最高的，其中岸边环境是水体系统与陆地系统的过渡，水岸边线就是一种非常重要的异质空间。因此，水岸空间是湖泊生境中的重要生境空间。

（1）过渡带与生态交错带。

水岸边线是随水位变化而变化的具有水、陆两种生态环境的过渡带，它不仅能有效地预防和缓解洪患，还具有单纯的水、陆空间不具有的特性，是相当重要的生态交错区，有着不可替代的生态价值。

过渡带一词来源于生态学术语 ecotone，译作“过渡带”，或“变化带”。它是指由生存方式和栖息环境互不相同的微生物、植物、昆虫、动物等共同组成的生活空间，是不同生态体系衔接、过渡的中间地带。过渡带又是两种环境转换的边界和界面，生态学上称为“生态交错区”。在这个区域内，各生态系统的相互作用极为活跃，且通常分布有鸟类与可供打猎的动物，其数量和种类都比内部更为丰富。河流的岸边由于水位变化、河岸侵蚀和泥沙淤积等因素，始终处于不稳定状态中。但对生物来说，这里具备了可供生存的水、土壤和空气三大要素，旺盛生长的芦苇等植物，为小鱼及虾蟹等低等生物创造了良好的生态环境，使原本丰富的自然景观形态更富有生命的活力。

（2）岸线的多自然化处理手法。

水岸是生境营造中重要的生境空间，设计时针对不同的岸边环境，可采取不同的水岸空间处理方式。具体来说，有如下几种形式：

①自然缓坡护岸。在坡面较缓、空间足够大的情况下，自然式缓坡护岸是理想的选择。这种方法是以岸边湿地基质土壤与原有的平缓坡地上的表土自然相接，现场表层中富含植物种子、小虫和细菌等，也可根据设计意图在土壤中引进其他种子，使当地的生态系统得到恢复，并形成陆生到水生的自然过渡。要注意在汛前施工，给植物一定的成长时间，在易受水流冲击的岸边，用稻草、植被网、水桩等进行临时保护。最后在坡地上铺上临时保护用的草皮。

②抛石护岸。对于考虑防洪要求、流水外力较大的岸线，采用抛石护岸稳固性高，比较安全。针对具体情况，抛石护岸又可分为干砌护岸、半干砌护岸和石笼护岸等几种形式。干砌护岸是指从堤脚下端开始，按由大到小的顺序向上垒砌石块，并在石缝间填土，种植适宜的水生植物。这种方法有利于鱼类和植物的生存，但是对流水的抵挡能力有限。在水流较为湍急的情况下，可采用半干砌护岸，这种方法是用混凝土格子加固干砌石护岸的下部，使卵石一半被混凝土固定，另一半悬空，这样既能抵抗洪水的冲击，又能确保生物的生存。对于水流转弯或是水流冲顶位置等冲击力特别大的岸线，则可采用抗冲刷力强的石笼。石笼是以耐久性强的铁丝笼罩内置石块而成的，这种方法施工简单，对现场环境适应性强。但由于石笼空隙较大，必须给其覆土或填塞缝隙，否则容易形成植物无法生长的干燥贫瘠环境。

③植栽护岸。这种护岸形式适用于坡度较大、亲水性不强，或是需要帮助鱼类逃避敌害和提供遮荫场所的岸线，而且针对不同情况，护岸方式和植栽类型都要进行灵活处理，比如对于坡度较大的岸线，可以用木制栅格或是粗圆木桩形成稳定的堤岸隔墙，再在木桩框间回填土壤，做成梯田式的植物种植台，根据设计意图和水位高低栽植树木、灌木或水生植物，以达到绿化美化堤岸、固着土壤的目的。

④亲水岸线。为了满足人的亲水需要，在景观优美的岸边设置栈桥式亲水岸线，临水架空的栈桥随水位高低不同而显现错落有致的形态，并能接近水和各种亲水植物，既不破坏生态，又令人们充分领略到自然之美，同时还有科普教育的功能（图7-11）。

总之，利用多自然化的手段对水体的岸边环境进行生境营造，就是要建立一个水体与陆地自然过渡的区域，使水面与陆地呈现一种生态的交接，既能加强绿地的自然调节功能，又能为植物、鸟类、两栖爬行类动物提供生活的环境，还能充分利用水体与植物的渗透及过滤作用，从而带来良好的生态效应。并且从视觉效果上来说这种过渡区域能带来一种丰富、自然、和谐又富有生机的景观。

图7-11 亲水岸线

7.3.2 灌丛沼泽生境

1. 灌丛沼泽生境的特点

昆山江南生态园内的灌丛沼泽生境是仿天然湿地生境的另一种类型，与上述的湖泊生境相比，灌丛沼泽生境的水位变化没有湖泊生境大，同时单位面积含水量也大大少于湖泊生境，该生境主要为湿生植物提供生存空间，与湖泊生境相比能适应的植物种类相对略少。

2. 灌丛沼泽生境的营造

在昆山江南生态园中，灌丛沼泽生境主要是中心湖区的东北边岸，是作为湖泊的边岸空间形式出现的。利用灌丛沼泽生境边岸作为生态交错区，植物多样性最高，生物活动频繁，包括繁衍、迁徙、觅食等。在设计中采取蜿蜒曲折的指状交合式曲线（图7-12、图7-13），以有效增大这一区域与周围环境的接触面积，提供较多机会给物种进行活动，借此提高湿地边界的边缘效应，扩大生境空间。

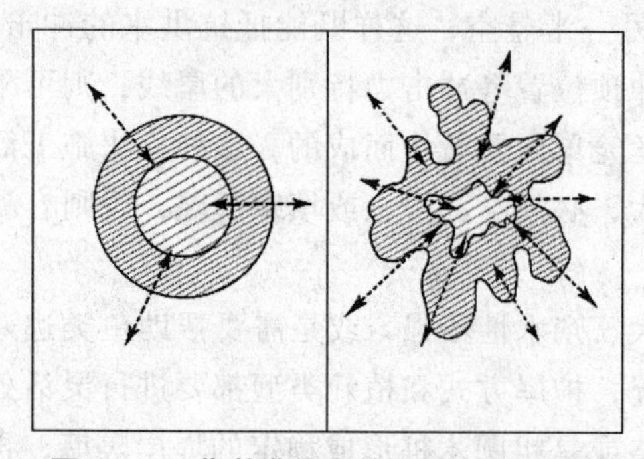

图7-12 指状曲线有效增大接触面积图

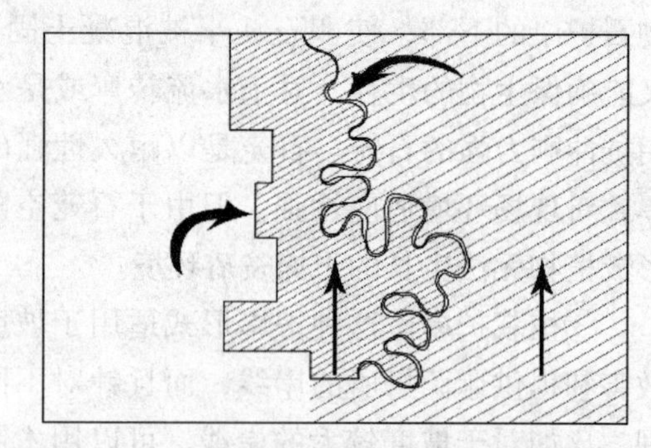

图7-13 指状缓冲带减少对其他区域的干扰

景观设计具有生态展示的功能，应考虑尽可能减少人的活动对生态和景观带来的破坏。为保持亲水性与维持生态系统完整性，设计临水栈桥来解决（图7-14），其中栈桥随水位呈错落迭置变化，使人们在亲水获得了美的感受的同时，也不会对湿地生态系统的连续性带来破坏。

图7-14 临水栈桥减少人对生态边界的干扰

7.3.3 农田生境

1. 农田生境的特点

农田生境是昆山江南生态园内占地比例较大的一种人工生境类型，它不仅包括农田，也包括农田与疏林交错带。从病虫害防治角度看，农田与林带这两种不同类型的植物种植场所极易产生病虫害互感的现象，因此要特别注意这类现象的发生。但从另一个角度看，林带斑块与林带斑块的交错共生，也丰富了生物种类，造就了别样的生境（图7-15）。

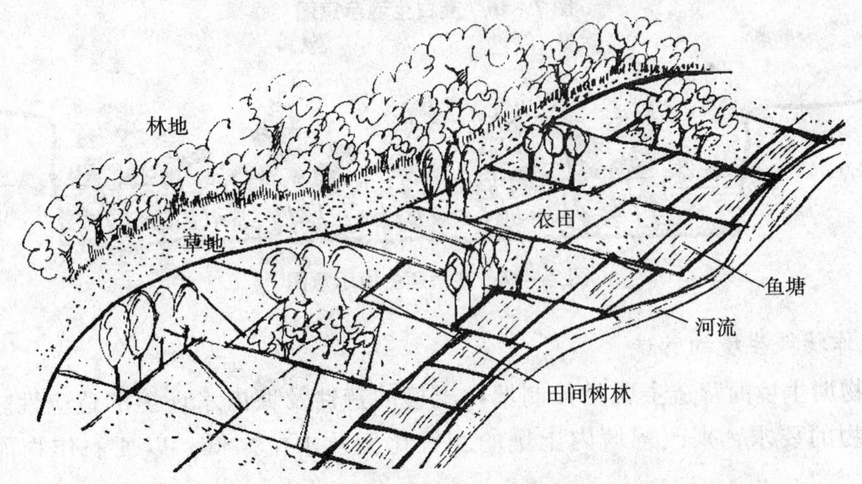

图7-15 农田鱼塘疏林交错的生境示意图

2. 农田生境的营造

昆山江南生态园内的农田生境营造主要还是生长土壤环境的改良，因为和平地林生境一样，农田生境所占地块是由挖场地湖区的深层土壤堆填而成的，土壤性质不是很适合一些农作物的生长，因此要根据不同的农作物要求来改善土壤的性状。

其次，农田内部的含水量也十分重要，因为每一种农作物的喜湿程度不同，有些还是耐旱性的，因此，根据不同农作物对水分的要求来进行农田水环境的处理也十分重要。

除此之外，农田的田埂也是一种类型的廊道，可以在田埂上种植各类农作物，既丰富了原本单调的农田景观，又使生物多样性有所提高，从而完善了农田生态系统，这对整个昆山江南生态园的生态系统的循环改良十分重要。

7.3.4 农作物塘生境

1. 农作物塘生境的特点

农作物塘生境是人工生境的一种类型，昆山江南生态园内的农作物塘是充分利用基地现有鱼塘的产物，它是经过人工加工，将鱼塘改造成适合多种湿生或水生农作物生长的环境，使其具有鱼塘的纹理，但是具有别样的生态和景观效果。

农作物塘的深度比鱼塘稍浅，一般在1.5m以下，根据种植的农作物的要求可自行人工调节。如种植茭白水深一般保持在0.2～0.3m（图7－16），种并蒂莲的水深一般保持在0.8～1.2m（图7－17）。

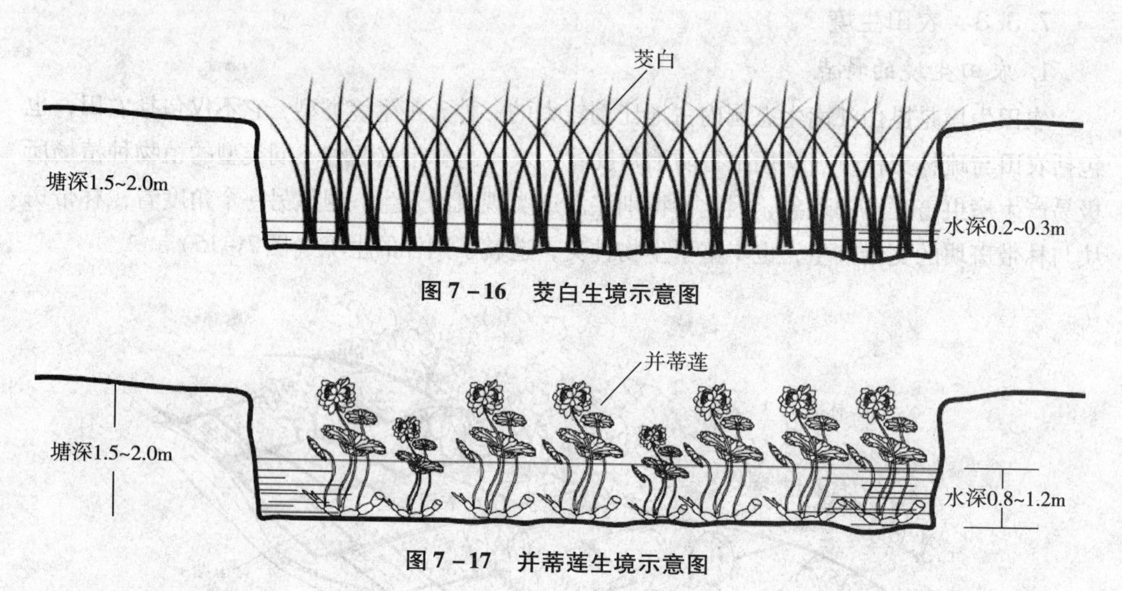

图7－16 茭白生境示意图

图7－17 并蒂莲生境示意图

2. 农作物塘生境的营造

农作物塘生境的营造主要是控制塘内土壤的特性及塘内水环境的适应性。根据所选中农作物的要求，来改善塘内土壤的配置比例及水位高低，以便农作物能很好地适应。

7.3.5 鱼塘生境

1. 鱼塘生境的特点

鱼塘生境是人工生境的又一种类型，主要为所养殖的鱼类提供生活栖息的场所。昆山江南生态园内的鱼塘普遍深度都不深，一般在1.5～2.0m之间。鱼塘生境由两部分组成，一部分是塘基，一部分是塘内（图7－18）。

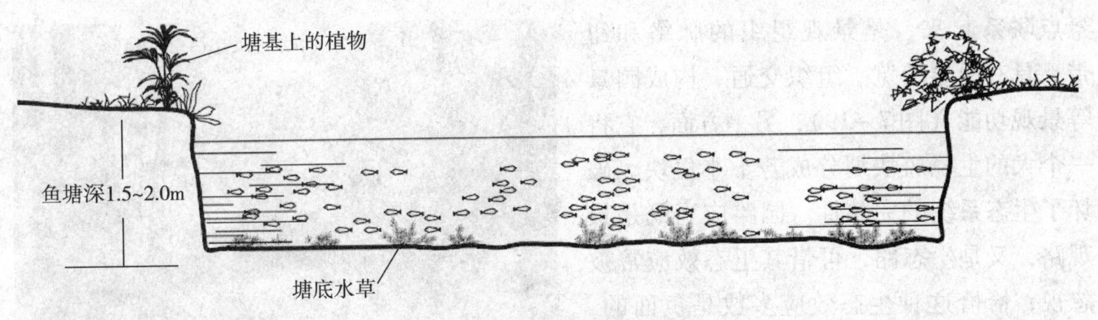

图7－18　鱼塘生境示意图

2. 鱼塘生境的营造

鱼塘生境的营造主要从鱼塘的塘基及塘内两部分着手。塘基是鱼塘的围合部分，不仅有边界功能，而且塘基上种植何种植物为鱼塘所提供的物质是不同的。因此，要从所养鱼类的捕食需要来考虑塘基上栽植何种植物，当然这里的植物仅指比较低矮的小灌丛，不适宜栽种高大乔木，高大乔木的根系对塘基具有破坏性。

此外，塘内的基底也可栽种一些水草类植物，为所养殖鱼类提供食物来源，可以节省鱼类养殖的饲料成本；尽量少喂人工饲料，以使所养鱼类和野生鱼类同样具有味美肉鲜的特色。

7.3.6　生境适应的逻辑可能性树

综上所述，五种类型的湿地生境主要是根据地形及水深情况来进行划分的（表7－3）。

湿地生境逻辑可能性植物　　**表7－3**

0 生境	1 地形	2 水深情况	3 可能植物
湿地生境	湖泊	0.2~0.3m	芡实、芦根、并蒂莲；藕、浮萍、槐叶萍；茭白、芦苇、菱角
	灌丛沼泽	0.3~0.5m	毛茛、旋覆花、鱼腥草；辣蓼、枸杞、蛇苏、半边莲
	农田	0.06~0.1m	水稻
		0m	小麦、油菜；玉米、大豆
	农作物塘	0.2~0.3m	茭白
		0.7~1.0m	藕
		0.8~1.2m	并蒂莲
		0.8~1.0m	菱角
		0.8~1.2m	芡实
	鱼塘		

注：表中可能植物是以当地乡土植物为选择对象的。

7.4　其他类型生境营造

7.4.1　道路等级与生境营造

在景观设计中，园路作为一种特殊的廊道，是人类活动的产物和场所，对环境的作用和干扰很大，因而属于一种人工干扰廊道，这使其具有双重作用。一方面，它将各个景点联系起来，是景观组织的脉络和纽带，具有引导游览、组织交通、构成园景等景观功能（图7-19）；另一方面，它将一个大的生境斑块划分成若干小斑块，破坏了生态系统的完整性。园路应当既是景观路，又是生态路，可惜其生态效应常被忽视，恰恰这种生态效应多数是负面的，对生物多样性是不利的（朱元恩，2005）。

图7-19 道路的引导作用
（美国景观网）

1. 园路对植物生境的影响

园路对植物生境有着双重影响。一方面，道路修建会对生境系统有不利的影响，增加人对生境的干扰，容易造成生境的破碎化。例如，修建园路直接占据林地、草地、荒野地、水体、湿地、特有的景观和植被群落，减少了生物的栖息地，也深刻影响种的分布、多度或盖度，以及整个生态系统的功能过程。园路修建过程中的大挖大填可能造成水土流失和干旱化，降低立地生产力，减少土壤动物和微生物数量。游客践踏会使园路两旁的土壤板结，使林木根系呼吸困难，树种更新变慢。践踏也增加地表径流，造成水土流失和生境退化。游客可能带来外来物种，造成严重的生物入侵，改变物种的组成和结构。游客采摘野花、野果会影响到这些植物种的天然更新，使幼苗减少，根据自然稀疏规律，以后保存下来的幼苗还会减少，直至灭绝。游客用火或扔掉的烟蒂会引发火灾，成年树木或许幸免于难，但野生花卉、昆虫和土壤动物会遭受致命打击。游客堆放或乱扔的垃圾会造成白色污染，破坏生态完整性。游客可能沿路追逐、捕捉或杀死小动物、昆虫、鱼、鸟卵、幼鸟等。游客和机动车发出的声响会使动物受到惊吓，影响其迁移和取食。游客给野生动物如猴子、野猫、野狗等投喂食物可能传播病菌，致其患病死亡。园路的屏障作用，会妨碍物种和基因的交流，使种群退化并增加灭绝的危险。

另一方面，园路的修建也会对生物多样性产生一些积极影响。例如，园路使两侧林缘的光照、风、温度、湿度、风积物、土壤条件等环境因子不同于林地内部，有利于沿道路两侧拓展立地并建立群落，使沿路能看到许多的野草、野花、灌木、昆虫和小动物等。经营者可能沿路人工种植观赏树、丛生灌木、宿根花卉或地被植物，也增加了植物景观的多样性。

2. 园路设计要求

为了减少园路对植物生境系统的破坏，园路规划应该满足以下三方面的要求：降低园路用地比例和路网密度；合理的园路选线；工程措施。

1）降低园路用地比例和路网密度

园路用地比例和路网密度决定着园林里生境斑块的大小、形状、构型等因素，对生物多样性产生重要影响。目前的园林设计理论将园路和广场归为同一类用地（园路和广场的生态效应大不相同，是否应纳入同一类用地尚值得商榷），推荐的用地比例大致是：

综合性公园10%～15%，植物园6%～8%，动物园10%～20%，近郊风景区8%～10%，生态公园的园路用地比例还没有明确的范围界定。关于路网密度（即单位面积的园路条数或园路长度）的设计尚缺乏相关理论支持，但对于设计来说降低园路用地比例和路网密度还是具有重要意义的。

园路的用地比例和路网密度偏高导致生境破碎化，即公园被园路分割成许多小块。生境变成了园路显然不适合物种的生存，直接减少了生物的栖息地。同时，生境破碎化使物种扩散以及种群的建立受到限制，也对物种的正常散布和迁移活动产生直接障碍。例如一些小动物如蜗牛、蚯蚓、甲虫等也难以迁移到道路的另一侧。由于动物在取食过程中对种子的搬运、传播和储藏能促进幼苗的更新，因此，园路对动物的限制作用又进一步影响到植物。

2）合理的园路选线

先规划好园路和建筑，再填充绿地，反映在园路选线上即是很强的主观性和随意性，导致生境的破坏和退化。例如，处于避免静电集中和分散人流的考虑，服务性的建筑常被布置得很均匀，导致园路的均匀分布，场地被分割成许多小片，无法形成大面积的集中生境。作流线型或直线型的道路设计，使动物穿过园路时更容易暴露于敌害面前。园路的修建要与自然地形地貌相适应，避免大的切坡和填洼，防止水土流失。园路围合的生境要避免狭长形，而以趋于圆形最佳，这样可减轻对内部的干扰。

园路选线要避开生态敏感区域，包括坡度大于20°的陡坡地、生境廊道（河流两岸的植被带）以及水陆交错带等生态交错区，也包括特有的植被群落和生态系统。因为物种与特定的栖息环境的相互依存关系，生境类型的减少会直接导致某些种的消失。水陆交错带是一个生物多样性极高的地方，空气湿度大，土壤肥力高，植物种类多，生长繁茂，许多动物在此栖息、繁殖，如果只注重人的亲水性，喜欢沿水岸修建连续的滨水路和亲水平台，会导致水体与陆地的联系被割裂，湿生植物难以在此落脚。在自然排水情况下，沿岸修建园路，失去了林草的阻滞和过滤，水体容易变浑，影响沉水植物的光合作用。无论是动水或静水，保持道路与水体至少10m的距离是十分必要的，对于保持典型的岸边生境空间是有利的。满足游人的亲水性不一定依靠滨水路或亲水平台，也可修建离水岸一定距离的、迂回的、贴近水面的曲桥或栈道，或是汀步。

3）工程措施

目前国内园林中主要以步行的方式游览，路面一般为整体路面或块料路面。路意味着干扰，不仅影响生态系统的结构稳定性，也影响其功能稳定性。对不通行机动车的园路减少路面清扫的次数和强度，可弱化路面与林地的异质性，对动物穿行有利。人流量大的园路，特别是通行机动车辆的园路，可沿园路设置隧道、涵洞或桥梁，以便小动物通过。为了减轻硬质路面带来的干扰，采用窄路优于宽路，曲路优于直路，采用自然材料的简易路优于整体路，沥青路优于水泥路，路堑型优于路堤型，无缘石优于有缘石。8m以下园路均不设道牙，以便使自然降水可以流入路旁的绿地洼地，同时在道路两旁可设计明沟排水，营造异质小生境环境，可种植喜湿的各种草花（图7－20）。

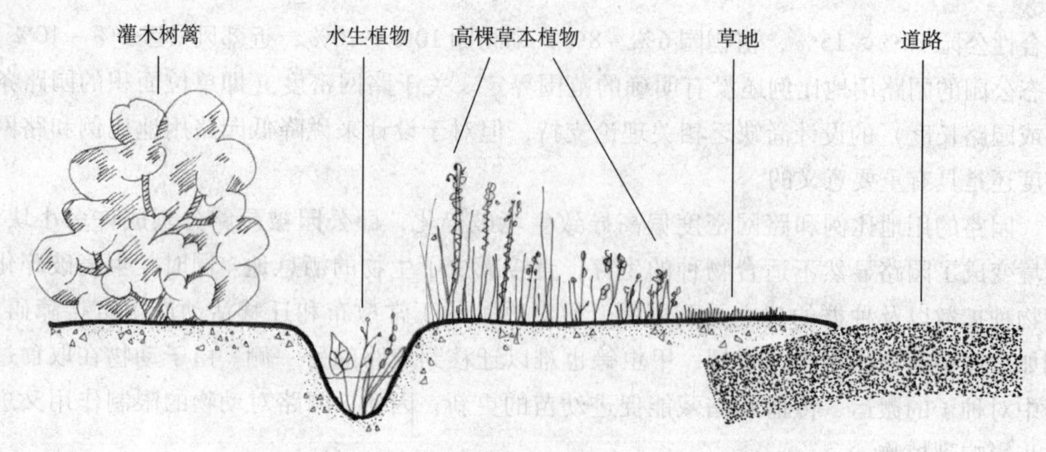

图7-20　道路明沟排水形成的湿生生境

[根据《风景园林植物配置》(Brain Clouston，1992) 修改绘制]

采用九寨沟风景名胜区那样架空的木质栈道（这在美、日等国应用十分普遍）则效果更佳，游客走起来舒适，对环境的干扰也降低到最低限度。

除满足上述三个主要的条件外，还应该关注园路两侧的生境空间处理。园路两侧由于光线充足，使其生境空间不同于林内等其他生境空间，代表着高的环境异质性和生物多样性的发生区，有利于游客获得高质量的环境体验。可沿道路营造各种复杂混交的群落，或是营造从草本、灌木到乔木平缓过渡的林缘。

重视园路两侧小地形的处理。国内园路两侧常见砖石砌的排水沟，除了一些坡降大的地方，还不如采用土沟，这样可以为喜阴湿的蕨类、草本提供栖息地。在许多情况下沿路种植绿篱，还不如改为在建筑墙根作基础种植，有利于壁虎、蜘蛛、蜥蜴等小动物隐蔽栖息。

上文提到园林设计理论中将园路和广场归为同一类用地，但由于这两者之间生态效益存在很大差别，在叙述园路基本工程措施时也附带介绍一下广场用地的工程措施。在昆山江南生态园中，大面积广场性质的用地占极少数，但是在入口景观服务区及各节点服务区都散布了一些这类用地，这类用地主要是为了满足人的使用功能，通常需要一定面积的硬质铺装地面，传统上这些硬质铺面储热量达，被动蒸发冷却效果差，造成土壤的涵养水分减少，直接危害到土壤中微生物的生存空间，降低了土壤中有机物的合成、分解、净化功效，而不利于植物的生长。对此，一是要节制，减少由于硬质铺装地面过多而减少了植物与土壤的接触面积；其二，考虑具有蓄水或渗水能力的环保铺地材料，如透水砖、植草砖等（图7-21、图7-22），以保存降雨时渗透地表的水分滋养周边的树

图7-21　透水砖的使用

木和植被。

图7－22 植草砖的使用

7.4.2 建筑物及小生境营造

1. 建筑物、构筑物对生境的影响

为了满足人的行为活动的需要，一般公园都要设置满足游览、休憩、服务性的建筑物或是构筑物，如亭、廊、敞厅、凉棚、假山等。对生境的影响，一方面建筑物或是构筑物的修建会占用场地的生境空间；另一方面，由于建筑物对光线的遮挡，影响动植物的生长环境。同时由于对建筑物、构筑物的使用功能要求，需要满足其要求的生境空间的营造。花架作为构筑物的一种，可以为攀缘植物提供适宜的生长环境。

2. 建筑物、构筑物设计

为了降低建筑对场地生境的干扰，建筑应侧重自然生态化的设计方法：首先建筑应满足功能必要性原则，严格控制建筑物的数量，减少占地面积。一般而言，纯粹作景观塑造的建筑在这里是多余的；建筑物的造型应该是自然或者有机形态的；建筑的色彩和环境相融合；建筑的材质应尽量采用木、石等易融于环境的；建筑采用覆土与覆草等形式来减少能源消耗。最终目的是最大限度地降低对公园绿地生境的打扰（图7－23）。

构筑物如廊架、棚架等的设计一般只考虑景观的需要而设计成各种形式。攀缘植物随着廊架的结构形式攀缘，很少考虑作为植物本身按其生态规律所需要的攀附空间。随着人们对立体绿化的重视，攀缘植物在景观设计中的应用也会越来越受到重视。为此，生境营造要求研究当地攀缘植物的生态习性，根据其生态特点和景观需要综合设计廊架、攀缘架等构筑物空间的设计形式（图7－24）。

图7－23 架空的园林建筑物

图7－24 构筑物

第 8 章

江南生态园的群落设计

8.1 群落功能分类与设计

城市化带来的生态环境问题日益严重与突出，如热岛效应、空气质量下降、噪声污染、人均绿地减少等。通过合理科学种植绿色植物可以缓解和改善城市化的负面影响。

由植物构建的城市景观，在功能效果上与植物群落结构设计有密切关系。严玲璋曾提出，城市绿化应以植物群落为单位，合理配置植物材料和群落结构，进行植物景观设计。林源祥等则认为，城市园林绿化建设应强调模拟地带性植物群落进行近自然的植物群落设计。

有学者把生态园林根据功能分为6种类型，即观赏型、环保型、保健型、科普知识型、生产型和文化环境型（陈芳清，2000）。其实每种类型中的植物所具有的功能基本相同，并没有绝对的区分，只是在功能强弱上有所不同，因而，可以根据不同的需要有所侧重。根据昆山江南生态园所处的周边环境及生态园规划设计中预期希望达到的效果，主要将生态园内的植物群落分为五大主要类型，分别为以防蚊虫为主的群落、以抗污染为主的群落、以保健作用为主的群落、以调节和改善小气候为主的群落以及以文化环境型为主的群落。

8.1.1 以防蚊虫为主的群落

生态园所在的昆山是典型的“江南水乡”，区域内水网密布、水系发达。由于昆山又是长江三角洲地区新兴的工业城市，工业的发展或多或少带来了一定的环境污染，废水处理不当便会对水体产生极大污染，污染的水体极易造成蚊虫滋生，尤其是那些流动性较差的水体。再加上昆山江南生态园所在区域本来就是鱼塘密布的场所，本文的规划设计方案也保留了建筑、鱼塘、农田交错分布的江南水乡格局。为能给游客提供一个宜人的环境，防蚊虫群落成为必要，减少蚊虫对游客的滋扰成为本规划设计的一个重要挑战。

以防蚊虫为主的群落主要分布在建筑及主要活动场地周围，因为它们是游客活动的主要场所，其他区域，人流分布不是很集中的地方以散布为主要形式，不再构建大规模的防蚊虫群落。

8.1.2 以抗污染为主的群落

造成城市环境污染的来源很多，其中大气的主要污染物为烟尘和有害气体。烟尘能导致人类患上许多呼吸道的疾病，而绿色植物对烟尘、粉尘有明显的阻挡、过滤和吸附作用，因而城市林区大气中的尘埃比无林区少60%。城市中化石燃料燃烧产生大量的二氧化碳和二氧化硫。同时，由于工业生产、汽车尾气等产生很多污染物，这些已成为影响城市环境质量的重要因素，尤其是二氧化硫气体，分布广，数量多，危害大。在一定浓度下，有许多种类的植物对这些物质具有吸收和净化能力。有研究表明，每年每公顷树林可吸收22kg的二氧化硫。

昆山江南生态园的周边，主要是东边，分布着十几家性质不一的工厂企业，并且大多工厂企业对空气污染较为严重。

对以上工厂企业加以分类，则主要有服装加工厂、塑料加工厂、化工厂、树脂厂、油漆厂、造纸厂等几大类。而这些工厂产生的主要一次污染气体有烟尘、二氧化碳、二氧化硫、一氧化碳、氮氧化物、甲醛、氯乙烯、苯乙烯、氟化氢、硫化氢等；二次污染气体主要有二氧化硫、硫化氢被氧化而生成的三氧化硫、硫酸、硫酸盐；一氧化氮被氧化而成的二氧化氮、硝酸、硝酸盐，氮氧化物和烟尘在阳光作用下生成的光化学烟雾等。

生态园内根据污染源的位置，在生态园东边规划了一片以抗污染为主的、平均宽度在100m以上的林带，并设计了一定的地形，以便达到更好的抗污染作用。

8.1.3 以保健作用为主的群落

植物能够吸收二氧化碳放出氧气，所以人们将城市绿地称为城市的“肺”。有些植物从它的花、叶、根茎等散发出具有芳香气息且易于挥发的物质，它常是若干种芳香的醇、醛、脂肪酸等的混合物。这些挥发物质尤其是芳香植物不仅具有杀菌、消毒等功效，还有治病和保健的功能。据科学家测试，经常置身于芬芳、宁静的花木丛中可使人皮肤温度降低1~2℃，脉搏每分钟平均减少4~10次，呼吸缓慢而均匀，血流减缓，心脏负担减轻，人的嗅觉、听觉和思维活动的灵敏感增强。

生态园江南乡村景观功能区内的植物群落主要以保健作用为主，再结合该功能区内农田、草地、森林相结合的宜人的乡村景观，为人们提供了一个非常好的疗养空间，称之为“天然氧吧”也不足为过。

8.1.4 以调节和改善小气候为主的群落

植物对气候的调节是通过植物叶面的蒸腾作用来调节气温、调节湿度、吸收太阳辐射热。国内外的研究表明：城市植被的光能效应显著，尤以热带和亚热带最为突出。研究结果表明：城市植被能使局部地区降温1～3℃，最高可达10℃，同时增加相对湿度3%～33%，并且可遮阴、阻挡太阳辐射到地面达60%，最高可达90%以上，只有6%～12%的太阳辐射通过植被叶子到达其下边，有效地减少30%以上的太阳辐射。植被的蒸腾耗热占辐射平衡的60%以上，气温明显低于没有植被的街区（田希武，2001），这样很好地缓解了城市的热岛和干岛效应。

生态园的西北边上主要以调节和改善小气候的群落为主，除上述的调节气温、调节湿度、吸收太阳辐射等功能外，该群落也起到防风的作用。根据昆山的气候类型，昆山冬季一般刮西北风，有效地抵御冬季的寒风，对生态园内冬季动、植物生长环境起到十分重要的作用。此外，对于处在园内的人也是一种非常重要的保护。

8.1.5 以文化环境型为主的群落

文化环境型群落是昆山江南生态园内体现生态文化的一个重要的内容。昆山文化历史悠久，源远流长。昆山野生动植物资源丰富，有些已十分有名，如昆山的琼花、并蒂莲都是当地文化的体现。

这种类型的群落不仅要体现昆山的文化环境，也要体现江南水乡的整体文化环境，这需要借鉴历史悠久的江南私家园林里面一些文化环境的表现手法，如梅、兰、竹、菊等植物都是很好地体现文化环境的素材。除这些文人的文化外，还有与农业文化相关的内容也将融入文化环境型群落中，如将当地农作物、田间常见的乡土植物作为构建素材，来构建文化环境型群落。通过群落设计的手法，将这些体现文化环境的植物素材有机地组合起来，"雅"、"俗"共存，起到体现整个文化环境的作用。

8.2 不同功能群落生态设计模式探索

生态园林的植物群落组成与结构应适应生态系统的功能特征：生态系统都有能量流动、物质循环、信息传递及自我调节的功能。生态园林作为城市生态系统的一个子系统（它也是由植物、动物、微生物等组成的生物群落与周围环境构成的一个整体），系统内各营养级通过错综复杂的营养关系结合成一个有机体以维持系统的稳定与平衡，因此生态园林中除植物外还应有动物和微生物分布。这就对生态园林的植物群落建设提出了更高的要求。除了前面所述的通过建设规模大、结构复杂、类型多样、种类丰富的植物群落来为鸟类、昆虫和微生物甚至兽类提供栖息场所外，在生态园林植物群落的具体建设中还应考虑到植物群落的组成和结构与动物和微生物的关系。如鸟类的取食偏好、昆虫的取食及寄生习性与植物种类之间的关系，土壤微生物与植物根系的关系，要在植物群落中配置为鸟类及其他动物提供食物的物种，种植一些有根瘤和菌根、具有固氮能力的物种。进一步还要考虑到通过调节群落的植物种类和群落的结构来调节园林中动物种类的分布及动物与动物之间的关系，如害虫与天敌之间的关系。在丰富群落的生物种类的同时，减少病虫害的发生，保持系统的能量流动、物质循环、信息传递过程的正常进行，以维持系统的平衡与稳定。生态园林的植物群落本身具备自我调节的能力，在园林管理上提倡较少地进行人工干预，以免干扰生态园林系统的物质循环和能量流动过程（陈清芳，2000）。

每一种植物群落都应有一定的植物种类组合规模和分布面积，也只有如此才能形成一定的群落环境，单个、单行或零星分布的植物及小面积的群丛片段都难以体现群落的基本特征和形成一定的群落环境，也就不称其为群落。

在进行各种类型的群落设计时，以当地乡土树种为主要树种，再根据功能、美学需要，添加一些在当地生长多年，与当地植物融合良好的外来植物种。

8.2.1 以防蚊虫为主的群落生态设计模式

1. 防蚊虫植物

在设计防蚊虫为主的群落时，首先是要了解蚊虫的基本习性及其生长环境，这样才能更好地达到防蚊虫的目的。

蚊虫种类繁多，习性各有不同。雌蚊在水面上或在潮湿的土面上产卵，卵孵为幼虫，通常叫孑孓，幼虫必须生活在水里，脱皮四次就变成蛹，它不吃不喝，也不能离开水，经过几天，就羽化为成蚊，然后就飞到陆地上生活。任何地方有动物有水就有蚊虫。因此，想让生态园内没有蚊虫似乎不可能，生态园内水体众多，大多为湿地环境，为蚊虫提供了很好的栖息场所，再加上生态园内的群落设计必将引来很多动物栖息于此，这就为蚊虫的生长提供了很好的条件。本文中以防蚊虫为主的群落生态设计主要是通过一些植物散发的气味、分泌的物质的功能，来为人和蚊虫间建起一座屏障，让蚊虫能够远离人类活动的场所，所以是“防”而不是“灭”。

了解了蚊虫的基本习性及其生长环境后，翻阅各类植物相关书籍、材料及搜索网站，收集了一些具有防蚊虫效用的植物（表8－1）。这些植物防蚊虫的原理不同，有些是利用植物本身散发的一些气味或分泌的一些物质来达到驱赶蚊虫的作用，有些植物本身具有毒性，使蚊虫不敢靠近。

常见具有防蚊虫功效的植物　　表8－1

序号	名称	类别	高度	驱蚊方式	乡土/外来
1	香樟	常绿乔木	可达50m	气味	乡土
2	紫楠	常绿乔木	可达15m	气味	乡土
3	楝树	落叶乔木	可达25m	分泌苦楝素	外来
4	桑树	落叶乔木	可达16m	其果桑葚	乡土
5	丁香	落叶灌木或小乔木	2～8m	气味	外来
6	山胡椒	落叶灌木或小乔木	可达8m	气味	乡土
7	红脉钓樟	落叶灌木	可达5m	气味	乡土
8	杜鹃	落叶灌木	约2m	具有毒性，蚊虫不敢靠近	乡土

续表

序号	名称	类别	高度	驱蚊方式	乡土/外来
9	凤仙花	一年生草本	0.3～1m	气味	外来
10	半边莲	多年生草本	约0.2m	分泌物	乡土
11	车前草	多年生草本	约0.15m	分泌物	乡土
12	万寿菊	一年生草本	0.6～1m	气味	外来
13	孔雀草	一年生草本	0.3～0.4m	气味、分泌物	外来
14	除虫菊	多年生草本	0.3～0.6m	分泌物	外来
15	打碗碗花	多年生蔓性草本	约0.15m	分泌物	乡土
16	百部	多年生草本	0.3～0.6m	分泌物	乡土
17	苍耳	一年生草本	0.3～0.9m	分泌物	乡土
18	逐蝇梅	多年生常绿半蔓性灌木	约1m	气味	外来
19	香茅	多年生草本	约0.6m	气味	外来
20	菖蒲	多年生水生草本	0.5～0.8m	全株有毒	乡土

2. 以防蚊虫为主的植物群落模式构建

从上述表8－1中可以看到，防蚊虫植物既有乔木、灌木、草本，又有常绿或落叶，既有一年生草本，又有多年生草本，既有当地乡土植物，又有外来归化的植物种。如何将这些植物很好地组合起来，构建起具有较好防蚊虫功效的群落呢，这就需要群落理论来进行指导，并通过景观美学来进行修饰。综合昆山地区植物群落的生活型、群落的季相特色及美学要求，总结归纳出下列以防蚊虫为主的植物群落模式。

1）模式一（表8－2、表8－3）

主要建群优势种乔木：香樟、紫楠。

伴生灌木：山胡椒、杜鹃。

草本地被：半边莲、车前草、打碗碗花。

吸引鸟类：环颈雉、白胸苦恶鸟、凤头麦鸡、金斑鸻、山斑鸠、珠颈斑鸠、云雀、白头鹎、灰椋鸟、白颈鸦、画眉、白腰文鸟、黄雀、黑头蜡嘴雀、黑尾蜡嘴雀、锡嘴雀。

以防蚊虫为主的植物群落模式一分析表　　表8－2

类别	名称	高度	观赏价值			其他
			叶	花	果	
乔木	香樟	可达50m	常绿	小而有特色，黄绿色，初夏盛开	—	枝叶茂密，冠大荫浓；生长速度中等，寿命长
	紫楠	可达15m	常绿	花期4～5月	果卵形，果期9～10月	生长较慢，寿命长；耐阴树种

续表

类别	名称	高度	观赏价值			其他
			叶	花	果	
灌木	山胡椒	可达8m	叶表深绿光亮，冬叶经久不落（为落叶灌木或小乔木）	花黄色，微有香气，花期4月	果黑色，果期9~10月	阳性树种，稍耐阴湿
	杜鹃	约2m	落叶	花色多样，有深红、淡红、玫瑰、紫、白等，花期4~5月	果熟10月	喜光，但忌强光直射
草本地被	半边莲	约0.2m	—	花白色或红紫色，花形奇特，花冠裂片均偏向一侧，花期4~5月	—	较耐阴
	车前草	约0.15m	多年生宿根草本	花小，白色，周年开花	结椭圆形蒴果，顶端宿存花柱	穗状花序高约0.15~0.3m
	打碗碗花	约0.15m	—	花冠漏斗状，淡粉红色，花期5~6月	果期7~8月	阳生草本
吸引鸟类	环颈雉、白胸苦恶鸟、凤头麦鸡、金斑鸻、山斑鸠、珠颈斑鸠、云雀、白头鹎、灰椋鸟、白颈鸦、画眉、白腰文鸟、黄雀、黑头蜡嘴雀、黑尾蜡嘴雀、锡嘴雀					

以防蚊虫为主的植物群落模式一季相分析表　　表8-3

季相	春（4~5月）	夏（6~8月）	秋（9~11月）	冬（12月至次年3月）
叶	绿色（香樟、紫楠、山胡椒、杜鹃）	绿色（香樟、紫楠、山胡椒、杜鹃）	绿色（香樟、紫楠、山胡椒、杜鹃）	绿色（香樟、紫楠）
花	黄色（山胡椒）、深红（杜鹃）、淡红（杜鹃）、玫瑰色（杜鹃）、紫色（杜鹃、半边莲）、白色（杜鹃、半边莲、车前草）、淡粉红色（打碗碗花）	黄绿色（香樟）、白色（车前草）、淡粉红色（打碗碗花）	白色（车前草）	白色（车前草）
果实	—	—	黑色（山胡椒）	—
其他	花有芳香（山胡椒）	—	—	—

模式一构建的植物群落全都由昆山当地的乡土植物构成，具有很强的适应能力，不需要过多的人工管理。从表8-2可以看出该模式群落中的植物高度搭配适宜，大、小乔木、灌木、草本层次分明，并充分利用乔木冠下空间进行立体配置。从观赏价值角度分析，该群落春、夏、秋均有花可观，但最集中的还是春季4~5月份，且很多草本地被花形奇特，花色丰富，能达到较好的观赏效果。从群落学的角度分析，该群落模式主要以香樟、紫楠为建群种，山胡椒、杜鹃为伴生种，这是由当地地带性植被及顶极群落组成特色中总结应用到模式中的，具有较强的地方特色（图8-1）。

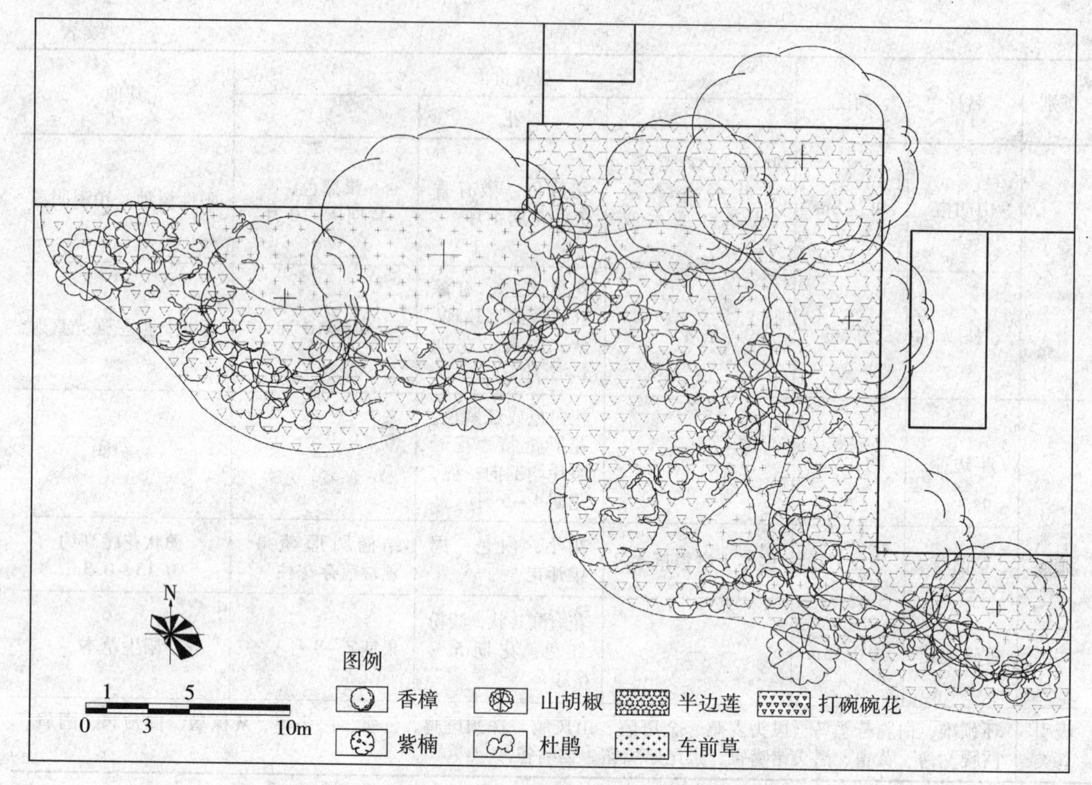

图 8-1　以防蚊虫为主的群落模式一配置单元平面图

2）模式二（表 8-4、表 8-5）

主要建群优势种乔木：香樟、楝树、桑树。

伴生灌木：红脉钓樟、逐蝇梅。

草本地被：凤仙花、万寿菊、孔雀草、百部。

吸引鸟类：环颈雉、白胸苦恶鸟、凤头麦鸡、金斑鸻、山斑鸠、珠颈斑鸠、云雀、白头鹎、灰椋鸟、白颈鸦、画眉、白腰文鸟、黄雀、黑头蜡嘴雀、黑尾蜡嘴雀、锡嘴雀。

以防蚊虫为主的植物群落模式二分析表　　**表 8-4**

类别	名称	高度	观赏价值			其他
			叶	花	果	
乔木	香樟	可达 50m	常绿	小而有特色，黄绿色，初夏盛开	—	枝叶茂密，冠大荫浓；生长速度中等，寿命长
	楝树	可达 25m	叶形秀丽	花淡紫色或白色，有芳香，花期 5 月	核果，黄绿色或淡紫色，果期 9 月	生长迅速，喜光
	桑树	可达 16m	秋叶金黄	花期 4 月	聚花果（桑椹）紫黑色、淡红或白色，果期 5 ~ 7 月	喜光，生长快，寿命长，为绿化先锋树种，能吸引鸟类，构成鸟语花香的自然景观

续表

类别	名称	高度	观赏价值			其他
			叶	花	果	
灌木	红脉钓樟	可达5m	深秋变成红色	早春开花，花生于枝端	果球形，黑紫色	—
	逐蝇梅	约1m	—	花色艳丽，花有红、黄、白等色，花朵初开时常为黄色或粉红色，随后逐渐变为橘黄色或橘红色，最后呈红色，几乎整年都开花	—	喜光，生长势强，繁殖速度快，虽为外来种，已经在本地归化
草本地被	凤仙花	0.3~1m	—	花大而美丽，红色，也有白、粉红、紫红或其他颜色，花期6~9月	蒴果纺锤形，果期6~9月	喜光，生长迅速
	万寿菊	0.6~1m	—	花黄色或橙色，花期8~9月	—	喜光
	孔雀草	0.3~0.4m	—	花色有红褐、黄褐、淡黄、杂紫红色斑点等，花期3~5月、8~12月	—	耐半阴，生长迅速
	百部	0.3~0.6m	—	花浅绿色，花期3~4月	果期7月	较耐阴
吸引鸟类	环颈雉、白胸苦恶鸟、凤头麦鸡、金斑鸻、山斑鸠、珠颈斑鸠、云雀、白头鹎、灰椋鸟、白颈鸦、画眉、白腰文鸟、黄雀、黑头蜡嘴雀、黑尾蜡嘴雀、锡嘴雀					

以防蚊虫为主的植物群落模式二季相分析表 表8-5

季相	春（4~5月）	夏（6~8月）	秋（9~11月）	冬（12月至次年3月）
叶	绿色（香樟、楝树、桑树、红脉钓樟、逐蝇梅）	绿色（香樟、楝树、桑树、红脉钓樟、逐蝇梅）	绿色（香樟）、金黄色（桑树）、红色（红脉钓樟）	绿色（香樟）
花	淡紫色（楝树）、白色（楝树、逐蝇梅）、红色（逐蝇梅）、黄色（逐蝇梅）、红褐色（孔雀草）、黄褐色（孔雀草）、淡黄色（孔雀草）、杂紫红色斑点（孔雀草）、浅绿色（百部）	黄绿色（香樟）、白色（逐蝇梅、凤仙花）、红色（逐蝇梅、凤仙花）、黄色（逐蝇梅、万寿菊）、粉红色（凤仙花）、紫红色（凤仙花）、橙色（万寿菊）、红褐色（孔雀草）、黄褐色（孔雀草）、淡黄色（孔雀草）、杂紫红色斑点（孔雀草）	白色（逐蝇梅）、红色（逐蝇梅）、黄色（逐蝇梅、万寿菊）、粉红色（凤仙花）、紫红色（凤仙花）、橙色（万寿菊）、红褐色（孔雀草）、黄褐色（孔雀草）、淡黄色（孔雀草）、杂紫红色斑点（孔雀草）	白色（逐蝇梅）、红色（逐蝇梅）、黄色（逐蝇梅）、红褐色（孔雀草）、黄褐色（孔雀草）、淡黄色（孔雀草）、杂紫红色斑点（孔雀草）

续表

季相	春（4~5月）	夏（6~8月）	秋（9~11月）	冬（12月至次年3月）
果实	—	紫黑色（桑树）、淡红色（桑树）、白色（桑树）	黄绿色（楝树）、淡紫色（楝树）	—
其他	花有芳香（楝树）	—	—	—

模式二构建的植物群落主要建群优势种为当地乡土植物，配以几种已在当地栽培种植多年，已充分归化的具有较强防蚊虫功能的植物种，这样能增强防蚊虫的功效。该模式中的楝树、凤仙花等种比较适合种植于房前屋后及庭院之中，且观赏价值也较高。

从上述表8-4中可以看到，模式二构建的植物群落不但群落层次丰富。从观赏价值角度分析，该群落一年四季均有花可观，且全年比较均衡。有几种植物花期很长，几乎全年都有花可观，如逐蝇梅和孔雀草，能达到较好的观赏效果。除此之外，该群落模式中还应用了两种色叶树种，进入深秋树叶分别呈现金黄、深红等艳丽的颜色，大大增加了观赏价值。从群落学的角度分析，该群落模式主要以香樟、楝树、桑树为建群种，红脉钓樟、逐蝇梅为伴生种，这是由当地的地带性植被及当地顶极群落组成特色中总结并综合功能及观赏价值考虑增加一些外来归化种综合而成，具有较强的观赏特性（图8-2）。

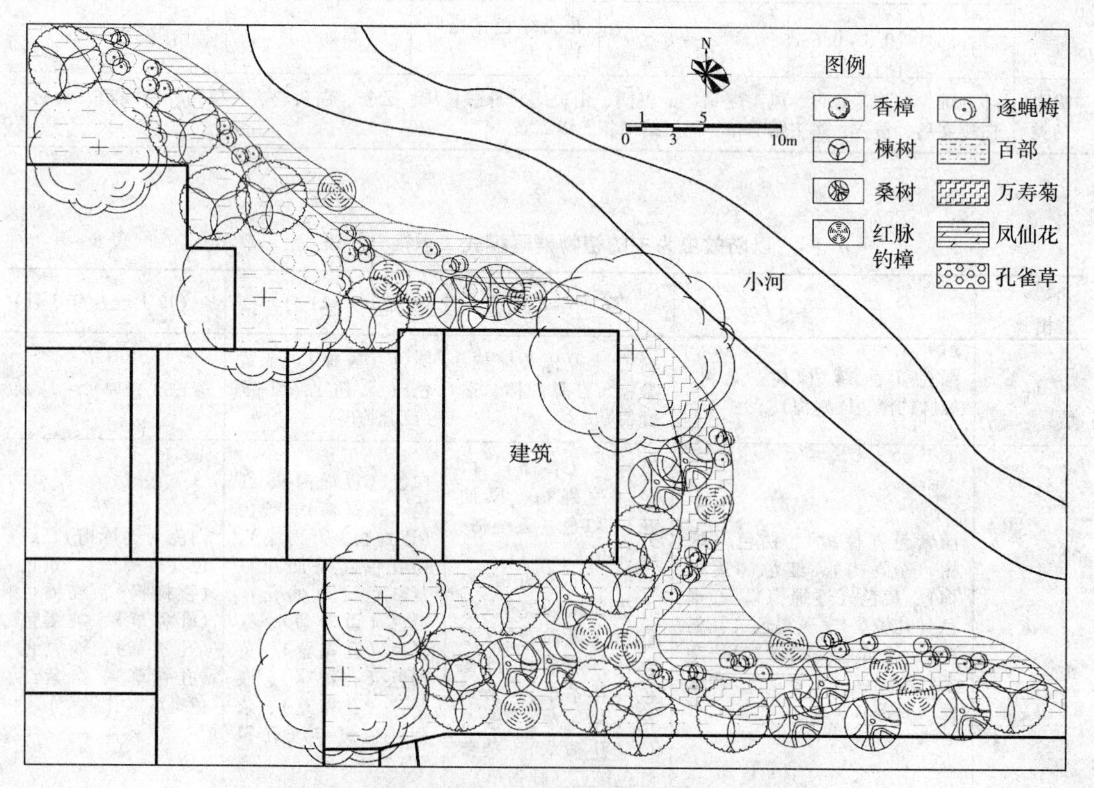

图8-2 以防蚊虫为主的群落模式二配置单元平面图

但模式二构建的群落也有其不足之处，如喜阳植物较多（这是防蚊虫植物比较普遍的特性），这就要减少上层乔木的数量，这样可以让更多的阳光照射到下层灌木及草本植物，让其正常生长。但是这就会导致整个群落的生活型不是很符合当地的特性，高位芽植物可能达不到所有植物比例的76%，要解决这个问题就要从群落模式的综合应用中解决，使各种模式之间相互弥补各自的不足。

3）模式三（表8－6、表8－7）

主要建群优势种乔木：香樟、丁香。

伴生灌木：杜鹃、红脉钓樟。

草本地被：苍耳、菖蒲、除虫菊、香茅。

吸引鸟类：环颈雉、白胸苦恶鸟、凤头麦鸡、金斑鸻、山斑鸠、珠颈斑鸠、云雀、白头鹎、灰椋鸟、白颈鸦、画眉、白腰文鸟、黄雀、黑头蜡嘴雀、黑尾蜡嘴雀、锡嘴雀。

以防蚊虫为主的植物群落模式三分析表　　表8－6

类别	名称	高度	观赏价值			其他
			叶	花	果	
乔木	香樟	可达50m	常绿	小而有特色，黄绿色，初夏盛开	—	枝叶茂密，冠大荫浓；生长速度中等，寿命长
	丁香	2～8m	落叶	花色丰富，有紫色、白色等，花期4～5月	果期9～10月	丁香花性喜阳光，稍耐阴
灌木	杜鹃	约2m	落叶	花色多样，有深红、淡红、玫瑰、紫、白等，花期4～5月	果熟10月	喜光，但忌强光直射
	红脉钓樟	可达5m	深秋变成红色	早春开花，生于枝端	果球形，黑紫色	—
草本地被	苍耳	0.3～0.9m	—	花期8～9月	呈纺锤形或卵圆形	虽能防蚊虫，但本植物有毒，种子有剧毒，所以应该种植在人们不达的地方
	除虫菊	0.3～0.6m	—	舌状花白色，花期6月	—	喜光，耐半阴
	菖蒲	0.5～0.8m	剑状线形	花黄绿色，花期6～9月	浆果红色，果期8～10月	植物有香气，全株有毒
	香茅	约0.6m	叶有香味，四季可观	秋冬季开花	—	性喜日照充足及高温多湿的环境
吸引鸟类	环颈雉、白胸苦恶鸟、凤头麦鸡、金斑鸻、山斑鸠、珠颈斑鸠、云雀、白头鹎、灰椋鸟、白颈鸦、画眉、白腰文鸟、黄雀、黑头蜡嘴雀、黑尾蜡嘴雀、锡嘴雀					

以防蚊虫为主的植物群落模式三季相分析表 表 8-7

季相	春（4~5月）	夏（6~8月）	秋（9~11月）	冬（12月至次年3月）
叶	绿色（香樟、丁香、杜鹃、红脉钓樟）	绿色（香樟、丁香、杜鹃、红脉钓樟）	绿色（香樟、香茅）、红色（红脉钓樟）	绿色（香樟、香茅）
花	紫色（丁香）、白色（丁香）、深红色（杜鹃）、淡红色（杜鹃）、玫瑰色（杜鹃）、紫色（杜鹃）	黄绿色（香樟、菖蒲）、白色（除虫菊）	黄绿色（菖蒲）	—
果实	—	红色（菖蒲）	黑紫色（红脉钓樟）、红色（菖蒲）	—
其他	叶有香味（香茅）	叶有香味（香茅）	叶有香味（香茅）	叶有香味（香茅）

从上述表 8-6 中可以看到，模式三构建的植物群落与前两种模式同样具有层次丰富的特点。从观赏价值角度分析，该群落一年四季均有景可观，且全年比较均衡，观赏效果较好。本模式中配有一种色叶树种红脉钓樟。从群落学的角度分析，该群落模式主要以香樟、丁香为建群种，红脉钓樟、杜鹃为伴生种，再加上当地的乡土地被草本植物和几种外来归化的草本地被，在保证群落功能的同时也增加了观赏价值（图 8-3）。该模式中的菖蒲、香茅等植物适宜于种植在水边，或水分比较充分的场所，所以该模式主要应用在水边。

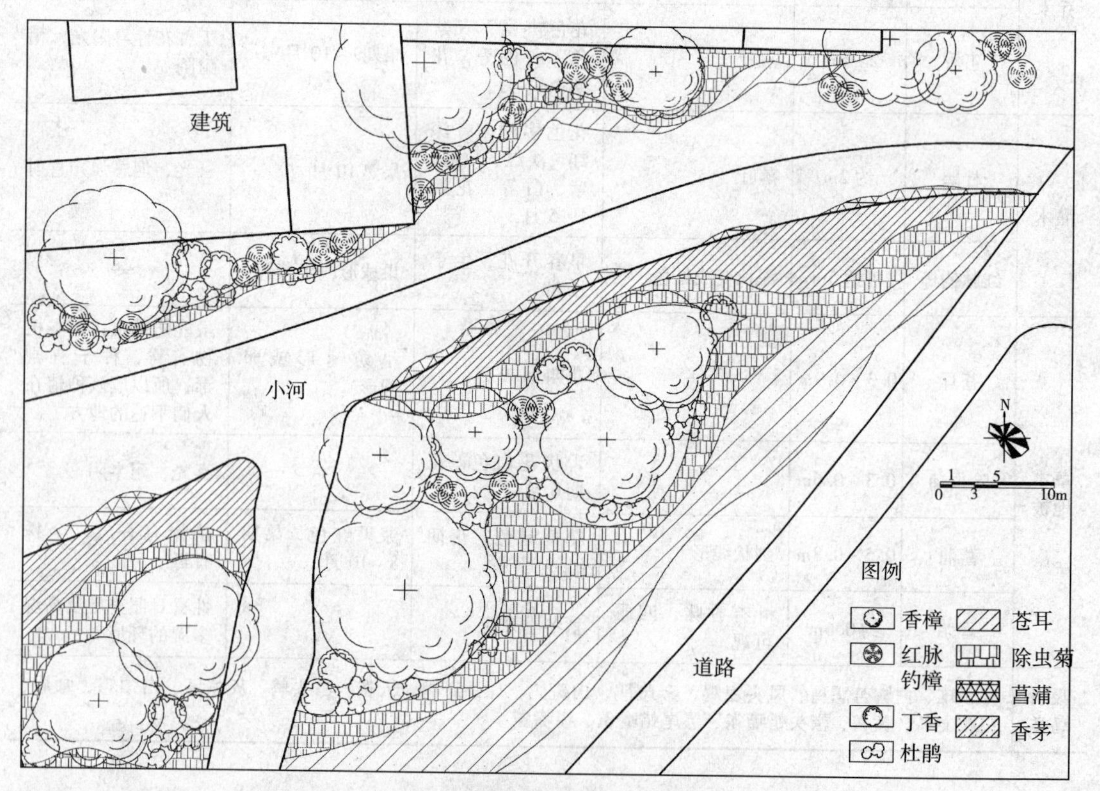

图 8-3 以防蚊虫为主的群落模式三配置单元平面图

模式三也不是尽善尽美的，有其不足之处，如该模式中的菖蒲和苍耳两种植物都具有一定的毒性，这就要求这两种植物需种植在人们不易触及的地方，这样可以让其发挥其防蚊虫功能的同时对游客的人生安全不造成威胁（虽然这两种植物的毒性对人类的威胁不是很大）。本模式中还有一个缺点就是丁香的使用，从植物间的化感作用角度看，丁香对其他的植物具有一定的相克作用，可能会抑制其他植物生长，虽然抑制的等级不高，但在本模式中丁香还是需要点到即止，不能过多地配植。

3. 以防蚊虫为主的植物群落模式应用

生态园内的防蚊虫植物群落主要应用在人流集中的建筑物及主要活动场地周围，如在典型江南居住模式景观区内，建筑物集中，且人流比较集中，是园内游客主要休憩和体验江南水乡生活的场所，因此，防蚊虫成为必要，而采用植物群落来达到这个效果，既不会给人一种刻意之感，又能增加园内的绿量，一举两得。

防蚊虫为主的植物群落生态设计模式总结出了三种，这三种模式各有各的优缺点，但在应用的时候一般把三者结合起来，这样既可以弥补三者之间各自的不足，又可以增加物种的多样性，使景观更丰富（图8-4）。

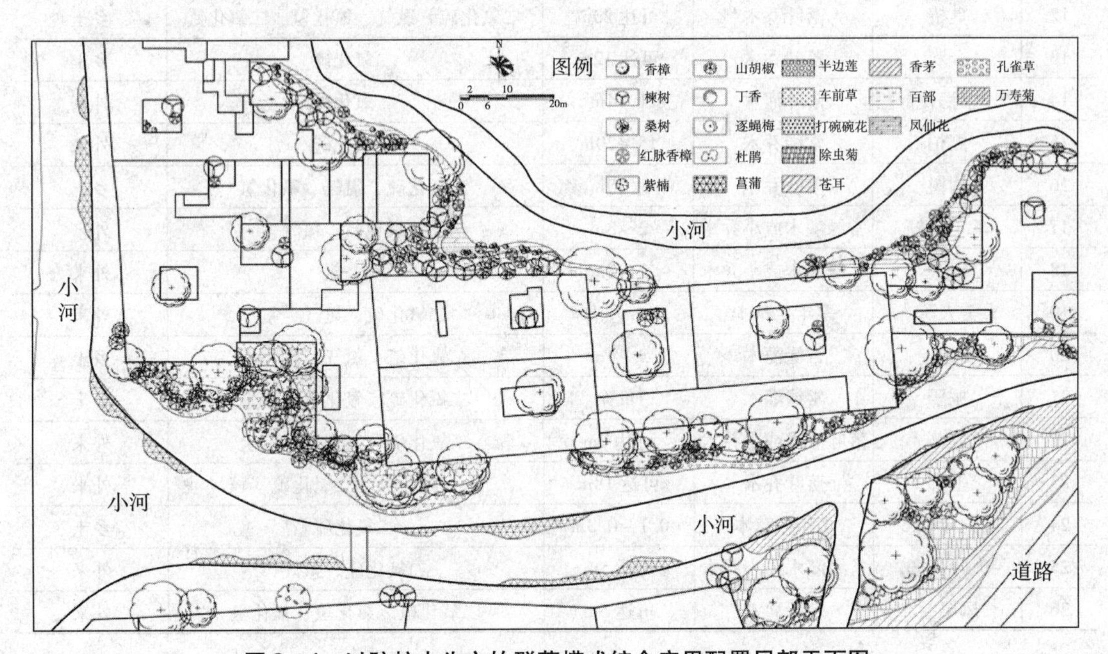

图8-4 以防蚊虫为主的群落模式综合应用配置局部平面图

8.2.2 以抗污染为主的群落生态设计模式

1. 抗污染植物

从昆山江南生态园周边产生污染的工厂的类型上，我们可以看到，污染物主要有烟尘、二氧化硫、二氧化碳、氯化氢等，以抗污染为主的群落主要以抗污染树种为主要组成部分。这些具有抗污染作用的植物对烟尘具有阻挡、过滤和吸附作用，对类似于二氧化硫等的有毒气体具有吸收作用，且在有毒气体的环境中生长良好，有些植物在有毒气体的刺激下还能生长得更好，抗性十分强（表8-8）。

常见具有抗污染作用的植物　　表8-8

序号	名称	类别	高度	主要抗污染对象	乡土/外来
1	苦槠	常绿乔木	可达20m	氯气、氟化氢、二氧化硫	乡土
2	冬青	常绿乔木	可达13m	二氧化硫	乡土
3	蚊母	常绿乔木	可达16m	二氧化硫、二氧化氮、氯气	乡土
4	香樟	常绿乔木	可达50m	二氧化硫、氯气	乡土
5	麻栎	落叶乔木	可达25m	二氧化硫	乡土
6	白栎	落叶乔木	可达20m	二氧化硫	乡土
7	槲树	落叶乔木	可达25m	二氧化硫，烟尘	乡土
8	枫香	落叶乔木	可达40m	二氧化硫、氯气	乡土
9	榉树	落叶乔木	可达30m	烟尘	乡土
10	榔榆	落叶乔木	可达15m	烟尘、二氧化硫	乡土
11	黄连木	落叶乔木	可达30m	烟尘、二氧化硫、氯化氢	乡土
12	臭椿	落叶乔木	可达20m	二氧化硫、氯气、氟化氢、二氧化氮	乡土
13	合欢	落叶乔木	可达12m	二氧化硫	乡土
14	紫穗槐	落叶灌木	1~4m	二氧化硫	外来
15	侧柏	常绿乔木	15~20m	二氧化硫	外来
16	构树	落叶乔木	可达10m多	二氧化硫、氯气、氟化氢	乡土
17	瓜子黄杨	常绿灌木或小乔木	2~8m	二氧化硫、氯气	外来
18	山茶	常绿灌木或小乔木	2~8m	氟、氯	外来
19	美人蕉	多年生草本	1m左右	二氧化硫、氯气、氟	外来
20	胡颓子	常绿灌木	3~4m	二氧化硫、氯气、氟化氢	乡土
21	栀子	常绿灌木	1m余	二氧化硫、氟化氢、烟尘	乡土
22	紫薇	落叶灌木或小乔木	可达7m	二氧化硫、氯化氢、烟尘	外来
23	垂柳	落叶乔木	可达18m	氟化氢、二氧化硫	外来
24	狗牙根	多年生草本	0.1~0.3m	二氧化硫	乡土
25	大叶黄杨	常绿灌木或小乔木	可达5m	二氧化硫、氯气	外来
26	凤尾兰	常绿灌木	可达5m	二氧化硫、氯化氢、氟化氢	外来

2. 以抗污染为主的植物群落模式构建

从上述表8-8中可以分析得知，具有抗污染作用的植物多为乔木和灌木，草本类植物较少。由于园内应用抗污染群落的场地比较集中，且面积比较大，从观赏的角度分析，该群落观赏的距离比较远，一般园内游客观赏的是群落的季相变化及其群体效果，因此，该群落主要以乔木为主要观赏对象，辅以部分灌木（实际上以乔木占大多数的群落比较符合昆山当地的地带性植被的生活型）。综合各方面考虑，主要总结了以下三种以抗污染为主的植物群落生态模式。

1）模式一（表8－9、表8－10）

主要建群优势种乔木：香樟、枫香、麻栎、槲树、苦槠、冬青。

伴生灌木：胡颓子。

草本地被：当地乡土野生草本。

吸引鸟类：环颈雉、白胸苦恶鸟、凤头麦鸡、金斑鸻、山斑鸠、珠颈斑鸠、云雀、白头鹎、灰椋鸟、白颈鸦、画眉、白腰文鸟、黄雀、黑头蜡嘴雀、黑尾蜡嘴雀、锡嘴雀。

以抗污染为主的植物群落模式一分析表　　表8－9

类别	名称	高度	观赏价值			其他
			叶	花	果	
乔木	香樟	可达50m	常绿	小而有特色，黄绿色，初夏盛开	—	枝叶茂密，冠大荫浓；生长速度中等，寿命长
	枫香	可达40m	深秋叶色红艳	花期3～4月	果期10月	喜光，幼树稍耐阴
	麻栎	可达25m	落叶	花期3～4月	果期翌年9～10月	喜光树种，生长迅速
	槲树	可达25m	入秋呈橙黄色且经久不落	花期4～5月	果期9～10月	强阳性树种，生长较慢，寿命长
	苦槠	可达20m	常绿	花期5月	坚果褐色，果期10月	喜光，也能耐阴，寿命长
	冬青	可达13m	常绿	花紫红色或淡紫色，有香气，花期5～6月	果红色，果期9～10月，经冬不落	果实可供鸟类冬天食用
灌木	胡颓子	3～4m	常绿	花银白色，花期9～11月	第二年5月果熟，果红色，形美色艳	喜光，耐半阴
草本地被	当地乡土野生草本，群落营造初期不进行特定选种栽植，当营造好上层乔木及灌木后，野生草本自然分布长成					
吸引鸟类	环颈雉、白胸苦恶鸟、凤头麦鸡、金斑鸻、山斑鸠、珠颈斑鸠、云雀、白头鹎、灰椋鸟、白颈鸦、画眉、白腰文鸟、黄雀、黑头蜡嘴雀、黑尾蜡嘴雀、锡嘴雀					

以抗污染为主的植物群落模式一季相分析表　　表8－10

季相	春（4～5月）	夏（6～8月）	秋（9～11月）	冬（12月至次年3月）
叶	绿色（香樟、枫香、麻栎、槲树、苦槠、冬青、胡颓子）	绿色（香樟、枫香、麻栎、槲树、苦槠、冬青、胡颓子）	绿色（香樟、苦槠、冬青、胡颓子）、红色（枫香）、橙黄色（槲树）	绿色（香樟、苦槠、冬青、胡颓子）
花	紫红色（冬青）、淡紫色（冬青）	黄绿色（香樟）、紫红色（冬青）、淡紫色（冬青）	银白色（胡颓子）	—

续表

季相	春（4~5月）	夏（6~8月）	秋（9~11月）	冬（12月至次年3月）
果实	红色（胡颓子）	—	褐色（苦槠）、红色（冬青）	红色（冬青）
其他	花有芳香（冬青）	花有芳香（冬青）	—	—

该抗污染植物群落模式主要由当地的顶极群落改良而成，生命力比较旺盛，无需过多人工管理。从上表8-9可以看到，该群落乔木层次丰富、季相变化明显，一年四季均有花可观，从组成树种的生态习性可以看到，它们常绿、落叶，速生、慢生等相互融合，使整个群落四季景观丰富。而且冬青冬季结果可以吸引鸟类到园内觅食定居，增加了园内的生物多样性（图8-5）。

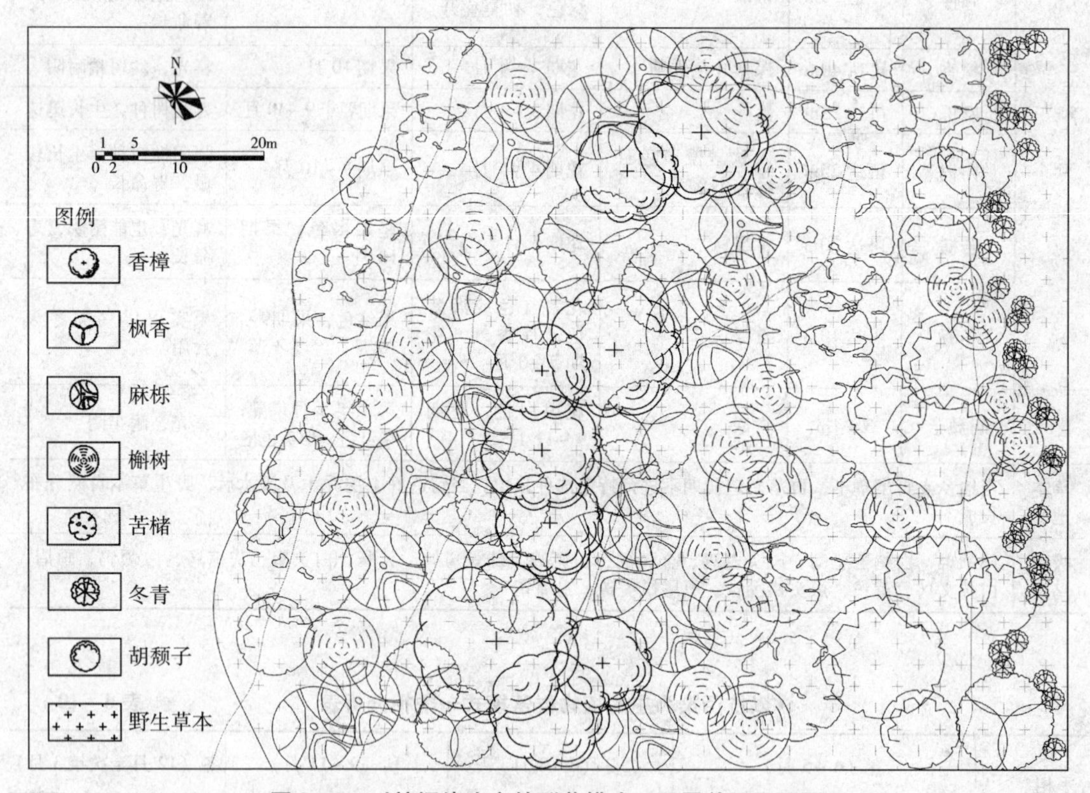

图8-5 以抗污染为主的群落模式一配置单元平面图

该模式中没有提及具体的草本地被植物的配置，因为笔者希望在构建了乔木和灌木层之后，当地野生的乡土地被植物可以根据已营造的生境自己生长分布，不需要人工刻意地去栽种，而且野生的地被草本适应性更强。

2）模式二（表8-11、表8-12）

主要建群优势种乔木：榉树、黄连木、蚊母。

伴生灌木：瓜子黄杨、大叶黄杨。

草本地被：当地乡土野生草本。

吸引鸟类：环颈雉、白胸苦恶鸟、凤头麦鸡、金斑鸻、山斑鸠、珠颈斑鸠、云雀、白头鹎、灰椋鸟、白颈鸦、画眉、白腰文鸟、黄雀、黑头蜡嘴雀、黑尾蜡嘴雀、锡嘴雀。

以抗污染为主的植物群落模式二分析表　　表8－11

类别	名称	高度	观赏价值			其他
			叶	花	果	
乔木	榉树	可达30m	秋叶变成褐红色	花期4月	果期10～11月	树形优美，叶色季相变化丰富，阳性树种，生长慢，寿命长
	黄连木	可达30m	早春嫩叶红色，入秋叶又变成深红或橙黄色	花淡绿色或紫红色，花期3～4月，先叶开放	果初为黄白色，后变红色至蓝紫色，果期9～11月	生长较慢，寿命长，喜光，幼时稍耐阴
	蚊母	可达16m	常绿	花期4～5月	果期10月	喜阳，能耐阴
灌木	瓜子黄杨	2～8m	常绿	花黄绿色，花期4～5月	果期7月	喜光，亦较耐阴，树形优美
	大叶黄杨	可达5m	常绿	花绿白色，花期6～7月	果期9～10月	喜光，亦较耐阴
草本地被	当地乡土野生草本，群落营造初期不进行特定选种栽植，当营造好上层乔木及灌木后，野生草本自然分布长成					
吸引鸟类	环颈雉、白胸苦恶鸟、凤头麦鸡、金斑鸻、山斑鸠、珠颈斑鸠、云雀、白头鹎、灰椋鸟、白颈鸦、画眉、白腰文鸟、黄雀、黑头蜡嘴雀、黑尾蜡嘴雀、锡嘴雀					

以抗污染为主的植物群落模式二季相分析表　　表8－12

季相	春（4～5月）	夏（6～8月）	秋（9～11月）	冬（12月至次年3月）
叶	红色、绿色	绿色	绿色、褐红色、深红色、橙黄色	绿色
花	淡绿色、紫红色、黄绿色	绿白色	—	淡绿色、紫红色
果实	—	—	黄白色、红色、蓝紫色	红色、蓝紫色
其他	—	—	—	—

从表8－11中可以看出，构成该模式群落的树种相对于模式一而言少很多，而且组成树种的总体高度也较第一种低，这是为了能让这两种模式构成的群落形成高低错落的秩序，在综合应用时可以根据地形来进行合理采用。从观赏价值角度分析，该模式内的植物色叶比较丰富，尤其是黄连木，一年四季叶色变化多，而且花色也较绚丽，且先叶开放，观赏性比较高。榉树与黄连木构成了很好的色叶林，大大提高了该群落模式的观赏价值（图8－6）。

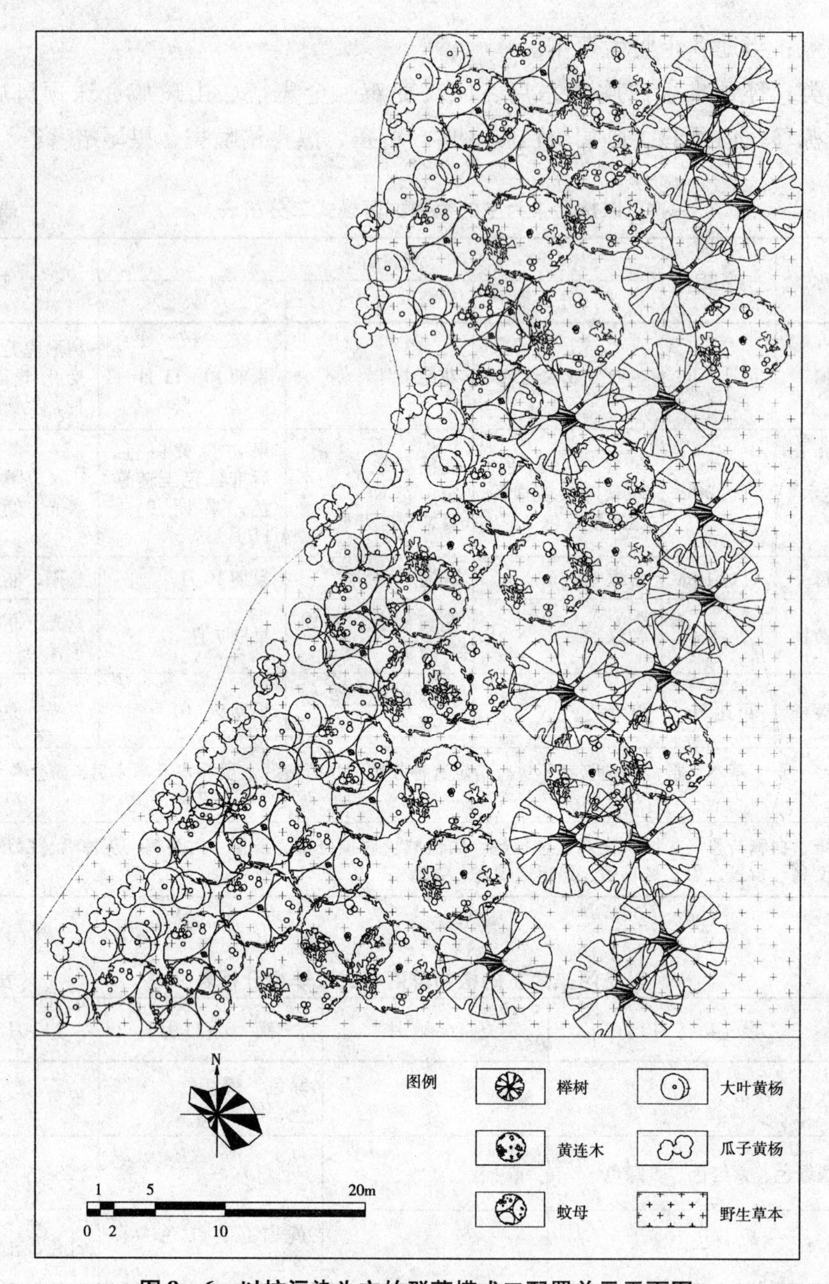

图8－6　以抗污染为主的群落模式二配置单元平面图

3）模式三（表8－13、表8－14）

主要建群优势种乔木：臭椿、合欢、侧柏、垂柳。

伴生灌木：紫薇、栀子、山茶、凤尾兰、紫穗槐。

草本地被：狗牙根、美人蕉、半边莲、鱼腥草。

吸引鸟类：环颈雉、白胸苦恶鸟、凤头麦鸡、金斑鸻、山斑鸠、珠颈斑鸠、云雀、白头鹎、灰椋鸟、白颈鸦、画眉、白腰文鸟、黄雀、黑头蜡嘴雀、黑尾蜡嘴雀、锡嘴雀、麻雀。

以抗污染为主的植物群落模式三分析表 表8-13

类别	名称	高度	观赏价值			其他
			叶	花	果	
乔木	臭椿	可达20m	春季嫩叶紫红色	花白色，微臭，花期5~6月	果红色，果期9~10月	阳性树种
	合欢	可达12m	落叶	花粉红色，花期6~7月	带状荚果，果期9~10月	喜光，具根瘤菌，有改良土壤的作用
	垂柳	可达18m	披针形叶	花期3~4月	果期4~5月	喜光，生长迅速，寿命较短
	侧柏	15~20m	常绿	花期3~4月	果期9~10月	喜光，幼时稍耐阴，生长慢，寿命长
灌木	栀子	1m余	常绿	花白色，芳香，花期5~7月	果期8~11月	典型酸性花卉，喜光但又不能经受强烈阳光照射
	山茶	2~8m	常绿	花有白、红、淡红等色，花期冬末春初，长达2~3个月	—	喜半阴、忌烈日
	紫薇	可达7m	落叶	花红色或粉红色，花期5~8月	果期7~9月	喜光，稍耐阴，生长较慢，寿命长
	凤尾兰	可达5m	常绿，叶剑形	花乳白色，杯状下垂，芳香，花期5~6月、8~9月	—	常年浓绿，花、叶皆美，耐寒，耐阴，耐旱也较耐湿
	紫穗槐	1~4m	落叶	花期5~10月	果期5~10月	蜜源植物，生长快，具根瘤菌，有改良土壤作用
草本地被	美人蕉	1m左右	叶互生，宽大，长椭圆状披针形	花色有乳白、鲜黄、橙黄、橘红、粉红、大红、紫红、复色斑点等50多种，全年开花		喜光
	狗牙根	0.1~0.3m	叶色浓绿	—	—	耐阴性差
	鱼腥草		叶常见绿色，偶有紫色	花期5~6月	果期10~11月	耐阴，生命力极强
	半边莲	约0.2m	—	花白色或红紫色，花形奇特，花冠裂片均偏向一侧，花期4~5月	—	较耐阴
吸引鸟类	环颈雉、白胸苦恶鸟、凤头麦鸡、金斑鸻、山斑鸠、珠颈斑鸠、云雀、白头鹎、灰椋鸟、白颈鸦、画眉、白腰文鸟、黄雀、黑头蜡嘴雀、黑尾蜡嘴雀、锡嘴雀、麻雀					

以抗污染为主的植物群落模式三季相分析表 表8-14

季相	春（4~5月）	夏（6~8月）	秋（9~11月）	冬（12月至次年3月）
叶	绿色（合欢、垂柳、侧柏、栀子、山茶、紫薇、凤尾兰、紫穗槐）、紫红色（臭椿）	绿色（合欢、垂柳、侧柏、栀子、山茶、紫薇、凤尾兰、紫穗槐、臭椿）	绿色（侧柏、栀子、山茶、凤尾兰）	绿色（侧柏、栀子、山茶、凤尾兰）

续表

季相	春（4~5月）	夏（6~8月）	秋（9~11月）	冬（12月至次年3月）
花	白色（臭椿、栀子、山茶）、红色（山茶、紫薇）、粉红色（山茶、紫薇）、乳白色（凤尾兰、美人蕉）、紫色（紫穗槐）、鲜黄色（美人蕉）、橙红色（美人蕉）、橘红色（美人蕉）、紫红色（美人蕉）、复色斑点（美人蕉）	白色（臭椿、栀子）、粉红色（合欢、紫薇）、红色（紫薇）、乳白色（凤尾兰、美人蕉）、紫色（紫穗槐）、鲜黄色（美人蕉）、橙红色（美人蕉）、橘红色（美人蕉）、紫红色（美人蕉）、复色斑点（美人蕉）	乳白色（凤尾兰、美人蕉）、紫色（紫穗槐）、鲜黄色（美人蕉）、橙红色（美人蕉）、橘红色（美人蕉）、紫红色（美人蕉）、复色斑点（美人蕉）	白色（山茶）、红色（山茶）、淡红色（山茶）、乳白色（美人蕉）、鲜黄色（美人蕉）、橙红色（美人蕉）、橘红色（美人蕉）、紫红色（美人蕉）、复色斑点（美人蕉）
果实	—	—	红色、褐色	—
其他	花有芳香（栀子、凤尾兰）	花有芳香（栀子、凤尾兰）	花有芳香（凤尾兰）	—

从上表8－13可以看出，该模式的组成树种以外来种居多，这是经过反复考虑分析，从抗污染能力及观赏价值等方面综合考虑的结果。因为这个模式的群落主要分布在沿河的场地，且河对岸是本生态园内极为重要的人流通道——砾石滩草坪走廊，是人们驻足观景的良好场所，因此，应该为游客提供丰富的景观。虽然该模式应用外来种植物较多，但是这些外来种植物已经在当地栽培种植多年，且生长良好，对当地的植物种也无特别影响，已属外来归化植物，在适量的前提下可以放心使用（图8－7）。

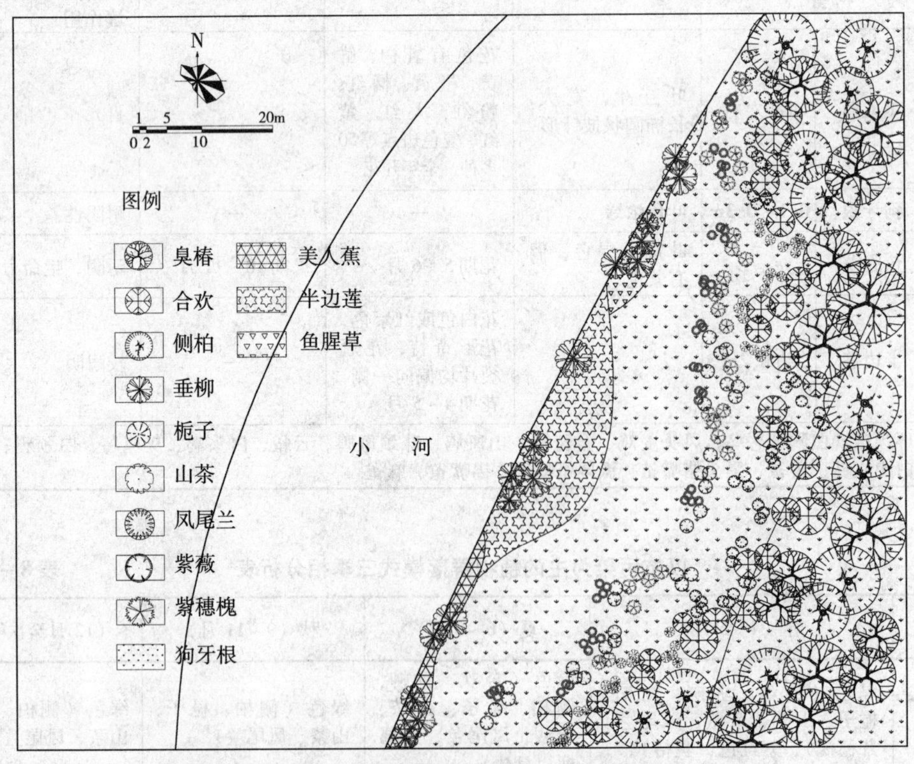

图8－7 以抗污染为主的群落模式三配置单元平面图

模式三里含有的灌木、草本种类较多，总的树种类型也较前两者多，那是考虑到河岸线比较长，整个抗污染植物群落的纵向拉得也比较长，为了使植物景观效果不出现枯燥的重复，多运用可相互替代的植物进行配植，可以缓解简单重复造成的视觉疲劳。

3. 以抗污染为主的植物群落模式应用

上述三种抗污染为主的植物群落不是三个独立的模式，在具体应用过程中需要根据地形、景观美学等方面把三者有机地结合起来应用（图8－8）。

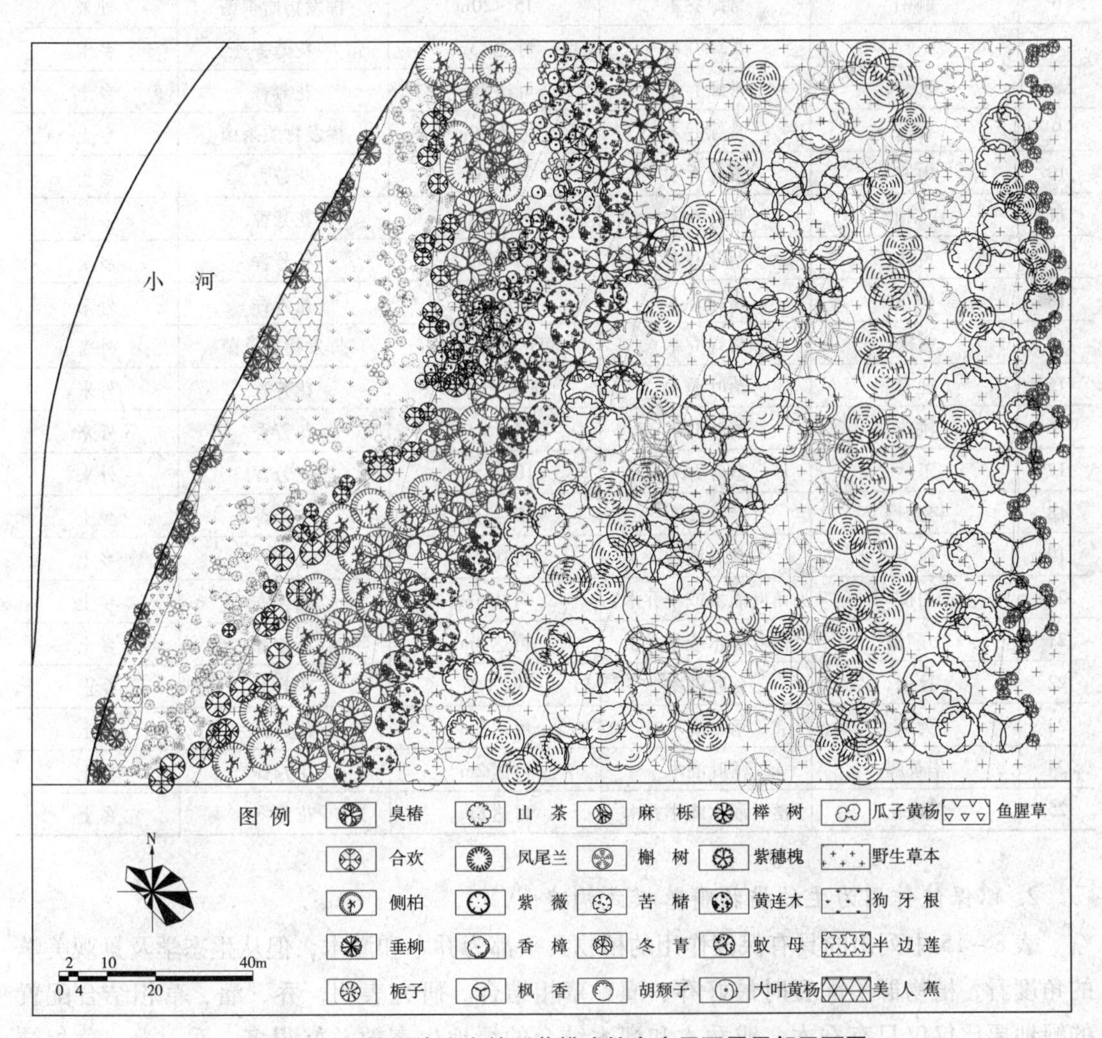

图8－8 以抗污染为主的群落模式综合应用配置局部平面图

8.2.3 以保健作用为主的群落生态设计模式

1. 保健作用植物

具有保健作用的植物一般是那些挥发物杀菌力强的树种和那些地上部分具有芳香气味、姿态优美或花形美丽的芳香植物（表8－15）。

常见具有保健作用的植物　表 8－15

序号	名称	类别	高度	保健作用	乡土/外来
1	金钱松	落叶乔木	可达 40m	挥发物质杀菌	乡土
2	杉木	常绿乔木	可达 30～40m	挥发物质杀菌	乡土
3	粗榧	常绿灌木或小乔木	可达 12m	挥发物质杀菌	乡土
4	垂柳	落叶乔木	可达 18m	挥发物质杀菌	外来
5	龙柏	常绿小乔木	可达 4m	挥发物质杀菌	外来
6	侧柏	常绿乔木	15～20m	挥发物质杀菌	外来
7	冬青	常绿乔木	可达 13m	花芳香	乡土
8	木荷	常绿乔木	可达 30m	花芳香	乡土
9	香樟	常绿乔木	可达 50m	挥发物质杀菌	乡土
10	山槐	落叶乔木	3～8m	花芳香	乡土
11	南京椴	落叶乔木	可达 15m	花芳香	乡土
12	黄槐	落叶乔木	5～7m	花芳香	乡土
13	桂花	常绿乔木	可达 15m	花芳香	外来
14	雪松	常绿乔木	可达 60～80m	挥发物质杀菌	外来
15	迎春	落叶灌木	0.4～0.5m	花芳香	外来
16	桃花	落叶乔木	4～5m	花芳香	外来
17	玉兰	落叶乔木	10～15m	花芳香	外来
18	格药柃	常绿灌木	2～3m	花芳香	乡土
19	栀子	常绿灌木	可达 2m	花芳香	乡土
20	白檀	落叶灌木或小乔木	可达 5m	花芳香	乡土
21	山胡椒	落叶灌木或小乔木	可达 8m	花芳香	乡土
22	牡荆	落叶灌木	1m 左右	花芳香	乡土
23	荚蒾	落叶灌木	可达 3m	花芳香	乡土
24	华茶藨	落叶灌木	可达 2m	花芳香	乡土
25	垂珠花	落叶灌木或小乔木	可达 8m	花芳香	乡土

2. 以保健作用为主的植物群落模式构建

表 8－15 中列出的具有保健作用的植物几乎都为乔木和灌木，但从生态学及景观美学的角度看，植物群落配置时最好乔、灌、草相结合。研究表明，乔、灌、草相结合配置的绿地要比仅仅只有乔木，或乔木和灌木结合的绿地生态效益好很多。乔、灌、草相结合的绿地充分利用了林下空间，使绿量成倍增加，生态效益自然上升。所以，在探讨以保健作用为主的植物群落模式时，应适当加入当地的乡土草本植物，或者已经被当地归化的，具有较高观赏价值和抗性的草本植物。

从各方面综合分析后，总结出了以下三种生态群落模式。

1）模式一（表 8－16、表 8－17）

主要建群优势种乔木：金钱松、杉木、冬青、玉兰、垂柳。

伴生灌木：格药柃、山胡椒、牡荆。

草本地被：车前草、马兜铃、野菊花。

吸引鸟类：环颈雉、白胸苦恶鸟、凤头麦鸡、金斑鸻、山斑鸠、珠颈斑鸠、云雀、白头鹎、灰椋鸟、白颈鸦、画眉、白腰文鸟、黄雀、黑头蜡嘴雀、黑尾蜡嘴雀、锡嘴雀。

以保健作用为主的植物群落模式一分析表　　表8-16

类别	名称	高度	观赏价值			其他
			叶	花	果	
乔木	金钱松	可达40m	秋后变金黄色	花期4~5月	果期10~11月	树干通直，冠形优美，生长较缓慢
	杉木	可达30~40m	常绿	花期3月	果期10~11月	生长快，较喜光，幼年稍能耐侧方荫蔽
	垂柳	可达18m	披针形叶	花期3~4月	果期4~5月	喜光，生长迅速，寿命较短
	玉兰	10~15m	落叶	花大，白色有清香，在3月先叶开放	—	喜光
	冬青	可达13m	常绿	花紫红色或淡紫色，有香气，花期5~6月	果红色，果期9~10月，经冬不落	果实可供鸟类冬天食用
灌木	山胡椒	可达8m	叶表深绿光亮，冬叶经久不落	花黄色，微有香气，花期4月	果黑色，果期9~10月	阳性树种，稍耐阴湿
	格药柃	2~3m	常绿	花白色或绿白色，花期8~9月	果期10~11月	优良蜜源植物
	牡荆	1m左右	落叶	花白色至浅蓝色，花冠小	—	—
草本地被	车前草	约0.15m	多年生宿根草本	花小，白色，周年开花	结椭圆形蒴果，顶端宿存花柱	穗状花序高约0.15~0.3m
	马兜铃	缠绕草本	叶三角状椭圆形至卵状披针形或卵形	花白色，花期7~9月	果期9~10月	喜光，稍耐阴
	野菊花	1m	卵状三角形或卵状椭圆形	花小，黄色，芳香，花期9~11月	果期10~11月	—
吸引鸟类	环颈雉、白胸苦恶鸟、凤头麦鸡、金斑鸻、山斑鸠、珠颈斑鸠、云雀、白头鹎、灰椋鸟、白颈鸦、画眉、白腰文鸟、黄雀、黑头蜡嘴雀、黑尾蜡嘴雀、锡嘴雀					

以保健作用为主的植物群落模式一季相分析表　　表8-17

季相	春（4~5月）	夏（6~8月）	秋（9~11月）	冬（12月至次年3月）
叶	绿色（金钱松、杉木、垂柳、玉兰、冬青、山胡椒、格药柃、牡荆）	绿色（金钱松、杉木、垂柳、玉兰、冬青、山胡椒、格药柃、牡荆）	绿色（杉木、冬青、格药柃、山胡椒）、金黄色（金钱松）	绿色（杉木、冬青、格药柃、山胡椒）

续表

季相	春（4~5月）	夏（6~8月）	秋（9~11月）	冬（12月至次年3月）
花	白色（玉兰、车前草）、紫红色（冬青）、淡红色（冬青）、黄色（山胡椒）	紫红色（冬青）、淡红色（冬青）、绿白色（格药柃）、白色（格药柃、车前草）	绿白色（格药柃）、白色（格药柃、车前草）、黄色（野菊花）	白色（车前草）
果实	—	—	红色（冬青）、黑色（山胡椒）	红色（冬青）
其他	花有芳香（玉兰、山胡椒）	花有芳香（冬青）	花有芳香（野菊花）	—

从表8-16的详列分析可以看出，由该模式组成的植物群落层次丰富、季相变化明显、四季有花可观、秋冬有果可赏，有些树种的果还可以为鸟类提供食物。有些植物是优良的蜜源植物，春天到来的时候，可以形成鸟语花香的美好景象，这对于群落的保健功能也起到加强的作用（图8-9）。

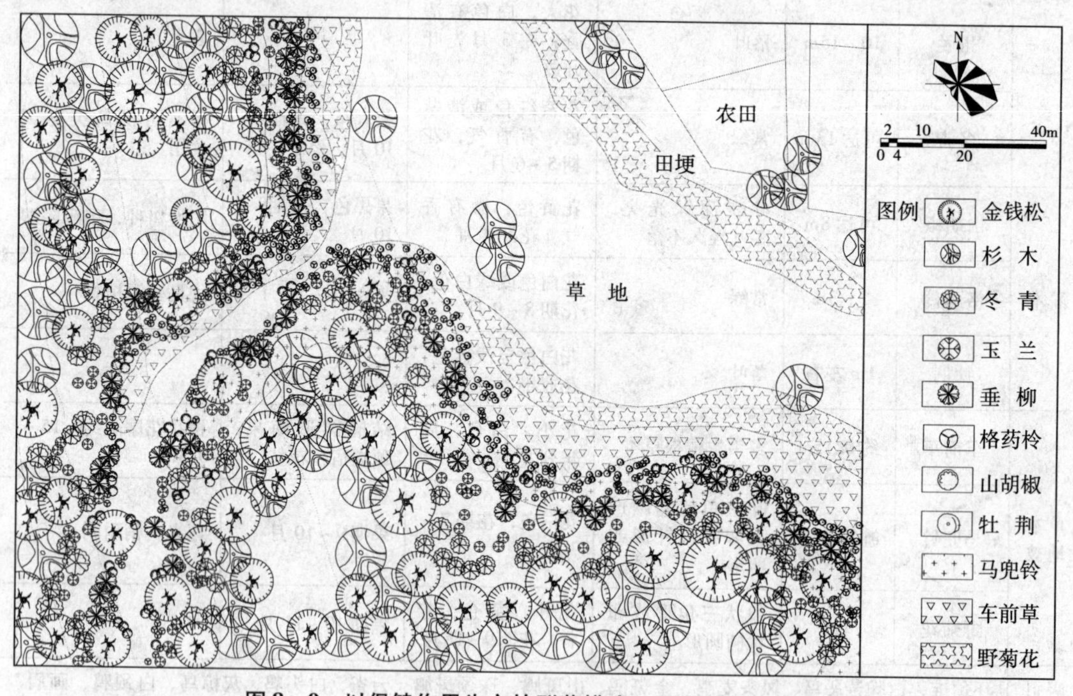

图8-9 以保健作用为主的群落模式一配置单元平面图

2）模式二（表8-18、表8-19）

主要建群优势种乔木：香樟、桂花、山槐、桃花、侧柏。

伴生灌木：垂珠花、荚蒾、栀子。

草本地被：瓜蒌、连钱草、益母草。

吸引鸟类：环颈雉、白胸苦恶鸟、凤头麦鸡、金斑鸻、山斑鸠、珠颈斑鸠、云雀、白头鹎、灰椋鸟、白颈鸦、画眉、白腰文鸟、黄雀、黑头蜡嘴雀、黑尾蜡嘴雀、锡嘴雀。

以保健作用为主的植物群落模式二分析表 表8-18

类别	名称	高度	观赏价值			其他
			叶	花	果	
乔木	香樟	可达50m	常绿	小而有特色，黄绿色，初夏盛开	—	枝叶茂密，冠大荫浓；生长速度中等，寿命长
	桂花	可达15m	常绿	花有乳白、黄、橙红等色，极芳香，花期9~10月	果期次年3~4月	喜光，且有一定的耐阴能力
	山槐	3~8m	落叶	花美丽，初为白色，后变黄色，花期5~6月	果期8~10月	生长快
	桃花	4~5m	落叶	花多粉红色，先叶开放，花期3~4月	果期6~9月	喜光、耐寒、耐旱、不耐水湿，生长较快
	侧柏	15~20m	常绿	花期3~4月	果期9~10月	喜光，幼时稍耐阴，生长慢，寿命长
灌木	垂珠花	可达8m	落叶	花白色，花期5~6月	果期10~12月	—
	荚蒾	可达3m	叶形美观，入秋变为红色	花白色，花期5~6月	果红色，果期9~11月	喜光也耐阴
	栀子	可达2m	常绿	花白色，芳香，花期5~7月	果期8~11月	典型酸性花卉，喜光但又不能经受强烈阳光照射
草本地被	瓜蒌	缠绕草本	叶宽卵状心形	花白色，花期6~8月	果成黄色，果期9~10月	—
	连钱草	0.3~0.5m	叶圆肾形	花淡紫红色，花期7~9月	果黑褐色，夏季成熟	喜阴湿，阳处亦可生长
	益母草	0.3~0.6m	叶灰绿色，上、中、下部叶形各异	花紫色，夏季开花	—	生于山野荒地、田埂、草地等
吸引鸟类	环颈雉、白胸苦恶鸟、凤头麦鸡、金斑鸻、山斑鸠、珠颈斑鸠、云雀、白头鹎、灰椋鸟、白颈鸦、画眉、白腰文鸟、黄雀、黑头蜡嘴雀、黑尾蜡嘴雀、锡嘴雀					

以保健作用为主的植物群落模式二季相分析表 表8-19

季相	春（4~5月）	夏（6~8月）	秋（9~11月）	冬（12月至次年3月）
叶	绿色（香樟、桂花、山槐、桃花、侧柏、垂珠花、荚蒾、栀子）	绿色（香樟、桂花、山槐、桃花、侧柏、垂珠花、荚蒾、栀子）	绿色（香樟、桂花、侧柏、栀子）、红色（荚蒾）	绿色（香樟、桂花、侧柏、栀子）
花	白色（山槐、垂珠花、荚蒾、栀子）、黄色（山槐）、粉红色（桃花）	黄绿色（香樟）、白色（山槐、垂珠花、荚蒾、栀子、瓜蒌）、黄色（山槐）、淡紫红色（连钱草）、紫色（益母草）	乳白色（桂花）、黄色（桂花）、橙红色（桂花）、淡紫红色（连钱草）	粉红色（桃花）

续表

季相	春（4~5月）	夏（6~8月）	秋（9~11月）	冬（12月至次年3月）
果实	—	黑褐色（连钱草）	红色（荚蒾）、黄色（瓜蒌）	—
其他	花有芳香（栀子）	花有芳香（栀子）	花有芳香（桂花）	—

从上述表8－18可以看出模式二和模式一具有类似的特性，但两者相比，模式二总体来讲可观花的时间段较模式一要少，但模式一可观花的时间也算较长，春、夏、秋都有花可观。总的来说，模式一和模式二可以相互替换应用，两者的观赏性类似（图8－10）。

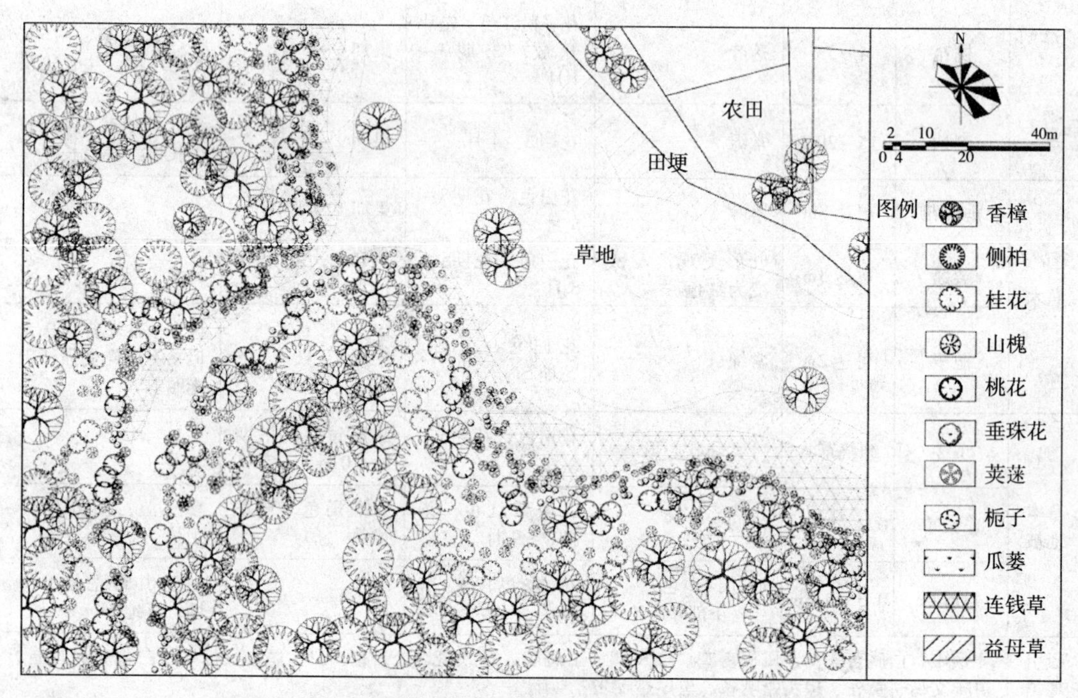

图8－10　以保健作用为主的群落模式二配置单元平面图

3）模式三（表8－20、表8－21）

主要建群优势种乔木：雪松、木荷、南京椴、黄槐、龙柏。

伴生灌木：白檀、华茶藨、迎春。

草本地被：墨旱莲、蒲公英。

吸引鸟类：环颈雉、白胸苦恶鸟、凤头麦鸡、金斑鸻、山斑鸠、珠颈斑鸠、云雀、白头鹎、灰椋鸟、白颈鸦、画眉、白腰文鸟、黄雀、黑头蜡嘴雀、黑尾蜡嘴雀、锡嘴雀、金翅雀。

以保健作用为主的植物群落模式三分析表　　表8-20

类别	名称	高度	观赏价值			其他
			叶	花	果	
乔木	雪松	可达60~80m	常绿	花期10~11月	球果翌年10月份成熟	较喜光，幼年稍耐荫蔽
	木荷	可达30m	老叶入秋呈红色	花白色或淡红色，肥大芳香，花期5~7月	果期9~11月	阴性树种
	南京椴	可达15m	落叶	花期6月	果期9月	—
	黄槐	5~7m	落叶	花黄绿色或深黄色，全年开花，5~6月及9~11月为盛花期	荚果条形，全年结果	阳性，耐半阴
	龙柏	可达4m	常绿	花细小，淡黄色，春天开花	浆质球果	有特殊的芬芳气味，阳性树种
灌木	白檀	可达5m	落叶	花白色，芳香，花期5月	果蓝黑色，果期10月	喜光也稍耐阴，树形优美，枝叶秀丽
	华茶蔗	可达2m	落叶	花黄绿色，杯状，芳香，花期4~5月	果期8~9月	—
	迎春	0.4~0.5m	落叶	花黄色，先叶开放，花期2~4月	通常不结果	性喜光，稍耐阴，较耐寒
草本地被	墨旱莲	0.1~0.6m	叶片皱蜷缩卷曲或破碎	头状花序，花期7~9月	瘦果棕色或浅褐色，果期9~10月	—
	蒲公英	0.1~0.25m	叶根生	花鲜黄色，花期早春及晚秋	瘦果顶生白色冠毛，果期春秋	—
吸引鸟类	环颈雉、白胸苦恶鸟、凤头麦鸡、金斑鸻、山斑鸠、珠颈斑鸠、云雀、白头鹎、灰椋鸟、白颈鸦、画眉、白腰文鸟、黄雀、黑头蜡嘴雀、黑尾蜡嘴雀、锡嘴雀、金翅雀					

以保健作用为主的植物群落模式三季相分析表　　表8-21

季相	春（4~5月）	夏（6~8月）	秋（9~11月）	冬（12月至次年3月）
叶	绿色（雪松、木荷、南京椴、黄槐、龙柏、白檀、华茶蔗、迎春）	绿色（雪松、木荷、南京椴、黄槐、龙柏、白檀、华茶蔗、迎春）	绿色（雪松、龙柏）、红色（木荷）	绿色（雪松、龙柏）
花	白色（木荷、白檀）、淡红色（木荷）、黄色（迎春）、黄绿色（黄槐、华茶蔗）、深黄色（黄槐）、淡黄色（龙柏）、鲜黄色（蒲公英）	白色（木荷）、淡红色（木荷）、黄绿色（黄槐）、深黄色（黄槐）	黄绿色（黄槐）、深黄色（黄槐）、鲜黄色（蒲公英）	黄色（迎春）、黄绿色（黄槐）、深黄色（黄槐）

续表

季相	春（4~5月）	夏（6~8月）	秋（9~11月）	冬（12月至次年3月）
果实	褐色（黄槐）、白色（蒲公英）	褐色（黄槐）	褐色（黄槐）、蓝黑色（白檀）、棕色（墨旱莲）、浅褐色（墨旱莲）、白色（蒲公英）	褐色（黄槐）
其他	花有芳香（木荷、白檀、华茶藨）	花有芳香（木荷）	—	—

从上表8-20可以分析得出，模式三有木荷的色叶，这增加了该群落模式秋季的观赏价值，再加上全年都能开花的黄槐，冬季郁郁葱葱的雪松，可以说该模式构成的植物群落一年四季的景观效果良好，这从视觉上对人体产生一种美好的因素，再加上树木散发的挥发性物质和花的芳香气息，对人体起到良好的保健作用，称之为"天然氧吧"也不足为过（图8-11）。

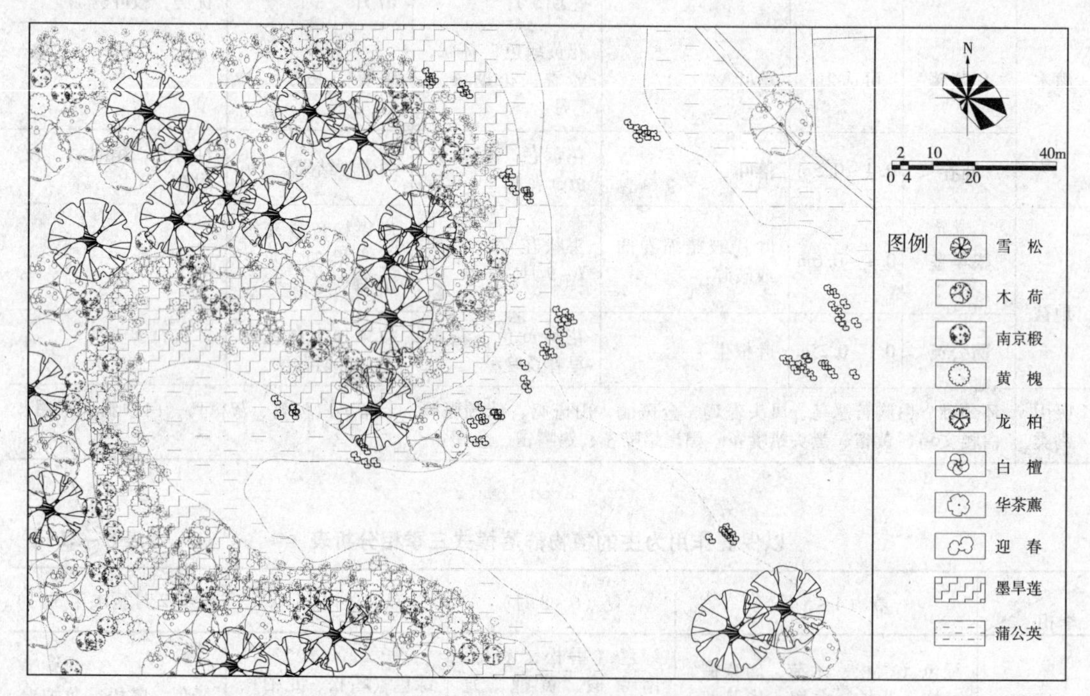

图8-11 以保健作用为主的群落模式三配置单元平面图

3. 以保健作用为主的植物群落模式应用

以保健作用为主的植物群落模式笔者共总结了三种，每种模式均由具有一定保健功能的乔、灌木构建而成。虽然此三种模式均可以单独使用，且每一种模式无论是从功能还是观赏价值上讲效果都算可以。但是考虑到昆山江南生态园内以保健作用为主的群落应用面积比较广，为了让整个生态园景观更加丰富、保健作用更加突出，上述三种模式将相互融合地应用到生态园内（图8-12）。

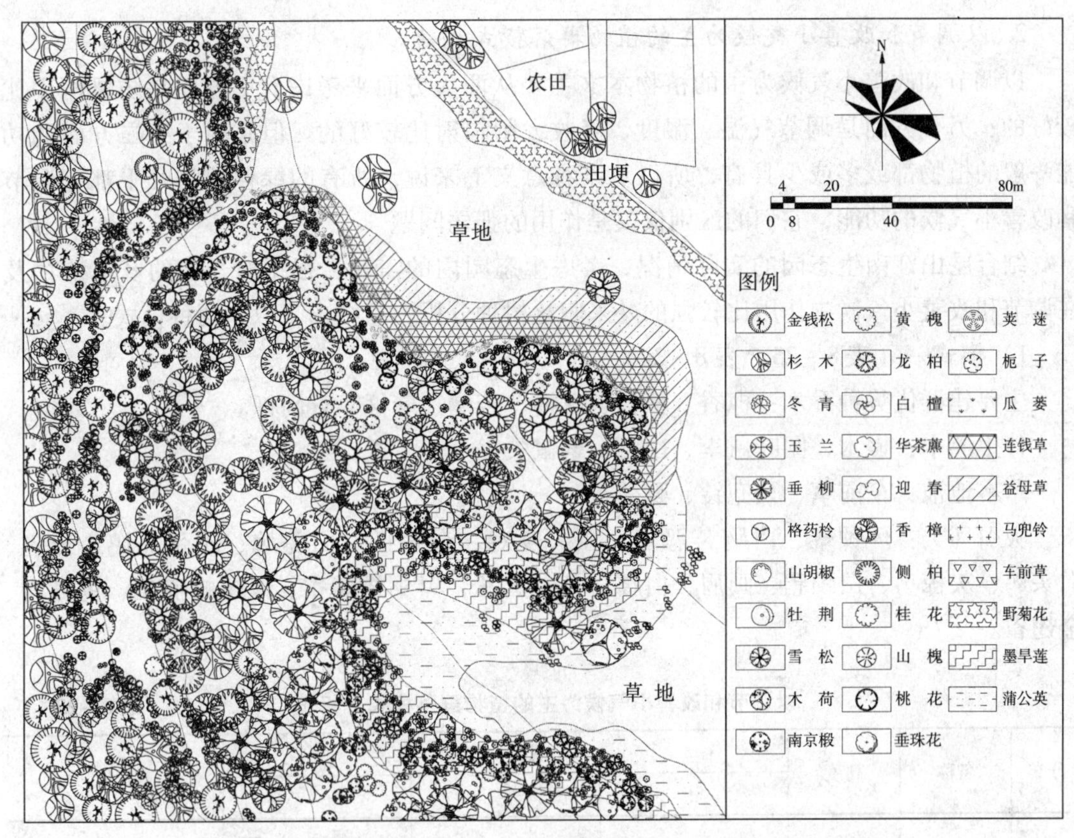

图8-12 以保健作用为主的群落模式综合应用配置局部平面图

8.2.4 以调节和改善小气候为主的群落生态设计模式

1. 调节和改善小气候植物

能调节和改善小气候的植物一般具有调节气温、调节湿度，吸收太阳辐射，防风等作用（表8-22)。它们对生态园内的小生境的形成具有十分重要的作用。

常见具有调节和改善小气候功能的植物 表8-22

序号	名称	类别	高度	主要功能	乡土/外来
1	枫杨	落叶乔木	可达30m	调节气温、湿度，吸收太阳辐射	乡土
2	臭椿	落叶乔木	可达20m	调节气温、湿度，吸收太阳辐射	乡土
3	玉兰	落叶乔木	10~15m	调节气温、湿度，吸收太阳辐射	外来
4	银杏	落叶乔木	高达40m	调节气温、湿度，吸收太阳辐射	外来
5	苦槠	常绿乔木	可达20m	防风	乡土
6	麻栎	落叶乔木	可达25m	防风	乡土
7	枫香	落叶乔木	可达40m	防风	乡土
8	榉树	落叶乔木	可达30m	防风	乡土
9	黄连木	落叶乔木	可达30m	防风	乡土

2. 以调节和改善小气候为主的植物群落模式构建

以调节和改善小气候为主的植物本文主要从两大方面来考虑，一方面是防风作用比较好的；另一方面是调节气温、湿度、吸收太阳辐射比较好的。但是由于第二方面的功能一般的植物都或多或少具有，所以从某种意义上来说，所有的绿色植物几乎都有调节和改善小气候的功能，它们的区别仅仅是作用的强弱问题。

结合昆山江南生态园的实际情况，考虑生态园内的需要，根据对当地的乡土植物及在调节和改善小气候中作用比较强的外来归化树种分析，总结出了以下两种模式。

1）模式一（表8－23、表8－24）

主要建群优势种乔木：枫香、枫杨、臭椿、苦槠、麻栎、青冈栎。

伴生灌木：檵木、圆叶鼠李、山莓、老鼠矢。

草本地被：车前草、马兜铃、野菊花。

吸引鸟类：环颈雉、白胸苦恶鸟、凤头麦鸡、金斑鸻、山斑鸠、珠颈斑鸠、云雀、白头鹎、灰椋鸟、白颈鸦、画眉、白腰文鸟、黄雀、黑头蜡嘴雀、黑尾蜡嘴雀、锡嘴雀、金翅雀。

以调节和改善小气候为主的植物群落模式分析表　　表8－23

分类	名称	高度	观赏价值			其他
			叶	花	果	
乔木	枫杨	可达30m	落叶	花期5月	果形较特别，两端具翅，果期9月	喜光，不耐阴，速生树，种
	臭椿	可达20m	春季嫩叶紫红色	花白色，微臭，花期5～6月	果红色，果期9～10月	阳性树种
	苦槠	可达20m	常绿	花期5月	坚果褐色，果期10月	喜光，也能耐阴，寿命长
	麻栎	可达25m	落叶	花期3～4月	果期翌年9～10月	喜光树种，生长迅速
	枫香	可达40m	深秋叶色红艳	花期3～4月	果期10月	喜光，幼树稍耐阴
	青冈栎	可达20m	常绿，下雨前树叶变成红色，雨过天晴，树叶又呈深绿色	花黄绿色，花期5月	果期10月	中性喜光，幼龄稍耐侧方荫蔽
灌木	檵木	可达12m	落叶	花白色，花期5月	果期8月	—
	圆叶鼠李	可达2m	落叶	花期春、夏	—	—
	山莓	1～2m	落叶	花白色，花期4～5月	果成熟时红色，果期5～6月	一种荒地先锋植物，阳性，适应性强，果实可食用，可吸引多种鸟和动物
	老鼠矢	5～10m	常绿	花白色	—	—

续表

类别	名称	高度	观赏价值			其他
			叶	花	果	
草本地被	车前草	约0.15m	多年生宿根草本	花小，白色，周年开花	结椭圆形蒴果，顶端宿存花柱	穗状花序高约0.15~0.3m
	马兜铃	缠绕草本	叶三角状椭圆形至卵状披针形或卵形	花白色，花期7~9月	果期9~10月	喜光，稍耐阴
	野菊花	1m	卵状三角形或卵状椭圆形	花小，黄色，芳香，花期9~11月	果期10~11月	—
吸引鸟类	环颈雉、白胸苦恶鸟、凤头麦鸡、金斑鸻、山斑鸠、珠颈斑鸠、云雀、白头鹎、灰椋鸟、白颈鸦、画眉、白腰文鸟、黄雀、黑头蜡嘴雀、黑尾蜡嘴雀、锡嘴雀、金翅雀					

以调节和改善小气候为主的植物群落模式一季相分析表　　表8-24

季相	春（4~5月）	夏（6~8月）	秋（9~11月）	冬（12月至次年3月）
叶	绿色（枫杨、苦槠、麻栎、枫香、青冈栎、檵木、圆叶鼠李、山莓、老鼠矢）、紫红色（臭椿）	绿色（枫杨、苦槠、麻栎、枫香、青冈栎、檵木、圆叶鼠李、山莓、老鼠矢、臭椿）	绿色（苦槠、老鼠矢）、红色（枫香）	绿色（苦槠、老鼠矢）
花	白色（臭椿、檵木、山莓、车前草）、黄绿色（青冈栎）	白色（臭椿、车前草、马兜铃）	白色（车前草）、黄色（野菊花）	白色（车前草）
果实	红色（山莓）	红色（山莓）	红色（臭椿）、褐色（苦槠）	—
其他	花微臭（臭椿）	花微臭（臭椿），下雨前叶色变红（青冈栎）	花有芳香（野菊花），下雨前叶色变红（青冈栎）	下雨前叶色变红（青冈栎）

从表8-23可以分析得出，模式一构成的群落树种丰富，乔、灌、草比例，常绿、落叶比例适中，从功能的角度看，构成树种中既有防风能力比较强的树种，如苦槠、麻栎、枫香等，这些树种都是当地的乡土树种，适应性都比较强；构成树种中还有调节气温、湿度、吸收太阳辐射能力较强的树种，如臭椿、枫杨等，这两种树种都为当地的乡土树种，在江、浙地区分布极广，适应性比较强，在昆山当地亦生长良好。

从观赏价值的角度看，该群落模式里面加入了一些当地乡土的乔、灌木，虽从功能上讲这些树种在调节和改善小气候方面比不上上述的苦槠、麻栎、臭椿等，但是既为乡土树种，其在当地的生长能力是很强的，而且这些挑选出来的乡土乔、灌、草植物都是观赏性比较强的，能体现当地比较自然的丛林景观。无论是观花、观叶、观果，还是观其他如秋冬季落叶后的树形的树种该群落都不缺。

总的来说，模式一构成的群落不仅在调节和改善小气候方面功能较强，在观赏性方面也不逊色（图8-13）。

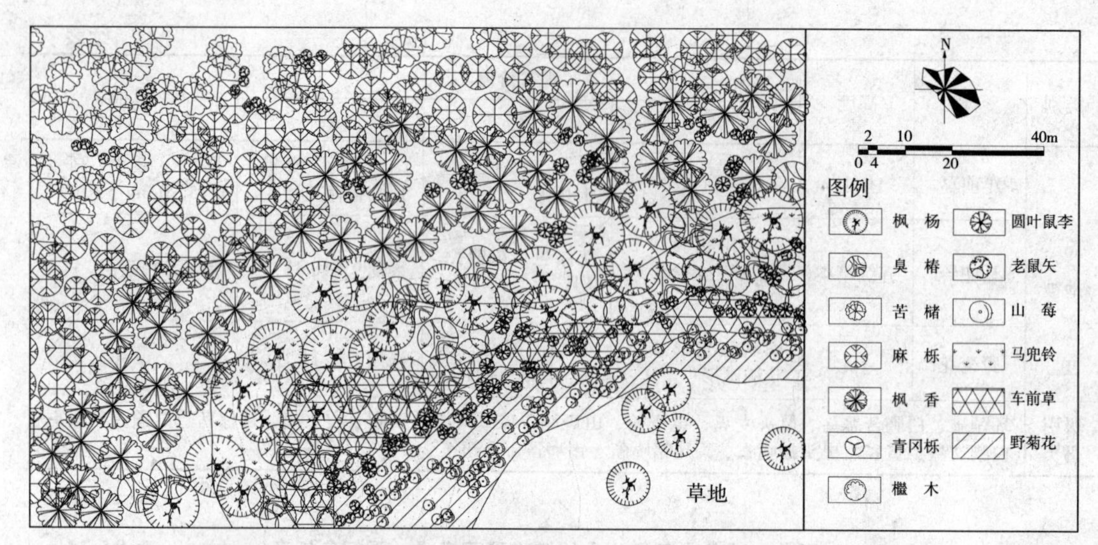

图8-13　以调节和改善小气候为主的群落模式一配置单元平面图

2）模式二（表8-25、表8-26）

主要建群优势种乔木：银杏、榉树、黄连木、苦槠、玉兰、石栎、杨梅。

伴生灌木：马银花、野山楂、扁担杆子、金樱子。

草本地被：半边莲、墨旱莲、蒲公英。

吸引鸟类：环颈雉、白胸苦恶鸟、凤头麦鸡、金斑鸻、山斑鸠、珠颈斑鸠、云雀、白头鹎、灰椋鸟、白颈鸦、画眉、白腰文鸟、黄雀、黑头蜡嘴雀、黑尾蜡嘴雀、锡嘴雀、金翅雀。

以调节和改善小气候为主的植物群落模式二分析表　　表8-25

分类	名称	高度	观赏价值			其他
			叶	花	果	
乔木	银杏	高达40m	叶形奇特，入秋叶色变黄，10月下旬至11月落叶	花期4月上旬至中旬	果期9月下旬至10月上旬	生长较慢，寿命极长
	榉树	可达30m	秋叶变成褐红色	花期4月	果期10~11月	树形优美，叶色季相变化丰富，阳性树种，生长慢，寿命长
	黄连木	可达30m	早春嫩叶红色，入秋叶又变成深红或橙黄色	花淡绿色或紫红色，花期3~4月，先叶开放	果初为黄白色，后变红色至蓝紫色，果期9~11月	生长较慢，寿命长，喜光，幼时稍耐阴
	苦槠	可达20m	常绿	花期5月	坚果褐色，果期10月	喜光，也能耐阴，寿命长
	玉兰	10~15m	落叶	花大，白色有清香，在3月先叶开放	—	喜光
	石栎	15~20m	常绿	—	—	喜光，稍耐阴
	杨梅	可达15m	常绿	花期4月	果熟时深红、紫色或白色，果期6~7月	果实为著名水果，喜阴气候

续表

分类	名称	高度	观赏价值			其他
			叶	花	果	
灌木	马银花	可达4m	常绿	花紫白色，花期4~5月	果期9~10月	—
	野山楂	可达1.5m	落叶	花白色，花期5~6月	果红色或黄色，果期8~10月	果实可食用，可吸引动物来采食
	扁担杆子	可达2m	落叶	花淡黄色，花期6~7月	果鲜红色或橙红色，果期9~10月	喜光也稍耐阴，入秋叶绿果红，观赏价值较好
	金樱子	蔓性灌木	常绿	花期5月	果期9~10月	—
草本地被	半边莲	约0.2m	—	花白色或红紫色，花形奇特，花冠裂片均偏向一侧，花期4~5月	—	较耐阴
	墨旱莲	0.1~0.6m	叶片皱，蜷缩卷曲或破碎	头状花序，花期7~9月	瘦果棕色或浅褐色，果期9~10月	—
	蒲公英	0.1~0.25m	叶根生	花鲜黄色，花期早春及晚秋	瘦果顶生白色冠毛，果期春秋	—
吸引鸟类	环颈雉、白胸苦恶鸟、凤头麦鸡、金斑鸻、山斑鸠、珠颈斑鸠、云雀、白头鹎、灰椋鸟、白颈鸦、画眉、白腰文鸟、黄雀、黑头蜡嘴雀、黑尾蜡嘴雀、锡嘴雀、金翅雀					

以调节和改善小气候为主的植物群落模式二季相分析表　　表8-26

季相	春（4~5月）	夏（6~8月）	秋（9~11月）	冬（12月至次年3月）
叶	绿色（银杏、榉树、苦槠、玉兰、石栎、杨梅、马银花、野山楂、扁担杆子、金樱子）、红色（黄连木）	绿色（银杏、榉树、苦槠、玉兰、石栎、杨梅、马银花、野山楂、扁担杆子、金樱子、黄连木）	绿色（苦槠、石栎、杨梅、马银花、金樱子）、黄色（银杏）、褐红色（榉树）、深红色（黄连木）、橙黄色（黄连木）	绿色（苦槠、石栎、杨梅、马银花、金樱子）
花	淡绿色（黄连木）、紫红色（黄连木、半边莲）、紫白色（马银花）、白色（野山楂、半边莲）、鲜黄色	白色（野山楂）、淡黄色（扁担杆子）	鲜黄色（蒲公英）	淡绿色、紫红色、白色（玉兰）
果实	白色（蒲公英）	深红（杨梅、野山楂）、紫色（杨梅）、白色（杨梅）、黄色（野山楂）	黄白色（黄连木）、红色（黄连木、野山楂）、蓝紫色（黄连木）、褐色（苦槠）、黄色（野山楂）、鲜红色（扁担杆子）、橙红色（扁担杆子）、棕色（墨旱莲）、浅褐色（墨旱莲）、白色（蒲公英）	—
其他	—	—	—	花有芳香（玉兰）

从上表8－25分析可以看出，模式二和模式一的组成树种从功能和观赏价值上都比较类似，如抗风能力较强的乡土植物的利用，调节气温、湿度、吸收太阳辐射能力较强的树种个别采用外来但是当地适应性强的植物，乔、灌、草的搭配比例，常绿、落叶树种的搭配比例，观花、观果、观叶等植物的综合配置等，这两个模式都有相通之处。因此，模式二和模式一是两个可以相互替换，最好可以综合应用、相互融合的群落模式，这对于整个生态园内的不同功能、不同模式群落的综合应用提供了很好的基础（图8－14）。

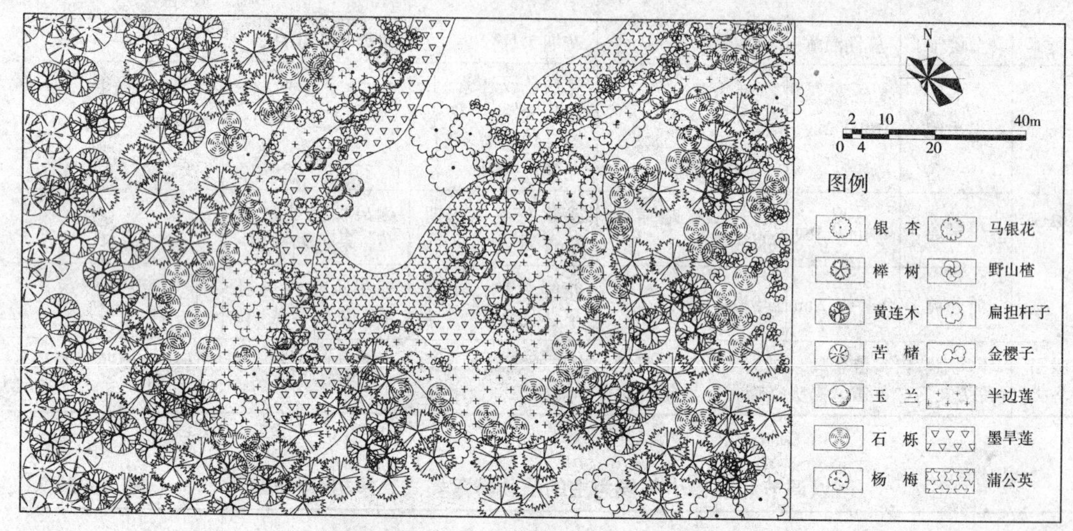

图8－14 以调节和改善小气候为主的群落模式二配置单元平面图

3. 以调节和改善小气候为主的植物群落模式应用

以调节和改善小气候为主的植物群落模式在本文中主要总结了两种，就如同笔者在前面提到的，只要是由绿色植物构建成的植物群落一般都具有调节和改善小气候的功能，主要是功能强弱的问题，而以上总结的两种模式在功能上起到了强化作用，将在调节和改善小气候方面功能较强的树种综合起来应用，再加上多为昆山当地的乡土树种，这使构建的整个群落在调节和改善小气候方面功能更强（图8－15）。

8.2.5 以文化环境型为主的群落生态设计模式

1. 文化环境型植物

文化环境型植物的主要作用是体现当地的文化特色，体现场所的文化环境（表8－27），它们是整个生态园体现生态概念的主要元素，是人文生态的重要组成部分。

虽然这些植物或多或少不是因为它们的文化含义而被应用，但是经过历史上造园者的精心挑选，有意无意地运用了生态学原理，使这些植物与园景之间达到了动态平衡，而且这类群落都带有诗情画意般浓厚的感情色彩，注入了人的主观感受，具有强烈的艺术感染力。

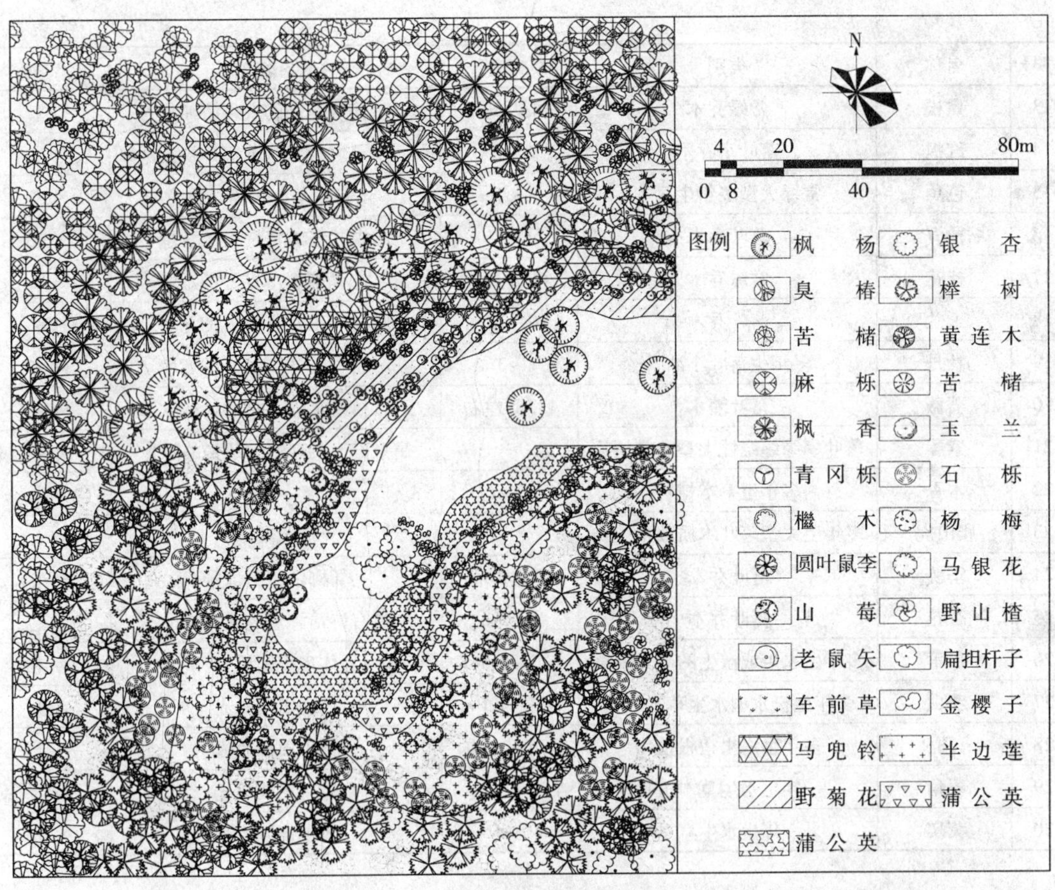

图8-15 以调节和改善小气候为主的群落模式综合应用配置局部平面图

常见体现昆山文化环境的植物 表8-27

序号	名称	类别	高度	文化环境功能	乡土/外来
1	琼花	半常绿灌木	约3m	昆山市花	乡土
2	并蒂莲	多年生宿根水生植物	约1.5m	“昆山三宝”之一	乡土
3	菊花	多年生草本植物	0.2~1m	体现凌霜自行、不趋炎附势的精神	外来
4	蜡梅	落叶灌木	2~4m	体现高洁、坚强、谦虚的品格	外来
5	紫竹	散生竹，常绿	4~10m	体现虚心犹有节的品格、抗霜傲雪的意志	乡土
6	白皮松	常绿针叶乔木	可达30m	体现坚韧的人生精神	外来
7	罗汉松	常绿乔木	可达20m	体现坚韧的人生精神	乡土
8	南天竹	常绿灌木	约2m	象征着长寿	乡土
9	铺地竹	混生地被竹种	0.3~0.5m	象征高风亮节、步步高升	外来
10	天门冬	多年生常绿半蔓生草本	约0.3m	—	外来
11	沿阶草	多年生常绿草本	约0.3m	—	外来
12	石蒜	多年生草本植物	0.3~0.6m	—	乡土

续表

序号	名称	类别	高度	文化环境功能	乡土/外来
13	黑松	常绿乔木	可达30m	体现坚韧的人生精神	外来
14	红枫	落叶小乔木	2~4m	点燃希望，激情奔放	外来
15	芭蕉	常绿大型多年生草本	3~4m	“雨打芭蕉”的诗情画意	外来
16	贴梗海棠	落叶灌木	可达2m	形成“玉堂富贵”的意境	外来
17	桂花	常绿乔木	可达15m	形成“玉堂富贵”的意境	外来
18	玉兰	落叶乔木	10~15m	形成“玉堂富贵”的意境	外来
19	牡丹	多年生落叶小灌木	1~3m	形成“玉堂富贵”的意境	外来
20	蔷薇	落叶灌木	1.5m左右	体现自强不息的精神	外来
21	紫藤	落叶攀缘缠绕性大型藤本植物	—	寓意醉人的恋情，依依的思念	外来
22	木香	多年生草本植物	1.5~2m	—	外来
23	爬山虎	多年生大型落叶木质藤本植物	—	美化环境	乡土
24	垂柳	落叶乔木	可达18m	杨柳依依的情景	外来
25	杏花	落叶乔木	4~5m	具有诗情画意的观赏树种	乡土
26	芦苇	多年生水生或湿生的高大禾草	1~3m	体现田园风光	乡土
27	茭白	多年生挺水型水生草本植物	0.3~1.0m	体现田园风光	乡土
28	藕	多年生水生宿根植物	1.5m左右	体现田园风光	乡土
29	菱角	一年生水生草本植物	—	体现田园风光	乡土
30	芡实	一年生水生草本	—	体现田园风光	乡土

2. 以文化环境型为主的植物群落模式构建

以文化环境型为主的植物群落在昆山江南生态园内应用时相对于上面的四种功能的群落而言分布比较分散，分布形式主要是小型的群落，在房前屋后或是院落里面适当构建，可以说文化环境型群落从某方面上弱化了自然生态的功能（实际上，经过古人长年的探索，一般在江南古典园林里面的文化环境型群落在考虑到文化感知方面之外，也不失其自然生态的功能），更加注重文化生态方面的功能。

以昆山江南生态园为载体构建以文化环境型为主的植物群落时，主要从两大方面来着手。从江南水乡文化的角度分析，文化环境型主要有两种表现形式，一种是士大夫级的文化体现，如江南私家园林里面的植物配置；另一种是大众的世俗文化，江南水乡多为鱼米之乡，江南的农耕文化也是昆山江南生态园内要体现的一种文化环境，但是体现农耕文化方面不能使用本文通常所讲的植物群落配置模式，只能是成片地栽种，如生态园内留有大量的农田、鱼塘用地，还有一些由原有场地的鱼塘改造而来的农作物塘，在农田里面可以种植水稻、小麦、油菜，在田埂上可以种植大豆、玉米等农作物，这些虽为农作物，但是到一定的时节，观赏价值不会比其他植物差。如水稻从秧苗到收割，季相变化十分丰富，油菜在春天开花的时候可谓春意甚浓，大豆的花也具有一定的观赏性。在农作物塘里面种植一些当地的水生作物，如茭白、藕、菱角、芡实，都是非常具有江南特色的作物。

文化环境型群落模式主要是指体现江南士大夫文化观的类似于江南私家园林里面的植物配置的群落，群落配置手法多样，这种群落模式的构建与一般意义上所说的植物配置或植物造景更为接近。如芭蕉习惯于在屋檐下栽种，松、竹、梅等冬日观景。典型的配置方法有多种：如白皮松、紫竹、梅花组合（图8－16）；罗汉松、蜡梅、南天竹组合和黑松、蜡梅、铺地竹组合。无论何种配置方法，其林相要分层次，呈现高低错落的林冠线。在它们的最下层用地被植物如天门冬、沿阶草、石蒜等铺就。

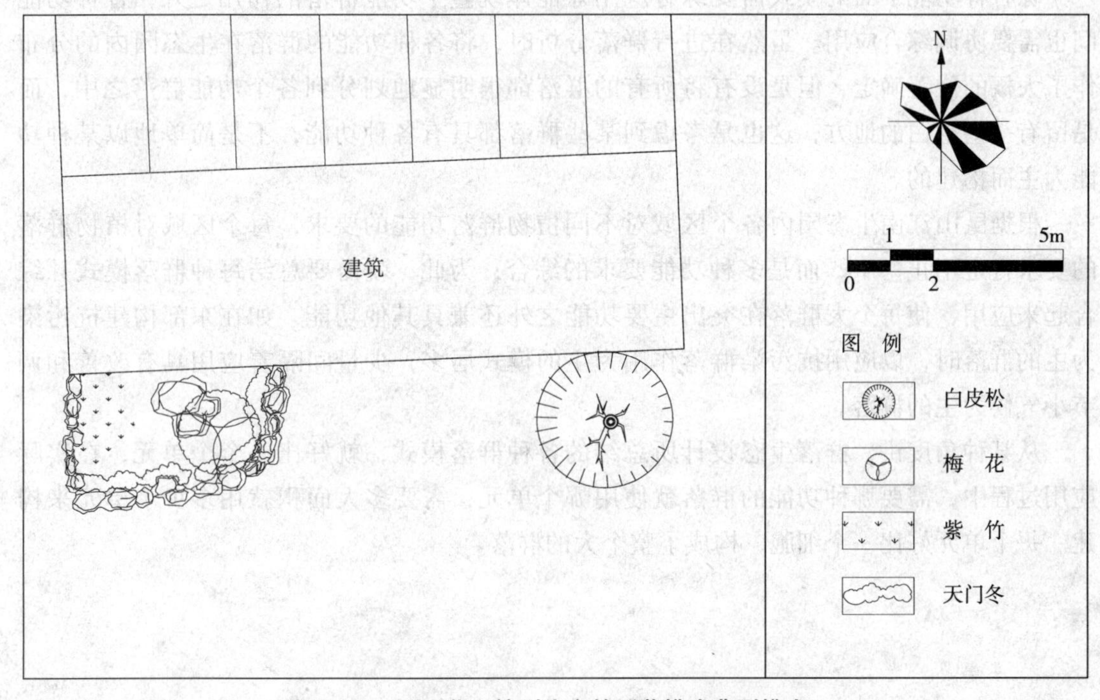

图8－16 以文化环境型为主的群落模式典型模式一

一般体现文化环境型的群落构建有以下几种方法：①保留自然生长的野生植物，形成古朴而野趣的风光。②成片林植，形成苍茫的林相，如松、竹、枫等。③园界四周种植藤本植物，攀墙面，形成优雅、宁静的环境，如蔷薇、紫藤、木香、爬山虎之类。④水岸边种柳、芙蓉，浅水处植芦苇，形成田园风光。⑤庭院点缀大乔木以庇荫，廊边、窗前、屋檐下种芭蕉、蜡梅、海棠之类，屋后栽竹，梅植于墙边，牡丹坛植，漏花墙边种杏花等。

以文化环境型为主的植物群落比较多样，可以说每一种模式的构成也比较简单，一般群落形式为乔、灌、草各一种构成，而且单体面积不会太大。有些甚至为一种植物单独造景，如江南竹林最为多见，昆山江南生态园里面还应用了农作物塘的形式，这种形式也都是一种植物单独成片成景。

8.3 群落生态设计模式的综合应用

上文提及的五大功能的群落类型及每种功能类型下面所涉及的各种模式的植物群落，不可能单独一种模式就能尽善尽美，每种模式都有其各自的优缺点。首先，每种功能下面的模式需要相互弥补各自的缺点，体现各自的优点，这就需要各种功能下面的各种模式综合应用。

除各种功能下面的模式需要综合应用才能体现整个功能群落的作用之外，各种功能间也需要协调综合应用。虽然在进行群落分析时，将各种功能的群落在生态园内的分布作了大概的位置确定，但是没有将所有的群落都很明显地划分到各个功能群落之中，而是留有一些空白的地方，这也是考虑到某些群落都具有各种功能，不是简单地以某种功能为主而构建的。

根据昆山江南生态园内各个区域对不同植物群落功能的要求，每个区域对植物群落的要求肯定不止一个，而是多种功能要求的综合；为此，就需要总结每种群落模式并综合起来应用，使每个大群落在突出主要功能之外还兼具其他功能。如在东部构建抗污染为主的群落时，以应用抗污染群落作用为主的模式居多，少量间隔着应用具有改善和调节小气候为主的群落。

从某种角度讲，群落生态设计所总结的各种群落模式，就好比一个个单元，在实际应用过程中，需要哪种功能的群落就使用哪个单元，需要多大面积就用多少个单元来构建。每个单元好比一个细胞，构成了整个大的群落。

第三部分

群落系统中通道应用与设计

第9章

通道类型与应用

9.1 通道的类型

9.1.1 通道的概念

景观是由斑块、廊道和基质组成的。廊道是不同于两侧基质的狭长地带。廊道有线状廊道、带状廊道和河流廊道，具有栖息地（Habitat）、过滤（Filter）或隔离（Barrier）、通道（Conduit）、源（Source）和汇（Sink）五大功能作用。几乎所有的景观都在被廊道分割的同时又被廊道所连接，廊道是联系斑块的重要桥梁和纽带。通道在很大程度上影响着斑块间的连通性，也影响着斑块间物种、营养物质和能量的交流。通道最显著的作用是运输，它还可以起到保护作用。对于生物群体而言，通道具有隔离带和栖息地等多种功能。最常见的通道有绿色廊道（即具有植被覆盖的廊道，如树篱、林荫道等）、大尺度的动物迁移通道等。以树篱为例，树篱内的动物多样性多于周围的原野，这与树篱内生境异质性有关，也与植物区系的不同属性相关。

在生物多样性保护方面，绿色廊道可以招引鸟类撒下树木种子，使廊道内的植物群落得到发展。绿色廊道对动物区系更加重要，由于廊道内小生境的异质性，许多廊道中的物种多样性比开阔地高得多。此外，绿色廊道还能减少甚至抵消由于景观破碎化对生物多样性的负面影响。绿色廊道的设计和应用可以调节景观结构，使之有利于物种在斑块间及斑块与基质间的流动，从而实现对生物多样性有效保护的目的。

生物通道是小尺度廊道中的一种，是专门为动物们提供的通道。鱼道是在河流中为水中生物提供的通道，是供鱼类洄游通过水闸或坝的人工水槽。陆地生物通道是一定宽度的、尽量免除人类活动影响的供生物迁徙的通道。利用生物通道把道路两侧的农田、山地和草地之间联系起来，把孤立的、狭小的生物生存空间连通成较大的、远远大于物种临界生存空间的地域。

9.1.2 通道的类型

1. 按尺度分类

1）大尺度的生物通道

大尺度生物通道是自然生态空间中，具有跨区域性和区域首要的特点，是生物进行长距离、大规模活动和生态联系的通道和纽带。在通常情况下，大尺度生物通道主要包括以下几种。

（1）河流廊道与水网

河流廊道是大尺度生物通道的典型，不仅是物质与能量大尺度转移的通道，而且是动物大尺度沿河流或穿越河流进行迁徙的通道。有的河流在沿河流方向成为通道，但穿越河流就可能成为不可逾越的生物屏障，这是大江大河往往成为生物地理分界线的重要原因。对大尺度河流通道的设计在满足防洪设计的基础上，满足生态通道的设计要求。尽量保护河流的自然生态驳岸形式和河流连接起来的大型自然生态斑块以及沿岸重要的各类林地，形成具有稳定形态且连接度高的廊道体系。同时要协调处理水坝、防洪设施、岸堤和沿江风光带的关系；尽可能不破坏河流的自然属性、生物多样的生境组合，不影响河流廊道应有的生态功能和河流沿岸的风光。

（2）山脉廊道

山脉廊道主要包括连绵不断的山岭脊线地带、大尺度的山谷、平原—山地形成的山前地带三种。由于山地环境的破碎性和复杂性，使山地具有异质性和多样性的生态特征。空间异质性与生境异质性有利于生物多样性保护，防止各种人为干扰所造成的生态“孤岛”。相依相连的山脉廊道有利于各种生物的繁衍、保存和流动。

（3）鸟类迁徙的空中走廊

鸟类的季节性和年际性迁徙都需要大尺度的生物通道。虽然是空中通道，除飞机场形成的空中通道外较少受到人为干扰的直接影响。但由于地面生态环境的破坏，使鸟类迁徙过程中临时栖息地遭受破坏，从而破坏了鸟类迁徙的整个通道。因此，鸟类迁徙通道实质是空中与地面共同组成的通道。

（4）跨境的主干道路

主干公路是一种人工廊道，起到人员和物资流通的作用。在道路两侧建设生态廊道不仅有助于消除破碎化所产生的负面影响，恢复因道路建设而形成的景观生态损失；而且为沿道路迁徙提供通道，保护野生动物。因此，主干公路应重点建设道路两侧具有一定生态价值的大尺度通道系统，同时每隔一定距离，根据当地对生物通道的调查，设计间隔不等的穿越通道。在道路绿化上尽量依据自然林地特征进行群落设计，选择抗污染力强的树种，常绿、落叶相结合，高、中、矮配合，靠近通道内侧选择中、小乔木，中间栽植高大乔木，外侧栽植小乔木或灌木，实行乔、灌、草结合和错落有致的景观效果。以美洲生态走廊为例，北起美国阿拉斯加州，南抵阿根廷的火地岛沿海，总长 4×10^4km，现初具规模，保护了美洲大陆一半的物种。

2）中小尺度的生物通道

中小尺度的生物通道是规划设计经常面对的一类，涉及不同等级、不同类型、多层面的通道设计。中小尺度生物通道主要有以下几种。

（1）穿越道路的连接通道

道路建设会经常穿越一些自然栖息地造成景观严重切割与破碎化，通过道路穿越通道的设计从而使两栖类、哺乳类等动物都同时使用道路两旁的多样栖息地。美国佛罗里达州花了大约4年时间，在州际75号公路上兴建了一系列野生动物跨越通道，并记录兴建跨越道前后16个月的野生动物动态，以评估野生动物受干扰的状况。路上式、桥梁式和涵洞式生物通道就是穿越道路的典型通道。

（2）城市森林网络体系

以上海为例，在一级河流两侧规划建设200m宽的防护林带，以满足分布较广的动物活动的需求；在淀山湖周围规划建设1000m以上的大型生态保护林带，以保护上海西南地区松江佘山周围的豹猫、猪獾、貉等；黄浦江中上游及其干流两侧为各500m的水源涵养林带。广州在“山、城、田、海”的自然空间格局上，建成“三纵四横”7条主生态廊道，从总体上形成“区域生态圈”，严格保护北部地区的九连山余脉——桂峰山、三角山、天堂顶、帽峰山、白云山等一系列山地丘陵和植被，保护整个珠江水系及沿岸地区，沙湾水道及以南地区的滩涂湿地。

（3）城市道路通道

以上海市为例，外环线规划建设500m宽的大型林带，郊环线的快速干道两侧各规划250m的大型林带，其他快速干道和主要公路两侧规划100～200m宽的林带。在生态廊道的宽度、生态廊道连接度和生态廊道的变化程度上下功夫，提高通道的生态效能。

2. 生物通道所处的位置

1）陆地上的生物通道

根据通道的位置、形状、材料等又可将陆地上的动物通道分为管状涵洞、箱式涵洞、桥梁路下式通道和路上式通道。

（1）管状涵洞

管状涵洞（图9－1）就是涵洞的形状像管子，有圆形的，也有椭圆形的。一般是用金属、塑料或是混凝土材料做成的，尺寸比较小。这类通道兼有过水功能，在雨水季节会影响动物的通行。通常提供给松鼠、老鼠、田鼠等小型动物使用。尽管动物多喜欢自然地面类的环境，也有一些动物尤其是小型爬行类动物会欣然接受由混凝土或金属涵管制造的地下通道。管状涵洞通常与栅栏一起使用来引导动物到达通道入口，从而防止它们直接跑到路面而造成道路致死事故，篱笆、土堆和植被也是引导动物到达通道入口有效的方法。该类通道在欧洲有很多，如在荷兰，300多个这种野生动物管道沿着高速公路分布，对于恢复物种多样性有极大的好处。图9－2这种类型的涵洞的入口处要注意不要被水将泥土带走，造成动物无法进入通道。还应注意的就是涵洞要选用防腐蚀的材料，以防被水侵蚀。

图 9－1　为小型动物设计的管状涵洞

（来源：Designing Road Crossings for Safe Wildlife Passage：Ventura County Guidelines）

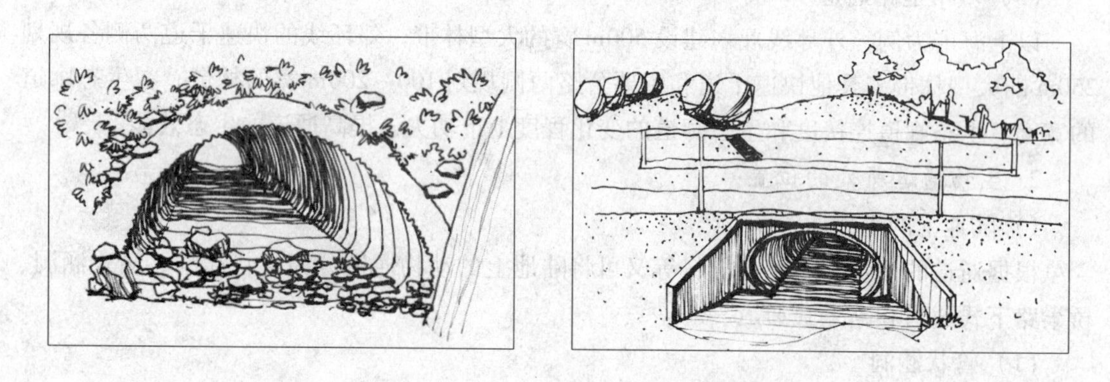

图 9－2　兼有过水性质的管状涵洞

（来源：http：//www. hsvcity. com/GIS/projects/storm_ gallery. htm）

（2）箱形涵洞

箱形涵洞有不同材料（图 9－3、图 9－4），也跟管状涵洞类似，在雨季兼有过水的功能，但大部分时间是干燥的，能够供中小型动物使用。在形态上箱形涵洞与单跨的桥梁式通道有点相似，但在结构上却不同。虽然在箱形涵洞里覆盖着泥沙或是有植被，但它是混凝土的人造地板。与大型的管道相比，箱形暗渠能提供更多的空间；与桥梁式通道相比，箱形涵洞虽然造价低，但却比桥梁式通道有效。

图9－3　为小型动物设计的箱形涵洞

（来源：http：//www. carnivoresafepassage. org/crossing-types. htm）

箱形涵洞在常水位时（图9－5）就在涵洞的一边或两边预留出一定宽度的通道，具体宽度视周围栖息地的动物而定。通道的表面可以种植一些当地植物，以保持栖息地环境的连续性。

图9－4　欧洲各地不同类型的为中型和大型动物设计的箱形涵洞

（来源：http：//en. wikipedia. org/wiki/Wildlife_ crossing）

图9－5　兼有过水性质的箱形涵洞

（来源：Designing Road Crossings for Safe Wildlife Passage：Ventura County Guidelines）

（3）桥梁式通道

主要是为中型或大型哺乳类动物的通过而设计的。桥梁式通道是山区、江河路段最好的通道形式，工程本身有修建的需求，也兼顾了动物通道。桥上车水马龙，下部空间则保证陆地连通，生物可利用连通空间进行交流，是较为普遍的通道形式（图9－6、图9－7）。图9－8是一个路下式通道，道路的一边是一条沟渠，为了能让动物跨越运河并穿越路下式动物通道，设计师建造

图9－6　兼具过水性质的桥梁式涵洞

了一座小型桥梁。在这座桥梁的桥面上铺设的不是混凝土而是细软的白沙，这样既能吸引动物使用，还能通过脚印来追踪动物的使用情况。

图9-7 欧洲各地不同类型的桥梁式通道

（来源：http：//www. aot. state. vt. us/progdev/Sections/Design/bennBypass/ProjectEnvironmental. htm）

（4）路上式动物通道

主要是为大型哺乳类动物的通过而设计的，其他类型的动物也都可以使用此类通道（图9-9）。被道路切断的山体处，在道路上方设桥并将两侧山体连接为一体，桥面则模仿自然状况覆土种植，如在加拿大班夫国家公园中就设置了两座。随着各国公路的不断拓宽和交通量的持续增长，使用上跨桥梁作为连接道路两侧破碎栖息地的可行性也在持续增长。我国新建成的奥林匹克国家公园中的生态桥，既能走人还给动物创造了通过和栖息的空间。

图9-8 荷兰的一处桥梁式动物通道

（来源：http：//www. floridahabitat. org/picture-gallery）

图9-9　不同形式的路上式动物通道

（来源：http：//www. i90wildlifebridges. org/structures_ gallery. htm）

上通道有很多优点。一是通道的环境与自然一致，动物穿越其间胁迫感小，因而受到更多种动物的喜爱；二是通道受下方的车辆干扰小，当通道上的植物生长出来后，动物根本看不到车辆；三是食肉类动物和有蹄类动物大多有喜爱登高而不愿钻洞的习性，因而该类通道对不少种类的动物来说很友好，其缺点是造价太高。

北京奥林匹克森林公园“生态廊道”效果图

北京奥林匹克森林公园“生态廊道”遥感影像

图9-10　北京奥林匹克森林公园的“生态廊道”

（来源：http：//news. tsinghua. edu. cn/new）

奥林匹克森林公园中的“生态通道”（图9-10）坐落于北京中轴线上，横跨穿越公园的北五环路，外形就像一座过街天桥，与公园南、北两区浑然一体。“生态通道”平面长度近270m，桥宽从60～110m不等。在桥面的树林中还设有一条6m宽的道路，可供行人和小型车辆通过。是我国首个城市公园生物通道。

在“生态通道”的建设过程中，进行了多项景观生物通道技术的试验和论证。土壤选择上，将绿化用无机轻质土和普通土壤按照1∶1的比例进行混合，从而在充分保证土壤养分、植物固定效果的基础上，较单纯使用普通土壤减轻了1/4的荷载重量；采用“植物隔根防水技术”，避免了植物根系生长对桥梁建筑造成的危害；利用“蒸汽阻拦层”应对桥体气温变化，使土壤保持适宜植物生长的温度；采取了管道填埋的滴灌方式，水分直接在植物根部被吸收，既有利于水的节约，又避免了桥面浇水对桥下的影响；为了保护动物的生活环境，“通道”上灯光的设计也进行了必要的处理。

“生态通道”采用华北地区乡土植物品种，不仅满足了道路交通与森林公园景观的综合要求。同时，为生活在该区域的上百种小型哺乳动物、鸟类和昆虫提供了迁移和传播的途径。动物们通过这条通道，可以在公园南区和北区之间自由活动，它们的走动又将带动植物的繁衍，充分保护了该地区的生物多样性。

2）水中的生物通道

目前国内外的水中生物通道主要有鱼道、鱼闸、机械升鱼机等。

（1）鱼道

按照鱼道所在的位置可以分成堤坝外侧的和水下穿越堤坝的两类鱼道。现在最常见的是堤坝外侧的鱼道。鱼道由进口、槽身、出口和诱鱼补水系统组成。进口多布置在水流平稳且有一定水深的岸边或电站，溢流坝出口附近。堤坝外侧的鱼道按结构又可分斜槽式、水池式、隔板式三类。

斜槽式鱼道为矩形断面的倾斜水槽，按其是否有消能设施分为简单槽式鱼道和加糙式鱼道两种。其中，加糙式鱼道又名 Denil 式鱼道（图 9－11）。简单槽式鱼道仅利用延长水流途径和槽壁自然糙率来降低流速；加糙式鱼道在槽壁和槽底设有间距较密的阻板

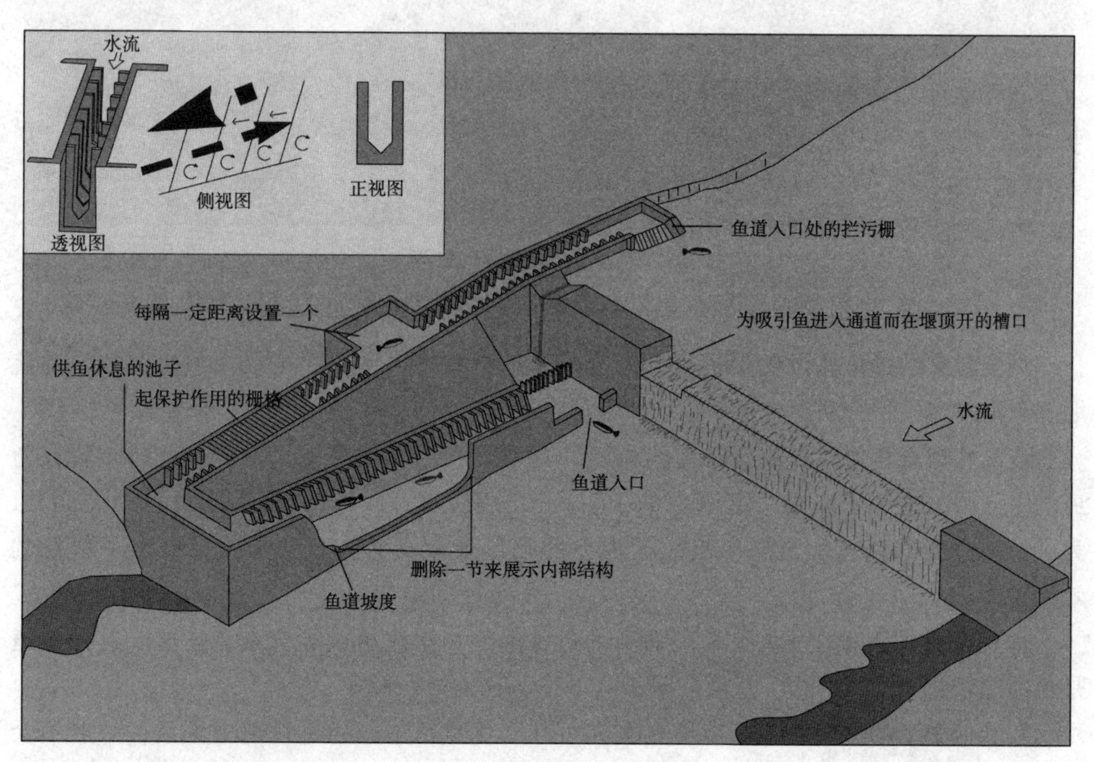

图 9－11　Denil 式鱼道

（来源：http：//www. dpi. nsw. gov. au/fisheries/habitat/rehabilitating/fishways）

和砥坎，水流流经阻板和砥坎时遭到反向作用力，从而降低流速。Denil 式鱼道的优点是制作简单，成本低廉，可以机动灵活地进行架设，是目前比较常用的类型。

水池式鱼道由一连串连接上下游的水池组成，水池间用底坡较陡的短渠道连接。鱼类通过短渠道和水池在上下游间游动。

隔板式鱼道又称梯级鱼道，利用横隔板将鱼道上下游总水位差分成若干级，形成梯级水面跌落。它是在水池式鱼道的基础上发展来的，可分为溢流堰式、淹没孔口式、竖缝式（图 9－12）和组合式四种。

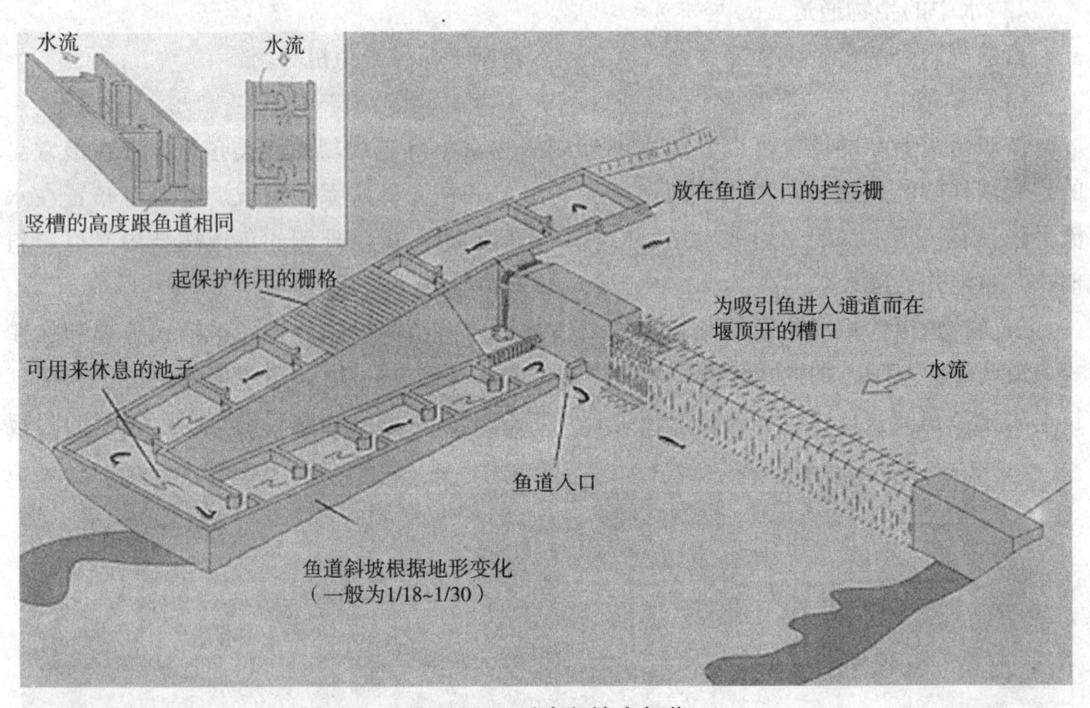

图 9－12　垂直竖缝式鱼道

（来源：http：//www. dpi. nsw. gov. au/fisheries/habitat/rehabilitating/fishways）

溢流堰式的过鱼孔设在隔板顶部，水流呈堰流状态，主要靠各级水垫来消能。溢流堰式鱼道过流平稳，适用于过表层、喜跳跃的鱼类。

淹没孔口式鱼道孔口流态是淹没出流，主要靠孔后水流扩散来消能，孔口布置在鱼道的中低层，适用于需要一定水深的中、大型鱼类。孔口的直径视不同过鱼种类而异，为了控制适当的流速和流态，相邻隔板上的孔口采取交叉布置的形式，取得了很好的效果。

垂直竖缝式鱼道的过鱼孔为高而窄的过水竖缝，水流通过竖缝紊流消能。这种鱼道是目前比较常用的组合式，鱼道的隔板为前述各种的组合形式。

较其他类型的过鱼设施，鱼道具有以下几个优点：①鱼通过鱼道上溯后，一般不会受到伤害，对鱼的性腺发育不会产生不良影响；②可以实现连续过鱼，保障鱼及时过坝，过鱼能力大；③沟通和恢复了坝上、坝下水系中鱼类的联系，在适宜条件下某些其他水生生物亦可通过鱼道，对维护原有的生态平衡起着一定的作用；④机械故障少，运行管理费用低，运行保证率高。鱼道过鱼的缺点是：①同鱼闸和机械升鱼机相比，一次性投资较大；②占地面积也较大，施工较复杂。

尽管鱼道在中、低水头的水工建筑物中对鱼类的保护起到了很大作用，但鱼类通过较长的鱼道时，体力消耗非常大。此外，高坝下泄的高速水流易在下游水体中造成氧气超饱和，这种水体对下游鱼类的生存也会带来严重的影响，特别在鱼类繁殖季节危害更大。因此，为了解决中、高水头的鱼类过坝问题，人们采取了包括鱼闸、机械升鱼机等措施。

(2) 鱼闸

鱼闸（图9-13）的过鱼原理和方式与船闸中过船相似，由于鱼类在鱼闸中凭借水位上升不必溯游即能过坝，故鱼闸又被称为“水力升鱼机”。鱼闸过鱼的优点是：①鱼不需费力溯游即能过坝，比在鱼道中要省时，且不存在通过鱼道后的疲劳问题；②能适用较高的水头，当水头较高时，可采用多级水池；③与同水头的鱼道相比，造价较省、占地少，便于在水利枢纽中布置。鱼闸过鱼的缺点是：①过鱼不连续，仅适用于过鱼量不多的水利枢纽；②需要较多的机电设备，维护及管理费用较高。

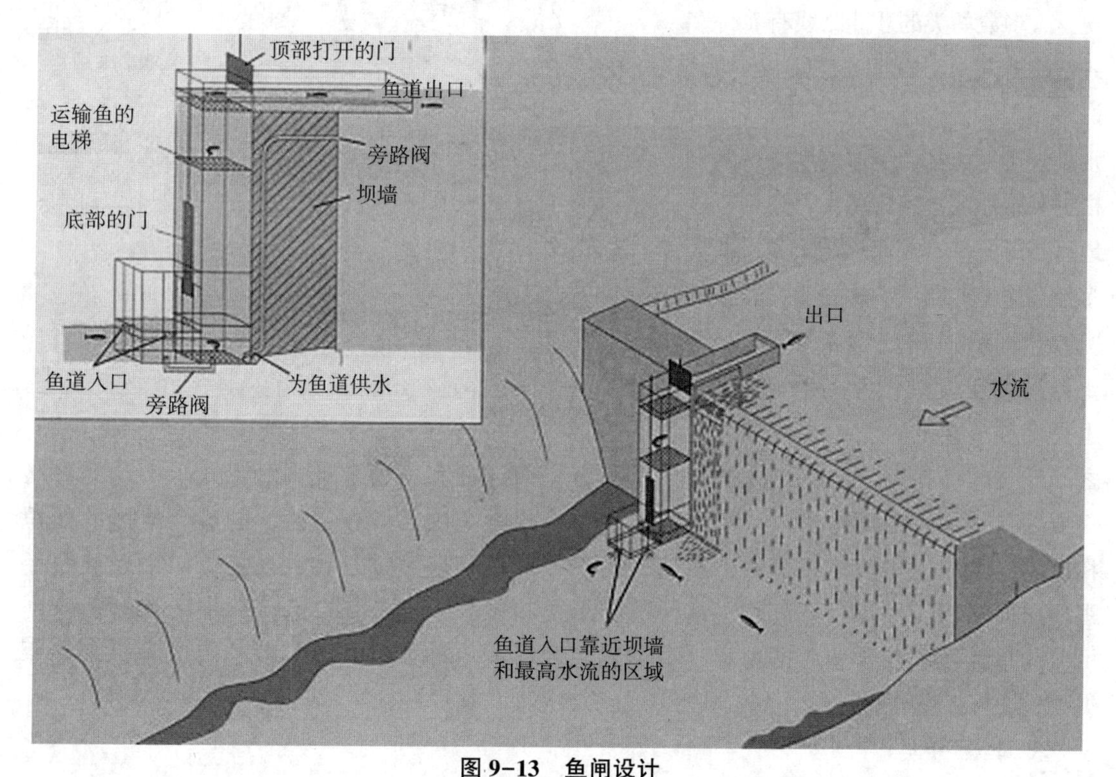

图9-13 鱼闸设计

（来源：http：//www.dpi.nsw.gov.au/fisheries/habitat/rehabilitating/fishways）

(3) 机械升鱼机

通常是用缆车或专用运输车将鱼运往上游，此种过鱼方式的优点是：①适用于高坝过鱼，又能适应库水位的较大变幅；②与同水头的鱼道相比，造价较省、占地少，便于在水利枢纽中布置。机械升鱼机的缺点是：①过鱼不连续，仅适用于过鱼量不多的水利枢纽；②机械设施发生故障的可能性较大，维护及管理费用较高；③下游需要较好的集鱼系统和诱鱼设施。

鱼闸和机械升鱼机虽然一次性投资较小，且均适合于高坝和较大的库水位变幅，但是其运行管理及维护费用均较高。近十年来，国际上对鱼道的研究和建设取得了不少新的成果，特别是加拿大、美国等对鲑科鱼类过鱼道的研究获得重大突破，有许多成功的实例，对我国鱼道的建设有很好的借鉴作用。

3）鸟类的飞行通道

鸟类的迁徙通道是指由越冬地到营巢地所经过的地方。鸟类的迁徙通道是自然选择的结果，它主要是鸟类对自然气候、地理障碍和自然环境的适宜程度选择而成形的。在迁徙图上一般都将环志地点和收回环志的地点用直线连接，此线就成为理论的或理想的迁徙路线。其实没有一种鸟是直线迁飞，主要是由于受地面构造、景观类型、植被、食物及天气等各种因素影响的结果。

纵观全球鸟类的迁徙路线会发现，大多数鸟类的迁徙路线有着许多共性的地方。比如地面上有些区域是许多鸟类都会经过的地方，有些区域则是许多鸟类都会绕避的地方。人们根据某甲地区繁殖的鸟大都迁往某乙地区越冬的基本规律总结出了一些大多数鸟途经的路线，称之为鸟类迁徙“通道”（图9-14）。

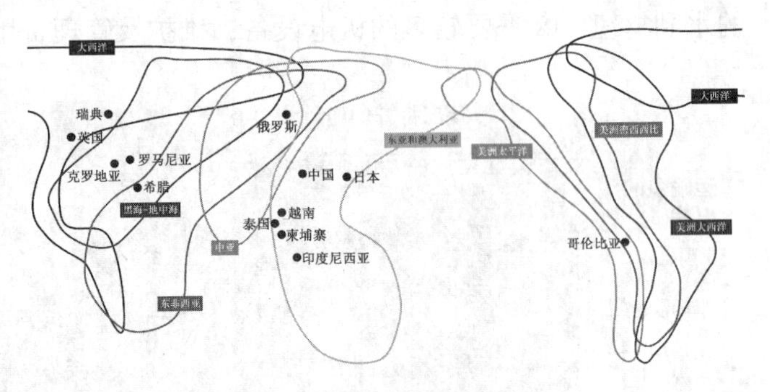

图 9-14　全球候鸟迁徙路线图
（来源：根据 http：//www. eaglechina. org/Article/web03/200704/191. html 绘制）

鸟类迁徙（图 9-15）的形式也是多种多样的。若依在两个地区之间迁飞的鸟在飞行途中的途径宽窄可分为宽面迁徙和窄面迁徙两种形式。不论哪种鸟只要住在一个较广阔的地区，但迁飞时很长一段距离中路线很接近，同这个地区的面积相比，迁飞途径好似一条道路，在这种情况下的迁徙叫窄面迁徙；反之，如果迁徙路径跟栖居面积相比不像一条道路，这种迁徙形式叫宽面迁徙。如以迁徙群中的鸟种而论则可分为单纯型和混合型。据观察，春季成混合群或单种群北迁者，秋季南迁时也多呈原类型群。

3. 其他分类

1）按使用动物类型分类

（1）大型哺乳动物使用的通道

大型哺乳动物包括山狮、鹿、熊、狼和山猫等。一般针对这类动物设计的通道高度至少要 2m（6ft）。1994 年佛罗里达鱼类及野生动物保护委员会组队在该州 18 号公路上建立起了第一条黑熊通道。在南佛罗里达设立了 24 座美洲狮通道。

（2）中型哺乳动物使用的通道

中型的哺乳动物包括臭鼬、浣熊、狐狸和兔。一般针对这类动物设计的通道高度至少要90cm（约3ft）。

（3）小型哺乳动物使用的通道

小型哺乳动物包括松鼠、老鼠、田鼠等。一般针对这类动物设计的通道高度至少要30cm（约1ft）。

（4）两栖类和河岸爬行类动物使用的通道

两栖类和河岸爬行类动物包括青蛙、蟾蜍、蝾螈、海龟和一些种类的蛇。一般针对这类动物设计的通道高度至少要30cm（约1ft）。在德国勃兰登堡公路占用了青蛙的重要栖息地，人们就在路面下方修建了一些直径近1m的涵管。在柏林至科隆的铁路两旁有一种为水獭量身定造的通道。

（5）陆地爬行动物使用的通道

图9－15 鸟类迁徙图

陆地爬行动物一般喜欢干燥和有阳光的环境，如蜥蜴、乌龟、一些物种的蛇。通过调查得知陆地爬行动物喜欢箱形涵洞、管状涵洞和桥梁形式的通道。

（6）鱼类使用的通道

（7）鸟类飞行的通道

2）按生物通道体积分类

按生物通道体积分可分为小通道和大通道。这里的大小通道的定义是相对的。

小通道是指直径或者高度小于1.5m的通道，小的通道常常与栅栏一起使用来引导动物到达通道入口，而防止它们直接跑到路面从而造成道路致死事故。

大通道是指半径或者高度大于1.5m的通道，主要是为大型哺乳动物和各种类型动物而设计的。目前大型通道在北美和欧洲分布相对较少，但是在规划中的却有很多。

9.2 通道的典型应用

9.2.1 青藏铁路沿线的动物通道

1. 青藏铁路周边主要野生动物分布

1）案例区域概况

青藏铁路格拉段穿越的青海省可可西里国家级自然保护区、三江源国家级自然保护区和西藏色林错国家级自然保护区，是全国乃至全球生态及生物多样性最敏感的地区，拥有丰富的野生动植物资源。昆仑山至沱沱河一带是藏羚羊三江源种群迁徙的主要路径，也是其他野生动物活动较多的地段。区域内有多种国家一级保护动物和国家二级保护动物；植被主要有紫花针茅、扇穗、羽柱针茅、青藏苔草、昆仑蒿草等。

2）青藏铁路沿线野生动物资源

青藏铁路沿线野生动物种类少，但数量多，多为分布于青藏高原的特有物种。区域内有国家一级保护动物藏羚羊、藏野驴、野牦牛、白唇鹿、雪豹、黑颈鹤等；国家二级保护动物有盘羊、岩羊、猞猁、棕熊等。铁路沿线两侧活动较为频繁的有14种（表9－1）。

青藏铁路沿线主要野生动物分布　　表9－1

动物名称	目科	别称	分布	级别
棕熊	食肉目，熊科	马熊、藏马熊	野牛沟、可可西里、安多	Ⅱ
狼	食肉目，犬科		西大滩、野牛沟、昆仑山、五道梁、安多、那曲等	
沙狐	食肉目，犬科	狐狸	西大滩、不冻泉、安多、野牛沟、五道梁、那曲	
猞猁	食肉目，猫科	猞猁狲、马猞猁	西大滩、不冻泉、安多	Ⅱ
藏野驴	奇蹄目，马科	亚洲野驴、野马	野牛沟、昆仑山南麓、不冻泉、五道梁、通天河南	Ⅰ
野牦牛	偶蹄目，牛科	野牛	野牛沟、昆仑山口、唐古拉山等	Ⅰ
藏原羚	偶蹄目，牛科	西藏黄羊、白屁股羊	东大滩、西大滩、昆仑山南麓、不冻泉、可可西里等	Ⅱ
藏羚	偶蹄目，牛科	独角兽、长角羊	可可西里、荀鲁谷地	Ⅰ
岩羊	偶蹄目，牛科	石羊、崖羊、蓝羊	昆仑河两岸、野牛沟、昆仑山等	Ⅱ
盘羊	偶蹄目，牛科	大头羊、大角羊	昆仑山、野牛沟、雀巧北等	Ⅱ
白唇鹿	偶蹄目，鹿科	白鼻鹿、扁角鹿	西大滩、沱沱河	Ⅰ
高原兔	兔形目，兔科	灰尾兔	通天河、西大滩、昆仑山、风火山、沱沱河、安多、当雄	
高原鼠兔	兔形目，鼠兔科	黑唇鼠兔、鸣声鼠	广泛分布于青海、西藏各地	
旱獭	啮齿目，松鼠科	哈拉、雪猪	沿线均有分布	
斑头雁	雁形目，鸭科	白头雁、黑纹头雁	可可西里、当雄、拉萨	
赤麻鸭	雁形目，鸭科	黄鸭	可可西里、那木错、拉萨	
黑颈鹤	鹤形目，鹤科	藏鹤、仙鹤	安多、那木错湿地	Ⅰ
高山兀鹫	隼形目，鹰科		安多、那曲、当雄	Ⅱ
棕头鸥	鸥形目，鸥科	小海鸥	那木错湿地、拉萨河	
角百灵	雀形目，百灵科	花脸百灵	广泛分布于青海、西藏各地	

2. 青藏铁路动物通道设置

根据不同动物的生活习性和区域特点，在青藏铁路格拉段设计了桥梁下方通道、隧道上方通道和缓坡通道三种基本类型的通道，其中桥梁下方通道23处（图9-16）、隧道上方通道3处、缓坡通道7处，通道总长度为58.5km。这些通道类型是根据动物的不同生活习性和通道周边环境来选用的。

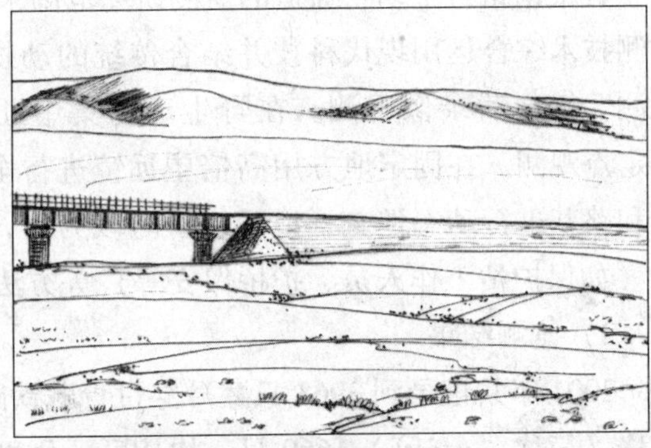

图9-16 青藏铁路桥梁式动物通道

（来源：http：//www.dahe.cn/xwzx/tp/jrtj/t20070605_989890.htm）

此外，青藏铁路格拉段沿线累计100km的大中小桥梁，很多也能满足一些野生动物通过的基本要求；在西藏境内，铁路经过的牧场附近还设立200多个家畜通道，既适应牦牛、驴、羊等的通过，也均可作为野生动物通过的辅助通道。

图9-17 路基平交缓坡通道
（来源：http：//tech.sina.com.cn/other/2004-08-13/1603404460.shtml）

路基平交缓坡通道（图9-17），是路上式通道的一种。在一些地方可能没有可利用的现成桥梁或隧道，而野生动物分布又比较集中，通过降低路基两侧坡度，并在降低坡度后的缓坡上种植植被，诱导野生动物从路基上通过。这种形式适合于喜欢攀登到高处观望后再通过的动物，比如岩羊、盘羊等。对于高寒草原草甸动物群通过的缓坡通道，铁路两侧路基坡度不大于35°。

3. 青藏铁路动物通道的使用观测

1）监测方法

青藏铁路野生动物通道的监测研究范围采用点面结合、全线进行、确保重点的方法。监测技术综合运用现代科技并结合传统的动物生态学研究手段。采用以下三种方法进行观测。①自动录像观测。在野生动物集中迁徙、活动的主要通道安装录像观测装置。②定点观测。在固定地方用高倍望远镜进行全天候多方位观测。③动态观测。对铁路沿线和路基进行动态巡查，以晨、昏时段为主，并采用观察动物粪便及足迹、访问有关人员（如保护站工作人员、护桥保安等）等方法对观测内容进行补充、完善。

2）监测结果

2004年共记录到3963只藏羚穿过青藏铁路。其中，怀孕母体从三江源往可可西里的迁移（简称“上迁”）1660只，均从可可西里通道穿过；母体及幼体从可可西里往三江源方向的迁移（简称“回迁”）共2303只，其中1291只穿过通道，1012只翻越铁路路基（表9－2）。

2004年藏羚使用通道情况 **表9－2**

上迁		回迁			
日期	穿过通道（只）	日期	穿过通道（只）	翻越路基（只）	合计（只）
6月21日	400	8月8日～11日	0	24	24
6月22日	0	8月12日	190	0	190
6月23日	697	8月13日	444	0	444
6月24日	0	8月14日	0	243	243
6月25日	121	8月15日	178	86	264
6月26日	175	8月16日	298	0	298
6月27～30日	0	8月17日	181	21	202
7月1日	80	8月18日	0	143	143
7月2日	187	8月19日	0	415	415
总计/只	1660	其他	0	80	80
		总计/只	1291	1012	2303
		比例/%	56.1	43.9	100.0

在通道设置初期，由于藏羚对新环境的陌生和恐惧，大多数群体先在通道附近聚集，徘徊后才尝试分批通过，每批通过时速度较快，通过的时段基本在8:30～18:00，其余时间基本没有藏羚通过。究其原因，主要是因为青藏铁路格拉段处在建设期，施工人员、机械设备、运输车辆等对藏羚回迁通过铁路的干扰较大，加之藏

羚等野生动物对通道不太适应，有恐惧感，携带幼仔的藏羚回迁时有 43.9% 是翻越铁路路基的。

2005 年共记录 3486 只藏羚穿过青藏铁路。上迁 1509 只，全部从可可西里通道穿过；回迁 1977 只，其中 1931 只穿过通道，46 只翻越铁路路基。所有记录到的藏羚都集中在不冻泉以南、五道梁以北区段，穿越铁路的主要在楚玛尔河——五道梁以北约 20km 区间内，其他位置未见到野生动物穿越铁路的情况。在此期间，藏羚逐步熟悉并适应了通道，大多数通过时间都在半天之内，有些群体到达通道后数分钟便穿过。2005 年，铁路建设的施工人员、机械设备、运输车辆逐步撤离，人为干扰因素明显减少，铁路两侧环境逐渐恢复，大部分藏羚从通道穿过铁路，回迁时翻越铁路路基的藏羚及其幼仔数量所占比例降至 2.3%。

2006 年共记录到 5131 只藏羚穿过青藏铁路。上迁 2122 只，回迁 3009 只（2970 只穿过通道，39 只翻越铁路路基）。观测结果表明，楚玛尔河——五道梁以北约 20km 范围仍为藏羚集中停留和通过的主要区域，可可西里通道为其穿过青藏铁路的主要通道。这一阶段，藏羚在通过通道前聚集、徘徊的时间缩短，多在通道前徘徊数分钟后便迅速通过，说明藏羚等野生动物对通道的适应性进一步增强，回迁翻越路基的藏羚及其幼仔数量所占比例降至 1.3%。

2007 年共计录 4274 只藏羚穿过青藏铁路，其中上迁 1884 只，回迁 2390 只，全部利用通道通过。

在观测过程中，还记录到了藏原羚、藏野驴、野牦牛、喜马拉雅旱獭、狼和狐等大、中型野生动物在铁路两侧自由活动。①2005 年 6 ~ 7 月，共记录到藏原羚 315 个次、藏野驴 169 个次、喜马拉雅旱獭 16 个次、野牦牛 4 个次。2005 年 7 ~ 8 月巡线调查中，共记录到藏原羚 386 个次、藏野驴 96 个次、狼 3 个次、狐 2 个次、喜马拉雅旱獭 3 个次及其他小型啮齿动物。发现藏原羚穿越楚玛尔河通道 1 次（动物实体），跨越铁路路基 1 次（足迹），发现藏野驴翻越铁路路基 4 次（足迹）。虽然未直接观察到这些动物穿过通道或翻越路基的记录，但这些动物能在铁路两侧自由活动，没有发现它们明显受铁路影响的情况。②2006 年 5 月 17 日 ~ 8 月 19 日，多次观测到藏野驴、藏原羚穿（翻）越铁路，共记录到除藏羚以外的野生动物有藏原羚 1049 个次、藏野驴 240 个次、喜马拉雅旱獭 21 个次、野牦牛 6 个次、狼 15 个次、狐 6 个次、獾 1 个次；在昆仑山隧道上方记录到 6 只盘羊自由活动；藏原羚在铁路两侧自由活动，在铁路防风带、围栏与铁路间均可见到藏原羚的活动踪迹；观测中记录到藏原羚多次穿过楚玛河大桥、可可西里通道或翻越铁路路基；并观测到藏野驴数次翻越铁路路基的情形。③2007 年 3 月记录到藏原羚达 2505 个次、藏野驴达 4485 个次，单群最大集结数达 400 ~ 500 只。

4. 动物通道利用效果分析

对 2004 ~ 2007 年连续 4 年的观测数据进行处理分析，可以得到如下结论。

1） 较高的使用率

可可西里通道使用率（可可西里通道观测数据/总观测数据）为所有通道之首（上迁

84.64%，回迁82.10%），其他使用率比较高的通道还有乌丽通道（上迁4.95%，回迁12.26%）、不冻泉通道（上迁4.71%，回迁0.25%）、昆仑山通道（上迁2.21%，回迁4.03%）和楚北通道（上迁1.6%）等（图9－18）。藏羚利用通道进行迁徙的数量逐年增多，上迁数量从2004年的1660只上升到了2007年的1884只，回迁数量从2004年的1291只增长到了2007年的2390只（图9－19）。这说明藏羚已逐步适应了利用通道迁徙。

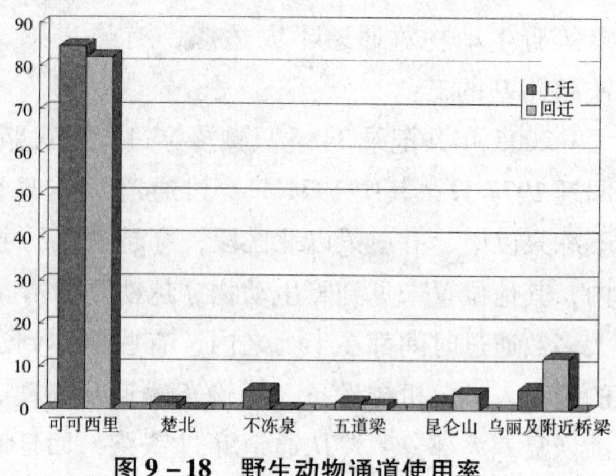

图9－18 野生动物通道使用率

2）珍稀物种保护效果突出

藏羚上迁过程中全部使用通道，回迁时利用通道的比例分别为56.1%、97.7%、98.7%和100%，呈逐年增加趋势，采取翻越铁路路基的比例分别为43.9%、2.3%、1.3%和0，呈逐年减少趋势且趋势明显（图9－20）。说明目前通道的使用效率很高，藏羚能通过通道自由迁徙。另外，藏羚、藏原羚、藏野驴在通道下及两侧的足迹、粪便也说明其在通道两侧不断有往返活动。

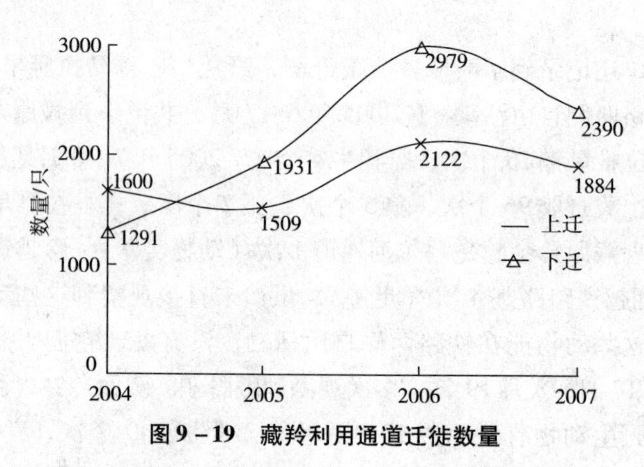

图9－19 藏羚利用通道迁徙数量

3）通道正成为生态网络的重要连接途径

藏羚在穿越铁路前徘徊和停留的时间也在逐渐缩短。2004年大多藏羚在跨越铁路前在路基下徘徊1～2周才通过；2005年多数藏羚在停留半天甚至数十分钟之内就穿越（最长一次是由于电力输电线施工干扰，部分羊群停留至第2天才通过）；2006～2007

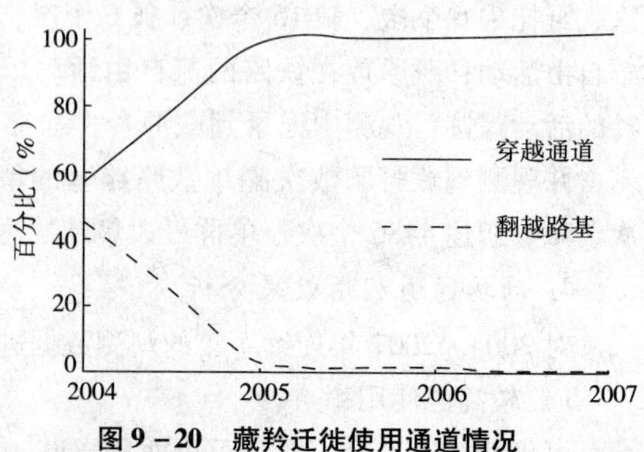

图9－20 藏羚迁徙使用通道情况

年大部分藏羚群在几分钟之内就能通过，几乎没有太长时间停留。这说明藏羚对铁路线已从初期的恐惧、踌躇，到逐步适应新环境，到目前的能够习惯利用通道迁徙。

青藏铁路格拉段野生动物通道设置的位置、宽度、高度等基本满足了野生动物的生活习性和活动迁徙规律的需求，通道利用率逐年提高，目前大批藏羚羊均能通过铁路沿线的野生动物通道自由迁徙。同时还表明，藏羚羊穿越铁路前徘徊和停留的时间也在逐渐缩短。这些通道对沿线野生动物的迁徙和种群交流起到了积极的作用，藏羚羊等野生动物已初步适应了新的环境，正逐步熟悉利用野生动物通道迁徙。这些都证明了青藏铁路动物通道解决了因修建铁路而对野生动物产生的阻隔问题，保护了当地生物多样性。

9.2.2 加拿大班夫国家公园动物通道

1. 班夫公园内的动物资源

1）案例区域概况

班夫国家公园是加拿大最早和最大的国家公园。该公园设立于1885年，面积达6641km^2，以高山、雪场、温泉、湖泊景观著称。全加高速公路于1962年建成通车，是一条贯穿阿尔伯达省甚至加拿大的主要干线，也是班夫国家公园的主要对外交通道路。高速公路从班夫东入口至西边的卡斯托接口，穿越总长达45km，大部分区域属鲍河谷地这个丰富多彩的动物家园。公园内有56种哺乳动物和280种鸟类，高速公路上密集穿梭的车流阻断了不少动物游移、迁徙的路径，也使它们面临着死亡的威胁。每天平均14000辆机动车的流量使道路上的动物车祸死亡率增高，而道路两侧土地的渗透性降低。像灰熊与美洲狮这样的大型食肉类动物需要很大的活动领域且繁殖率较低，高速路对其的危害不仅是车祸，还有栖息地破碎化等因素。

2）班夫公园内的野生动物资源

根据统计，班夫国家公园共有56种哺乳动物。其中，灰熊和美洲黑熊等栖息于森林地区；美洲狮、猞猁、貂熊、鼬、北美水獭和狼是主要的肉食性动物；麋、长耳鹿和白尾鹿是在公园内比较常见的，它们一般生活在山谷中，甚至在班夫镇也可以见到；驼鹿相比之下较少见，主要生活在沼泽地和溪流附近；在高山生态区，雪羊、大角羊、土拨鼠和鼠兔分布广泛；其他哺乳动物，如河狸、豪猪、松鼠和花栗鼠是常见的小型动物。2005年一共发现了5只驯鹿，是公园里数量最稀少的哺乳动物之一。

由于冬季天气寒冷，班夫国家公园的爬行动物和两栖动物较少，目前只发现一种蟾蜍、三种蛙、一种蜥蜴和两种蛇。班夫国家公园至少有280种鸟，包括白头海雕、金雕、红尾鵟、鹗和隼，这些都是食肉性鸟类。另外，在低海拔地区常见的物种还包括灰噪鸦、美洲三趾啄木鸟、山蓝鸲、北美星鸦、北美白眉山雀和云雀。白尾雷鸟则生活在高山生态区。河流和湖泊附近生活着超过100种不同的动物，包括潜鸟、鹭鸶和野鸭，它们在公园里只度过夏天。

2. 班夫国家公园中动物通道的设置

为了增强栖息地的连通和减少动物的道路死亡率，1986年在全加高速路班夫段的

45km 范围内建设了 11 座路下式生物通道；1997 年在该范围内又增建了 11 座路下式通道和两座路上式通道，使该范围内的动物通道总量达 24 座，此外还在高速路沿线两旁竖立了 2.4m 高的栅栏以防止动物随意穿越（图 9－21、图 9－22）。图 9－23 所示野生动物立交桥是典型的路下式动物通道，是班夫国家公园里第一座路下式通道，也是北美地区修建的第一座动物立交桥。

图 9－21　班夫国家公园中的管状涵洞

3. 班夫国家公园动物通道的使用

1）观测方法

（1）自动摄影

在通道内部或周围安装自动相机记录动物穿越通道情况。当有动物通过相机时，通过感应器来感知并拍下动物的照片。

（2）摄像监测

在通道安置摄像设备，进行全天候观测，不仅可以记录通道使用频率，同时可以用来研究动物穿越通道时的行为。

图 9－22　班夫国家公园路上式通道

（来源：http：//www. i90wildlifebridges. org/structures_ gallery. htm）

2）监测结果

从 1996 年 11 月到 2003 年 11 月在 10 个路下式通道的监测中，共监测到有 37507 次的野生动物使用动物通道。其中，麋鹿是这些野生动物中使用动物通道最多的。其次是鹿、狼、羊和郊狼。在大型食肉动物中，狼使用通道的共有 2986 次，美洲狮使用通道有 587 次，黑熊使用有 526 次，灰熊有 36 次。

在另外的 13 个动物通道放置了监测设备，从 1997 年 11 月到 2003 年 11 月共监测到有 11175 次动物通过动物通道。在大型食肉动物中，狼共使用了通道 254 次，美洲狮使用

图9-23 班夫国家公园的路下式动物通道

（来源：http：//www. cpawscalgary. org/campaigns_ nationalparks/trans_ performance. php）

了197次，黑熊有166次，灰熊比较少，只有50次。

在71个月的监测中，发现公园内的野生动物共使用了23个动物通道，总共监测到了48682次动物使用通道。与其他动物比起来，灰熊是在弓河谷范围活动较少的动物，但也监测到了灰熊使用通道86次。从无线电遥测监视可以看出，使用通道的灰熊中有成年的雌性、成年的雄性，还发现了灰熊幼崽也使用通道。

4. 监测结果分析

1）人工通道正逐步与自然通道融为一体

从1996年到目前，发现越来越多的动物在通道附近活动。这些动物需要时间来适应这些新建成的动物通道。通过观察，每年大型食肉动物主要有灰熊、黑熊、狼和美洲狮，通过某一动物通道的记录，发现在2000~2001年度美洲狮的通道使用下降，是因为在这通道附近美洲狮的数量急剧下降（图9-24）。

2）不同的动物对路上式和路下式两种通道使用率也不同

灰熊、狼和其他一些有蹄类哺乳动物倾向于使用路上式动物通道；而美洲狮则比较喜欢路下式动物通道；黑熊两种通道都使用（图9-25）。在班夫国家公园开展的针对性通道规划设计取得了良好的生态效能，所有这些野生动物的保护措施非常有效。栅栏使

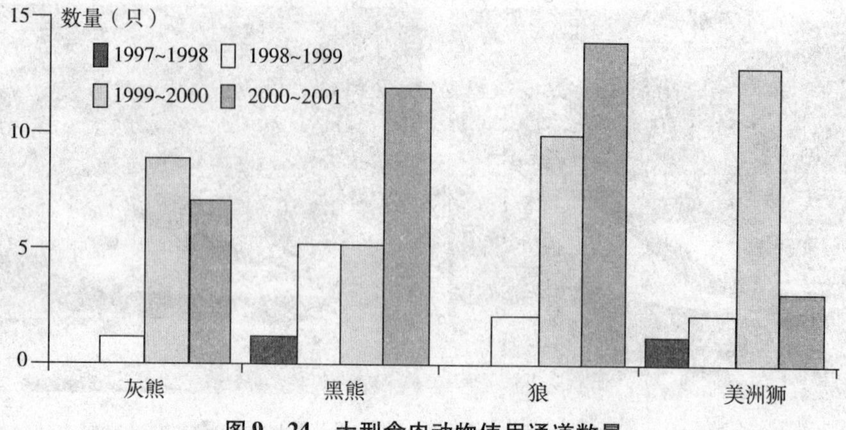

图 9-24 大型食肉动物使用通道数量

有蹄类动物的道路死亡率下降了96%。公园内的很多动物都在使用生物通道，而以开放式的单跨或连续跨桥梁为通道的效果最佳。这些都表明班夫国家公园内的野生动物已经适应了人类为它们设置的动物通道，班夫国家公园内的动物通道是比较成功的。

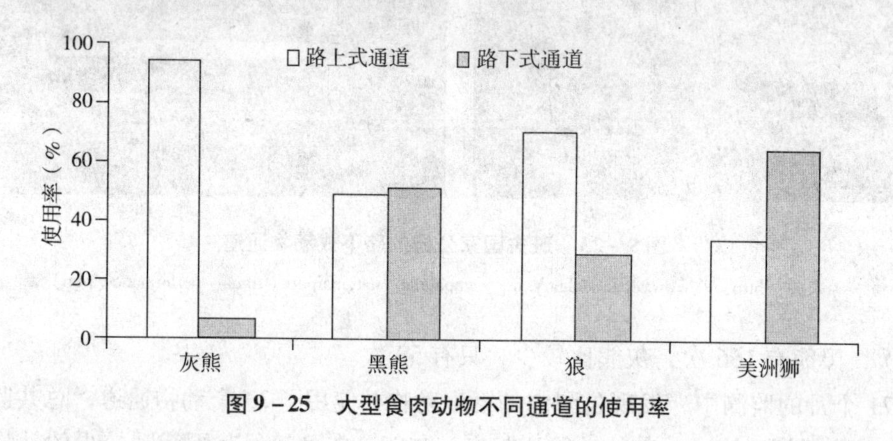

图 9-25 大型食肉动物不同通道的使用率

9.3 通道应用现存问题

9.3.1 陆地动物通道现存问题

1. 通道设计存在的直接问题

在现实应用中，尽管还有一些地方虽设置了动物通道，但却很少有动物使用。这些通道可能存在以下几个问题。

1）生物通道的选址

首先是设置什么通道缺乏调查，通道服务的目标动物群体不明确。只是吸收了国外通道设置的概念，但并没有相应的学科技术支撑，大多数通道规划只是在规划阶段完成的一个概念。其次，通道的位置布局在哪里缺乏实地调查，设置比较随意。设置完后几乎没有动物使用，造成了浪费。

2）各种动物生活习性不同，设计缺乏针对性

一方面，动物习性千差万别。如大型动物喜欢开阔的视野，小型动物喜欢黑暗有遮挡的环境等。另一方面，也不可能设计出一种通道能满足所有动物的要求。只有结合不同类型动物自身的特点和生活习性，才能设计出针对性特别强且非常合适的通道。目前有些通道设计者在不了解动物习性的前提下，设计出来的通道可能会很少有动物使用。

3）通道设计是复杂过程，缺乏专业技术的融合

要想设计合理的动物通道还需要动物学、道路工程学、生态学和景观规划设计学、环境学等专业工程师与生态学家一起来研究生物通道的设计。但现在各专业人士大都各自研究，相互之间的交流较少，无法实现多学科的技术融合与支撑。

4）缺乏通道应用的监测与动态评估

动物通道建成后是否对周边的动物起作用，使用动物通道的动物种类和使用方式，通道使用的持续性，通道建立后对区域生态效应的作用高低等都是通道设计关心的问题。这些问题都需要建立完善而长期的评估体系，这就需要有完善的监测系统。目前我国对动物通道的应用十分有限，对已建成的通道的建立监测系统更是罕见。

5）生物通道的维护不及时

通道维护不仅要维护通道栅栏和通道结构本身，还要维护通道的其他有效辅助设施和构成，保持通道功能的正常性。一些兼有功能性的通道内外可能会有淤泥堆积，以及入口处会被冲刷侵蚀等，这都要靠维护来保证通道的正常使用。

2. 通道设计存在的衍生问题

目前广泛存在争论的问题是：生物通道的修建会不会形成捕食陷阱？所谓的捕食陷阱就是指一些大型的食肉动物利用小动物使用通道时蹲守在通道出入口，将它们捕食。因为在通道里，小型动物可能无法逃脱，比较容易被食肉动物捕食，加剧小型动物的死亡，从而形成生物通道的捕食陷阱现象。

研究证明，那些大型的食肉动物具有记忆能力。只要它们使用过通道一次，它们会记住这条通道，并经常性地穿越。例如，佛罗里达黑豹经常反复地通过在它的领地范围内的通道。而且，如果通道处在这些食肉动物的领地内，那么这些动物就将通道视作了它们领地的一部分。再者，一些动物将动物通道作为自己的住所，如山猫就将涵洞作为白天休息的地方。这样，一些小型动物通过这些在食肉动物领地内的通道时就有被这些食肉动物捕食的危险。

在科罗拉多州，Chervick 于 1991 年曾报道过郊狼在一个小通道的附近捕食了一只小田鼠。在佛罗里达州，Foster 和 Humphrey 曾于 1995 年在一个动物地下通道里拍摄下了山猫捕食棉鼠的场景，这表明山猫已经学会利用通道来捕杀小型动物作为食物了。还有人拍到猫头鹰从通道上方捕食田鼠，也证明猫头鹰也将通道作为了获取食物的地方。在加拿大班夫国家公园中还曾有过美洲狮在路下式通道里捕食麋鹿的记录。

现在还没有明确的证据表明生物通道的建成一定能形成捕食陷阱，但存在这种可能性和风险，这就要求通道设计者必须尽可能采用相关的手段以避免捕食陷阱。

9.3.2 水中生物通道现存问题

1. 设计施工中存在的问题

1）设计目标单一

一方面，传统鱼道在设计时主要是针对一种或两种主要的经济鱼类，结合水工水力学的思想，按照一定的流速、水深等指标进行结构和形体设计。在设计过程中没有考虑其他水生生物、有机碎屑等在障碍物上下游的转移和交换；没有考虑底栖鱼类对河床质的要求；在诱鱼效果和保持过道鱼类体力及延续过道鱼类的发育过程方面有很大的缺陷。另一方面，也没有考虑通过鱼道本身与两岸环境之间的融合来建立“陆地—河岸带—河道”完整的断面生态模式。因此，传统鱼道除了在理论上能满足个别鱼类的纵向迁移要求外，对于维护水生态系统完整性的贡献极为有限。再者，由于通道设计局限在小面积内，单一物种的保护显得非常脆弱，极易导致鱼道设计失败，所以很多鱼道修建得并不成功，过鱼效果不明显，甚至被长期废弃。

2）缺乏系统成熟的理论依据

由于没有成熟的理论和方法，目前对鱼道的设计还只是停留在按设计规范书进行设计的阶段，规划设计还比较粗略，并且只是将其作为水利枢纽的一个小部分进行考虑，未给予重视。从实际运用情况来看，拦河修建闸坝后，普遍存在着鱼道淤塞、引鱼难于进入鱼道的现象，鱼道建筑的缺陷较多。

3）鱼道设计的针对性不强

各种鱼类的习性是不同的，单单鱼类的洄游就包括生殖洄游、索饵洄游、越冬洄游等很多种。不同鱼类的洄游时间也不同，如长江青、草、鲢鱼的产卵期就不一致，鲢鱼在每年4月份的中旬洄游产卵；草鱼在每年4月份的下旬；而青鱼在每年5~7月份。因此，修建鱼道需要关注的问题也将随之不同，而水利设计者对不同鱼类知识、资料还比较欠缺，对此研究得还不够深入。

4）施工材料和方法不利环保

由于绝大多数的鱼道采用浆砌石或混凝土作为建筑材料，即便流态符合所过鱼类的需求，其中的环境还是与自然环境相差甚远，再加上现代建筑中使用的抗冻剂、早强剂等添加剂在水中的缓慢释放，对诱鱼效果和鱼类健康都有很大的影响。

2. 鱼道运行管理中存在的问题

1）不能及时清淤影响鱼道正常功能

鱼道内流速一般比较小，会有一些悬浮物质在鱼道内沉积，导致鱼道淤塞废弃，降低了借助鱼道设施向下游输送营养成分的作用，对下游的生态环境造成消极的影响。

2）运行水量不足

在鱼道的运行过程中，由于有一些鱼类的江湖洄游期或产卵期正值春季农业用水时期，鱼道的水量无法得到满足。对于一些发电站来说，为了得到更多的发电水量，也会减少鱼道运行用水。

3）缺乏科学的认识和理解

由于生态环境问题的多样性和复杂性，使得生态环境的具体情况很难被人们所正确恰当地认识，合理设计鱼道的目标比较难于实现。再者，目前虽然已经有关于鱼类极限流速与水流情况的不同行业的交叉研究，但是各专业间的人士交流较少，研究工作还大多停留在各自为阵的尴尬境界，无法产生明显的生态效应。

第10章
通道体系的建立

10.1 通道体系构成

10.1.1 区际通道体系构成

区际间的廊道，作为景观水平上的廊道使内部种和边缘种作昼夜或季节性的或永久的移动。廊道的建立一般是鉴于野生动物生境的选择性，可以将两个区域连接起来，提供物种、群落和生态过程的连续性。

1. 生境选择

生境选择是指某一动物或种群为了觅食、迁移、繁殖或逃避敌害等生存目的，在可达的生境之间寻找一项最适宜生境的过程。也就是说野生动物通过对生境中生境要素与生境结构作出反应，以确定它们的适宜生境。与生境选择相关的另外两个概念是生境偏爱性与生境利用。生境偏爱性是指某一动物个体或种群对某一生境的选择程度超过其他类型的生境，并不考虑这种生境是否在其活动范围内存在或者能否达到该生境。生境利用是指某一动物个体或种群占据某一生境。可以通过比较分析动物对某种生境的利用程度与其利用性来确定动物对生境的选择性。在野生动物的生活史中，有的物种在生活史的不同阶段选择显著不同的生境，异质生境是满足其存活及繁殖必须具备的条件。

决定野生动物生境选择的因素是复杂的，受生态系统中各种因素的综合作用的影响，包括生境本身的特性、动物的特性、食物的可利用性、捕食和竞争等因素。任何动物的各种活动、行为、生理和心理等改变均会引起生境变化，进而影响野生动物的生境选择，而且各种因素对不同动物或同种动物在不同生长发育阶段或生理周期均具有不同的影响。野生动物的生境选择既反映了该物种的进化历史、目前的环境条件及与其他动物的相互关系，同时也取决于种群的生存力。从基本理论上来说，野生动物生境选择的原因有以下几种：①进化历史或遗传性，这种选择性受遗传物质的控制。②种间竞争，认为生境选择是动物为避免或缓冲竞争所表现出来的一种对环境的适应形式。③印痕性行为，目前缺少直接的证据。④生境选择是可以通过学习建立起来的，成体的生境选择经验是在与幼体的联系中传给幼体的。

2. 区际廊道类型与功能

1）区际廊道的类型

区域间廊道主要包括道路生态廊道、河流生态廊道两种类型。道路两边的缓冲绿化带，不同地段配置不同植物群落，形成多样性的绿化带，使道路廊道具有抗视觉疲劳、降污抗噪的作用。道路廊道能营造和恢复两栖类、爬行类、鸟类等野生动物生境，恢复和提高道路所经过地区的生物多样性资源。河流廊道最常见的定义是指沿河流分布而不同于周围基质的植被带。许多研究已经表明，通过保护河流廊道功能对保持河流生态系统的完整性、提高野生动物的栖息地质量、保护物种多样性有至关重要的作用。河流廊道对于河流景观的养分循环、过滤径流污染物、防控洪水、提供鱼和野生动物的栖息地及保持河流流量等发挥着重要的生态作用。河流廊道是水生动植物的栖息场所，为水生动植物提供固着点、营养源和屏蔽；输送水、泥沙和养分，是生物迁移、觅食的路径；岸边植被可截留有机物、降低非点源污染。

2）区际廊道的功能

区域间的廊道主要环境功能是用来建立或维持两个（多个）相邻生物栖息区域之间的活动空间信道，其内容包括：①提供生物多样性的保障。生物多样性是人类赖以生存的各种生命资源的总汇和未来工农业发展的基础，对于维持生态平衡，稳定环境具有关键性作用（陈灵芝，1993）。生物多样性丧失是生物圈持续发展的主要威胁，生境的破碎化和丧失对动植物种群造成的影响是十分严重的（覃凤飞等，2003；胡远满等，2004；薛文杰等，2007），它已经成为生物多样性丧失的主要原因（Damschen et al，2006）。保护廊道或生态走廊在生物多样性保护中的作用受到了广泛关注（Haddad et al，2003；Dam schen et al，2006），使其成为了生物多样性保护和管理的一个重要手段。②提高水资源的管理。河岸缓冲带能够通过吸附、滞留、分解等方式有效地过滤地表营养元素流入河流对水体造成污染。Lena B. M 等人从景观结构与功能流的角度分析了河岸植被缓冲带对于改善水质的重要意义。研究表明，10m 宽的草地缓冲带可以减少 95% 的依附于沉积物一起运动的磷元素。滨河林地以及湿地能够通过土壤微生物过程（如反硝化作用）去除约 100% 的氮元素。③为物种提供移动的路径。廊道最大的作用就是为物种提供觅食、迁徙的路径。区域间的廊道为动物在两个或多个区域间的活动提供了很好的途径。④增加物种栖息场所。栖息地是廊道的五大功能之一。建立的区际廊道一般都是有一定宽度的，能使动物在其中穿行通过。因为廊道较长，动物在穿越的同时可以在廊道内栖息。廊道不仅是动物通行的通道，也是动物的活动场所。

10.1.2 区域通道体系构成

1. 廊道的生态效应

廊道的生态作用：①净化环境，调节气候，减轻城市热岛效应功能。生态廊道作为减轻外部影响的绿色屏障，可以有效维持城区良好的大气环境质量水平。森林绿地系统能消减城市热岛效应，调节大气湿度，同时维持城市大气中的碳氧平衡，不断吸收二氧化碳并把清新的空气输送到市区。②涵养水源，保持水土功能。森林具有蓄水固土和调节径流功能。森林通过树冠截流降雨量，可减少地表径流的60%；每公顷森林的枯落物可持水40～160t，森林土壤贮水量1000～4000t；据试验测定，森林被破坏地区沙土流失量为良好森林的5～8倍，裸露地要大数十倍，减少水土流失可有效保护耕地与道路交通设施；调节流量，森林覆盖好的林地径流量一般只占降水量的40%左右，而荒山无林地可达50%以上。③城市景观生态和社会文化功能。城市生态廊道是城市生态系统和城市景观系统的重建，将形成具有鲜明文化特色的生态城市景观，对于维持城市生态景观稳定性和推动系统良性发展演替具有重要作用。生态廊道所造就的美丽景观和提供的娱乐、生态旅游、野趣条件以及生物多样性可以启迪人们的智慧，提供科学研究对象和文学、美学创作的源泉。对现代社会来说，人文价值尤为突出。

2. 区域生态廊道的类型

1）河流森林生态廊道

河流是灌溉和工业、生活用水的主要来源。河流森林生态廊道的建设以林地为主，沿河流建设宽度为500～1000m的生态绿化林地，绿化覆盖率保持在70%。建设“走廊型”生态廊道，将生态建设与发展河流经济紧密结合，是生态建设的重点。廊道要成为生态景观带，成为连接局部区域的绿色纽带和自然生态恢复最好、生物多样性最为丰富的区域之一。

2）湿地和河流绿色廊道

水系是城市生态系统和景观体系的重要资源，是生态系统的绿色生命线和区域生态平衡的活跃因子，也是生态走廊的重要内容。应以水系为主建设河流生态廊道，加强河道改造和建设，提高河道在生态环境保护、景观和形象建设方面的功能与作用。河流生态廊道可以分为一级河流通道和次一级河流通道：一级河流通道规划两岸设置50m以上植被绿化带；其支流为次一级河流通道，两岸设置20m以上的植被带。植被搭配应以地方优势种为主，草本、灌木和高大乔木层次组合。农业经济占有较大比例的城市，在河流廊道建设中应与农田生态系统相结合，在河道周边大力发展特色种植业和特色林果业，增加生物的多样性，提高生态效益。

3）公路、铁路绿色通道

以公路和铁路为依托建立生态走廊和绿色屏障，保护中心城区和各发展区的生态环境。该廊道以成片林地、草地与河流、湖泊、水库相结合，旅游农业与近郊牧业相结合。主干道绿化断面应占路宽的30%以上。在林种的搭配上以乔、灌、草为主，保持自然林原貌，为生物的迁移和歇息提供良好空间。

4）沿海滩涂森林生态廊道

沿海滩涂森林生态廊道具有保护海岸线免受侵蚀、固沙和保护沿海农业区的作用。

在沿海滩涂，应根据地理条件和资源现状，建成层次推进、功能齐全的滨海森林防护带。主要应包括沿海基干防护林带、沿海封滩育林和飞播造林区、中近海人工造林区、内陆绿化区、农田林网。该条廊道所覆盖的区域拥有丰富的动植物资源和矿产资源，以发展海水养殖、盐业生产和湿地保护为主。沿海滩涂森林生态廊道的建设将成为保护沿海的重要的生态屏障，有利于保护物种多样性和滩涂生态环境，丰富和完善滨海旅游资源，提高生态文化品位和内涵。

10.2 通道体系规划

10.2.1 廊道体系规划

生态廊道在景观规划中兼备物种保育及维护交通运作的设计功能，因此成为受到广泛重视的景观元素。尽管生态廊道具备区块联系、栖地经营及地景营造等多种优点，由于同一区块中不同物种的生物特性及活动形态会对空间与时间尺度产生需求差异，导致生态廊道的环境设计因子无法以目标物种（target species）作为规划设计的依据，而必须以最大生物共同需求特征为设计准则。同时，廊道设计者往往过度重视“人”的景观设计和视觉感受，而忽略了“物种”对生态廊道内部环境活动规划的需求，导致生态廊道只存在信道性质，却缺乏物种活动栖息地功能。另一方面，设计者在地景植被设计中引入外来种，除了产生外来种扩散及成本高昂等潜在隐患之外，不当的环境规划布局更妨碍了当地物种原有的活动模式。这些环境设计问题主要体现在：①长度；②宽度；③曲度；④内部主体与道路的连接关系；⑤周遭镶嵌体的位置与环境坡度；⑥时序的变化等廊道内部空间结构及出入端口位置。因此，生态廊道设计规划应着重建立廊道结构布局与环境及物种适应性之间的互动关系，并维护当地原生物种的活动与繁殖。从国外经验总结生态廊道的优、缺点，可以发现生态廊道具备一体两面的规划设计取舍（图10－1、表10－1），这也是目前生态廊道设计规划必须改善的缺陷。

生态廊道的优点与缺点　　表10－1

优　点	缺　点
增加保护区的移入率：增加生物多样性，增加特定物种的族群数量，避免近亲交配所造成的基因狭窄、增加基因变异	增加保护区的移入率：导致病虫害传播，外来种及杂草入侵，降低次族群的基因变异
增加广域物种的觅食区	增加人类干扰、捕食者成功机会及扩散
区块间移动时提供躲避捕食者的遮蔽	有利于火灾及其他非生物干扰的扩散
提供需多样栖地环境物种之栖地	溪岸廊道不一定能提供山地物种移动的信道
遭受大规模干扰时的避难区	相同面积下，廊道的成本比单一保护区高，效率却较低
提供绿化带以隔离市区扩张、污染，提供游憩区，提供景致增加土地价值	引发外来物种与原生物种竞争、驾驶视线障碍

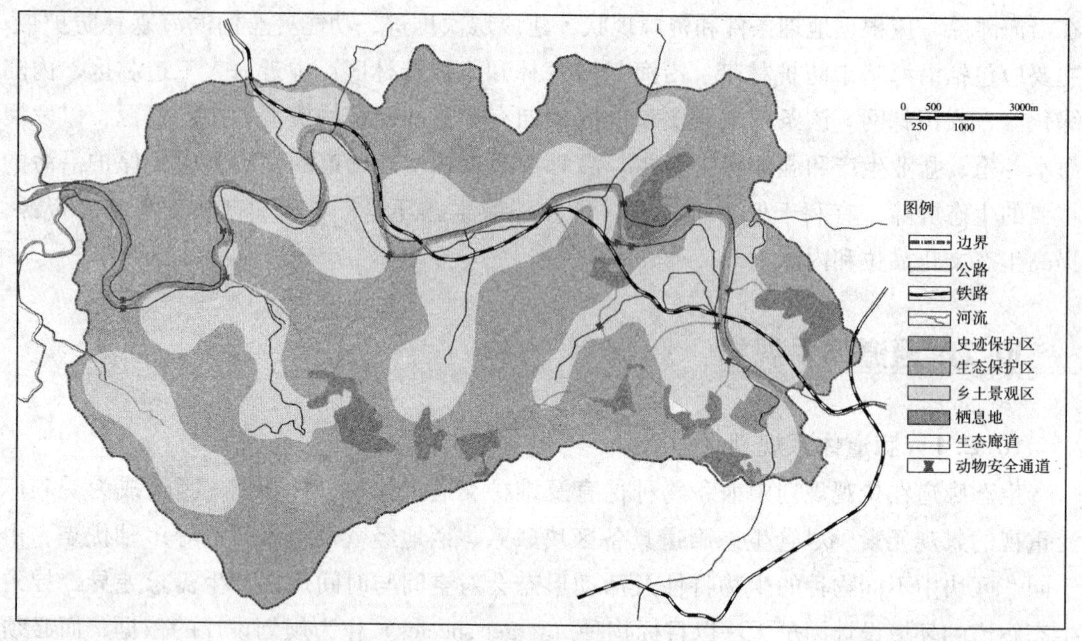

图 10－1　动物廊道体系规划图

透过缜密的生态环境调查，了解生态环境因子互动关系，并在尽可能不破坏既有生态结构与大幅修改工程设计的原则下，就地取材，进行生态景观整治、改造、复育及延续等工作，并使工程目标及生态都获得保障。

在设计生态廊道时除考虑野生动物的巢域与走廊宽度外还应考虑到因素目标种的移动性或扩散特性、移动物种的特定生境选择、资源利用的尺度、扩散距离、通过各种生境的移动速率或扩散率、目标种的其他个体生态学特性和景观要求；考虑生境之间的距离、有无移动屏障、来自人或捕食者的干扰等因素。

10.2.2　通道体系规划

一般是小尺度的，在一片森林或草地内的两个紧密相连的生境斑块的连接，如一片树林之间可以利用狭窄的乔木灌丛条带，来引导小脊椎动物如啮齿类、鸟类等的移动，这样的走廊仅仅适宜于边缘种的特点而不利于内部种的移动。

通常在野生动物广布的区域如自然保护区，为了使动物能够安全地横穿公路，降低道路交通致死率，公路建设部门通常会在动物分布较多的路段设置专门的为动物通过的通道，以满足动物的基本生理需求，如寻找食物、寻求配偶、个体的移动和扩散等。

这类通道一般是根据动物的类型来设计的。最简单的就是分为大通道和小通道。小通道是指直径或者高度小于1.5 m的通道，该类通道在欧洲有很多。通道建设材料包括混凝土、金属或者塑料等。在荷兰，300多个野生动物管道沿着高速公路分布，因此对于恢复物种多样性有极大的好处。然而那些并非专门为动物而设计的排水涵洞、管路也会被动物利用，在一些监测这些“非野生动物工程”的数据中显示了其已经成为地方野生动物重要的连接通道。小的通道常常与栅栏一起使用来引导动物到达通道入口，而防止它们直接跑到路面从而造成道路致死事故，篱笆、土堆、植被是引导动物到达通道入口有效的方法。

大通道是指半径或者高度大于1.5m的通道，主要是为大型哺乳动物和各种类型动物而设计的，包括上跨式和下穿式两种。目前大型通道在北美和欧洲分布相对较少，但是在规划中的却有很多。下穿式通道直径变化幅度很大，从2m宽的金属或混凝土地道到高架桥下部大于100m宽的通道都有。多数下穿通道的高度在2m左右，有的甚至达到4~5m高。其设计有许多变化，然而在北美大致分为三种类型：金属的多层管道（圆形或椭圆形的）；预制混凝土通道；大跨度桥梁（跨越地表或水域）。上跨式通道主要是为了大型哺乳动物的通过而设计的，多数是30~50m宽，但也有200m或更宽的。目前全球有将近50个大型野生动物上跨通道，大多数在欧洲，北美仅有约6个。然而，随着各国公路的不断拓宽和交通量的持续增长，使用上跨桥作为连接道路两侧破碎栖息地的可行性也在持续增长，术语“绿桥”（green bridge）通常就是指野生动物上跨通道，伴随着道路横穿相对广阔的自然植被带（图10-2）。

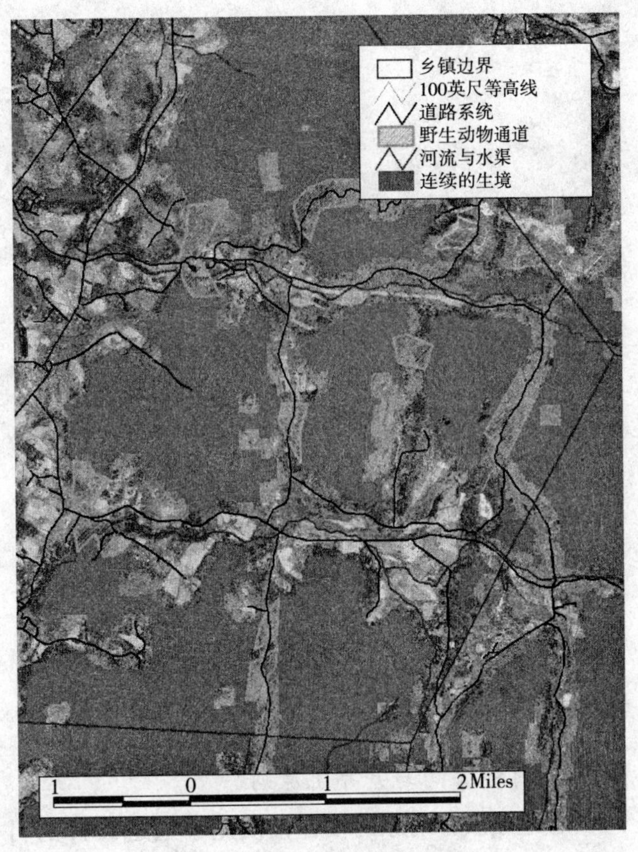

图10-2　通道体系规划布局

第11章
陆地通道的规划设计

11.1 通道设计原则与布局

11.1.1 通道设计原则

1. 目标导向与差异化原则

通道因服务对象的多样性决定了通道设计的目标导向的特征。尽管当前所采用的措施与预期所能达到的目标之间存在误差，但越来越系统的监测和评估手段，在通道设计和动物保护之间建立起了不断修正调整以提供更加优化的解决方法，兼顾多样性和差异化原则。

2. 预先设计与时滞效应原则

公路工程中大量桥梁与涵洞建设是保证动物通过的最经济有效的通道类型。当规划和评估通道使用效率时，必须重点考虑道路对种群和生物多样性的累计影响和时滞影响。

3. 经济性与生态性原则

最有效的缓解措施是在花费最小的前提下达到保护目标的最佳选择方案。由于通道大小没有固定标准，因此一方面物种会自行调整生存习性以适应不同通道类型和设计结构；另一方面，要求通道设计还要结合目标物种个体大小和生活习性等因素综合考虑。

4. 综合应用与持续利用原则

在保持生境连续性和减少道路致死率等方面，结合野生动物横穿通道和栅栏隔离的缓解措施比单一让动物横穿通道更加有效。动物数量特征、动物习性、栖息地条件和附近人类行为等都对通道的可持续效应产生影响。

5. 景观效应原则

动物通道的位置是规划设计中的重要环节，基于道路致死率和动物行踪数据的位置并不是最佳的选择，相比较而言，基于总体景观格局和能够创造有效的景观连接的通道位置才是能发挥长期效应的最佳选择。

11.1.2 动物行为调查

所有的野生动物物种的基本需求就是要找到足够的食物和水、栖息地和同伴。在这些需求的促使下，野生动物不得不穿越一些高速公路或铁路，其中有的会顺利通过道路，有的就会将尸体留在道路上。

1. 习性特征

野生动物是人工设计通道的使用者，设计者不仅要有生态设计的能力，还需要了解不同动物的习性和行为特征。世界上有很多种类的动物，每一种动物的行为都有所不同。羚羊喜欢没有遮挡的开阔的视野，这样比较容易发现危险；小型啮齿动物寻求密集的、低矮的植被，以便让这些植被为自己提供保护；鹰喜欢飞得很高，便于发现猎物。利用动物行为来设计野生动物通道确保此通道能用于相应的物种，与此相反，忽略动物习性就会导致设计失败。

2. 节约能量消耗

一般来说，野生动物的活动以节约自身的能量为前提。如果让野生动物作选择，它们会选择沿水走而不是涉水，原因就是涉水比较浪费体力，较为困难，特别是河水流速很快的时候。另一种典型的节约自身能量的方式是沿地形平缓的地方走，这就是为什么山脊和河道是野生动物最喜爱的迁移走廊的原因。

3. 回避危险

一些物种利用植被或地形来使自己回避危险，通常这些都是被较大动物作为猎物的物种，范围从非常小的啮齿动物到黑熊。地形和植被是典型的自然形式保护模式。一些物种如狼獾、松鼠等都使用一些大型木质残体，如空心原木当做通道。因此，可以为这些动物设计小桥或涵洞作为过境结构，特别是干暗渠。小啮齿动物是野生动物世界里的主要食物来源，经常被许多大于自身的食肉动物所捕食，所以这些小动物很少涉足附近没有植被覆盖的领域。因此，只要在涵洞口有植被的覆盖或把一些树枝和树叶沿地下通道的边缘撒放，这些小动物就会把小桥或涵洞当做它们的通道。

4. 防护需求

两栖类和爬行类使用覆盖物以保护自己免受干而燥热的太阳以及天敌。如蝾螈可以随时使用一个无底的涵洞以满足水分和藏匿的需要。排水暗渠能提供光和一定的水分，是一种比较适合这类动物的通道。

凭借敏锐的目光观察周围情况并善于奔跑来避免被捕食的物种通常都喜欢比较开放的空间环境。如鹿、麋鹿等就是依赖良好的视野创造逃跑的先机以回避危险。灰熊和山狮都是最喜欢使用开放的路上式通道的物种。如果外部环境是开阔的，也可以把通道做成开放的桥梁式通道或涵洞。对于这些物种来说，通道尺寸越大越好，桥梁式通道随着长度的增加外观也相应地增大。

5. 季节迁移

许多动物，特别是在寒冷的冬天，需要移动很长的距离，也就是要进行季节性迁移。如鹿和麋鹿等动物从夏季到冬季要移动相当长的距离，这段长距离迁徙过程中要穿越许多高速公路，而且它们的迁移路线是相当固定的。即使较小的动物当它们完成繁殖后也会迁移到比较干的环境和地方去生活。对于这些动物来说，迁移是永久且必须的，迁移会迫使这些动物尝试跨越横穿在固定移动路线上的高速公路和铁路，成为迁移路线上重要的辅助设施。

6. 穿越障碍物

当沙龟觉得前面的栅栏能通过时，即使旁边有通道，它也会不停地推顶力争穿过。大角羊在被追逐时，会猛击前面的栅栏。减小栅栏的间距，可能会降低对动物以及栅栏的伤害。很多动物十分擅长挖洞，獾和郊狼甚至鹿都能在栅栏的小缺口处挖洞。这些洞成为其他动物跑上车道的通道，以免留下隐患。

11.1.3 通道选址

动物不像人能够思考探索，即使给它们设置了通道动物们也不一定会使用。因此，动物通道位置的选择便是关键。

1. 在习惯的路径中

生物通道应在动物的传统游移、迁徙路径中设置，这是生物学家与工程师在众多观测与实践中得出的结果，这成为生物通道选址布局的关键。为了了解动物的习惯路径，通常采用无线电传感器或无线电定位仪来捕获信息。另外，有动物道路车祸的地方一定是动物经常进行觅食或迁移活动的通道，可根据历年动物道路车祸的数据来分析动物的迁徙路径。再者，通过细心而持久的观察和用红外摄像仪追踪及卫星定位等方法也可以确定动物的行径。

2. 临近栖息地

通道最好设在动物聚集的栖息地附近。由于不同动物有不同的栖息地需求和喜好，不同物种喜欢不同类型的通道，所以不同动物布置动物通道的位置不同，应与动物一般行为和栖息地的偏好相对应。如美洲狮和猞猁生活在封闭的森林，喜欢小而封闭的通道。而灰熊和麋鹿是生活在更加开放环境的动物，喜欢立交桥或宽大的通道。也就是说，各种各样的通道结构是重要的，应该与当地主要的物种相一致。生物通道布局的最大问题是通道放置的地方可能不是动物聚集的区域。以班夫国家公园为例，加拿大班夫国家公园尽管作了很多努力，但许多动物的移动和疏散仍然很难穿越加拿大的高速公路，主要是由于通道分布过于广泛（图 11 - 1）。

3. 远离干扰

生物通道设置应远离人类的干扰。研究表明，靠近通道附近的人类活动会对通道产

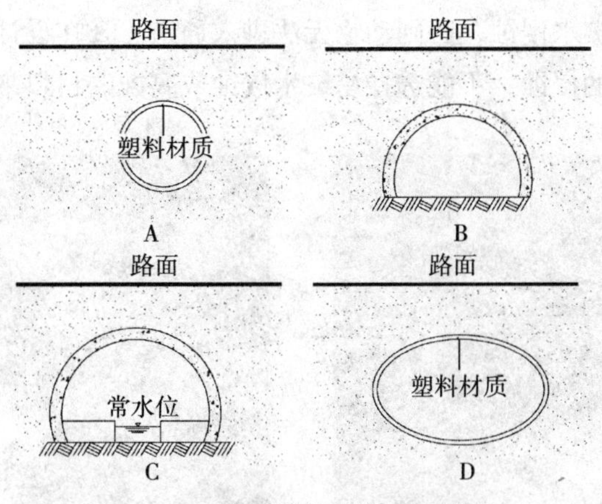

图11－1　管状涵洞的不同横截面

A—圆形管状涵洞；*B*—椭圆形管状涵洞；
C—半圆形管状涵洞；*D*—常年过水的管状涵洞

生不利影响，更重要的是一些动物表现出了对人类活动区域的规避行为。为了减少动物规避人类现象，应限制人类使用路下式生物通道，促进更多的动物互动，从而加强被道路分割的栖息地的连通性。

4. 合理的通道间隔

通道间的距离和通道设施的分布密度比通道设施构造更为重要。在道路沿线分布众多廉价的路下式生物通道可能比建设1～2座生物天桥更有效。有生物学家认为，就使用效果而言，通道设施应布置在每一物种的活动领域中；理想状况是在道路沿线平均每1mi便修建一座路下式的地下通道或架设路上式的生物天桥。哺乳类动物一般都能学会使用地下或地上通道，并能把这些能力传给后代；但对爬行动物和两栖动物是不可能的。掌握穿越通道的能力可降低种类灭绝的风险，即使修建的地下通道不在动物传统的迁徙或活动路线上。

11.2　通道设计

11.2.1　管状涵洞的设计

1. 管状涵洞的类型

管状涵洞一般是为小型哺乳动物和两栖类动物设计的通道。根据管状涵洞的功能和形状划分，主要有圆形管状涵洞、椭圆形管状涵洞、半圆形管状涵洞、常年过水的管状涵洞四种形式（图11－1）。其中，有些管状涵洞同时具有过水作用，有常年过水的，也有季节性过水的，特别是在雨季，有些通道可能会有排水的功能。

常年过水的管状涵洞满足动物的使用需将通道加宽，在通道两边留出能满足小型动物通过的平台，将其抬高，让水从两个抬高的平台间流过，两边的平台可供动物穿越使用。设计过水的涵洞时一定要注意以下几种情况（图11－2）：①不能让通道常年过水而动物无法通过。②通道入口也不能被水侵蚀，否则动物无法进入通道。③在设计常年或季节性过水通道时要考虑到水流对通道的侵蚀，不能选择易被水侵蚀或腐蚀的材料来建设通道。

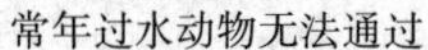

常年过水动物无法通过　　通道入口被水冲刷

图 11－2　不能使用的通道

（来源：http：//www. lmnoeng. com/Pipes/hds. htm）

2. 针对小型哺乳动物设计的管状涵洞

1）设计要求

松鼠、老鼠、田鼠等小型哺乳动物一般只有几英寸高，最长有 0.4m。为小型哺乳动物设置的管状涵洞必须满足以下几个方面：①涵洞至少要 0.3m 高。这类动物都比较矮小，通道都不是很大。②这类动物喜欢阴暗的环境，入口横截面要小一点，具有比较低的开放比率（开放比率＝通道入口横截面积/通道长度）。③要让此类动物能很容易地进入通道。

2）入口区植被

大量实际调查证实，通道入口区周围有自然植被的覆盖会促进小型哺乳动物使用该通道。因此，通道施工完成后，在通道入口区附近要种植一些低矮的植物，营造灌木丛群落和生境，给此类动物一定的保护。

3）通道布局

通道间的距离会影响小型哺乳动物使用。由于小型哺乳动物的移动能力比中型和大型动物的差，所以它们的活动范围也比较小。因此，这种类型的通道要多设置，间隔要小点，也就是分布密度要大一点，一般为 45～90m（图 11－3）。

4）栅栏设置

对小型哺乳动物来说，为防止这些动物跳过或爬过栅栏，故将栅栏的高度设在 1～1.2m。建议将栅栏做成网状，网孔不能太大，否则小型动物会钻过去（图 11－4）。为了防止动物从栅栏下面挖洞，设置栅栏时应将栅栏埋入地下，具体深度因各类动物而定。另外，栅栏两侧不能有树木和大灌木等可以辅助攀附的“天然梯子”。

5）通道尺寸

对于此类动物来说，根据喜欢阴暗环境的生活习性，通道横截面积不宜太大，建议这类通道入口横断面面积限制在 0.2～0.4m^2。

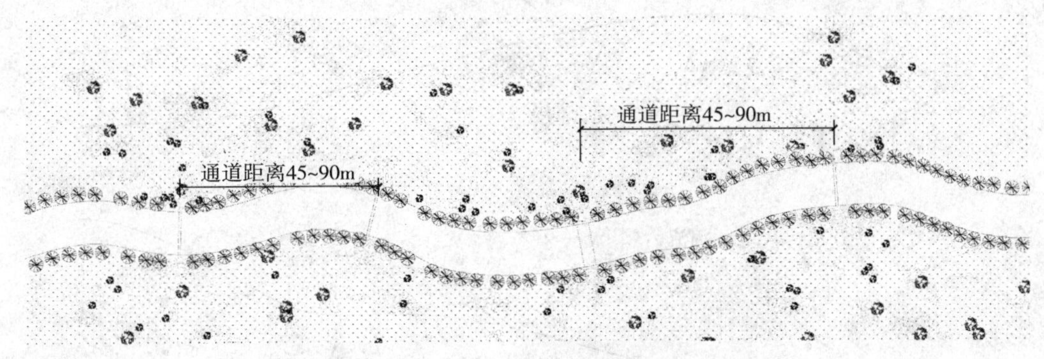

图11－3 小型哺乳动物通道的布局

6）通道内部环境

一方面，要用土或细沙将涵洞底部覆盖，将涵洞内部营造成自然状态。另一方面，依据小型动物比较喜欢通道内部有能遮挡东西的习性和穿越通道时通常沿通道内部边缘走的行为特征，在通道内部放一些树叶、树枝和石头等能为小动物提供保护的东西，来吸引它们使用通道。

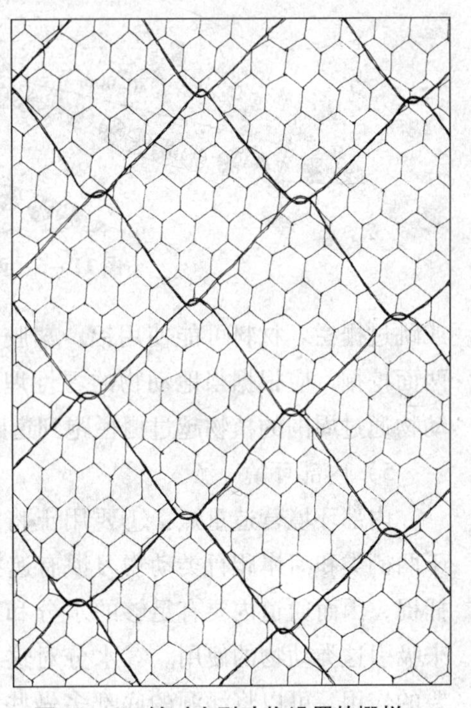

图11－4 针对小型动物设置的栅栏

3. 针对两栖类和河岸爬行类设计的管状涵洞

1）设计要求

青蛙、蟾蜍、蝾螈、海龟和一些种类的蛇等两栖动物和河岸爬行动物喜欢潮湿的环境。两栖类和河岸爬行类动物设置管状通道最好能满足以下几个方面：①至少要0.3m高，要满足此类动物能顺利通过通道。②要让此类动物容易进入或穿过涵洞。③此类动物喜欢潮湿环境，应保持涵洞内的湿度。④应将涵洞布置在此类动物频繁出现或靠近它们栖息地的地方，提高这类涵洞的使用率。

2）入口处植被

两栖类和河岸爬行类动物是被捕食的物种，通常需要靠低矮的灌木来保护自己，免于被天敌捕食。如果在入口处没有低矮的植物或灌木丛，这类动物一般不会使用这个通道。与此同时，保留和种植自然植被，以保持栖息地环境的连续性。

3）通道布局

有证据表明，哺乳动物可以学习使用通道并能将这些能力传给自己的后代，但两栖类和河岸类爬行动物没有这种能力。管道和涵洞这类较小的通道应针对某些物种布局在这类动物通过比较频繁的地方，通道间的距离为45～90m左右（图11－5）。

4）栅栏设置

栅栏的高度一般约0.5～0.8m之间，通常是用来防止两栖动物和滨河爬行动物爬过

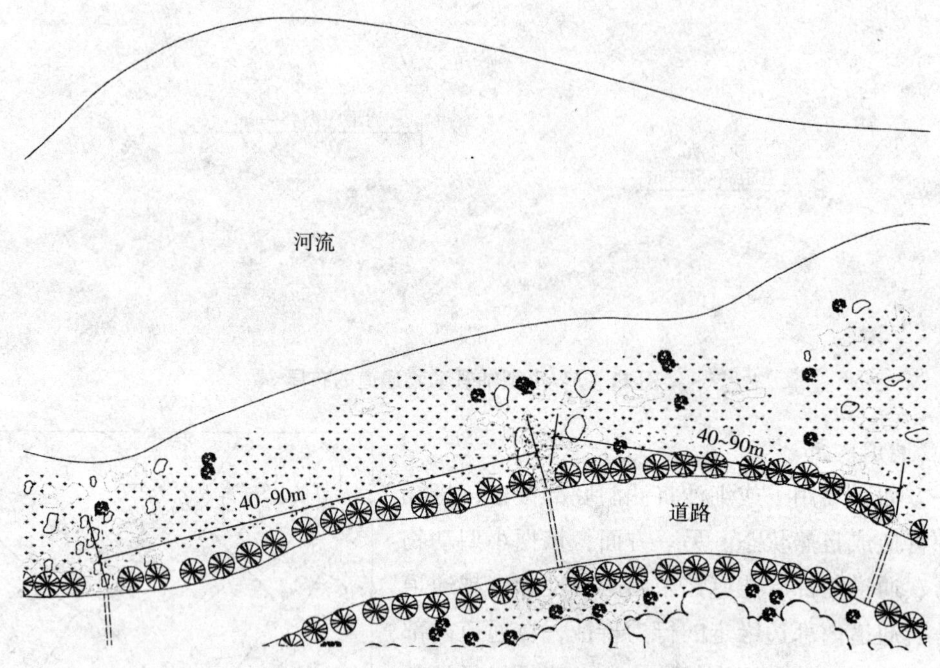

图 11－5　两栖和河岸爬行动物通道布局

或跳过栅栏。材料可能使用铝、塑胶、塑料、混凝土或一个细网丝。为防止动物从栅栏两面挖掘，应根据当地动物的习性埋置适当的深度。定期清理栅栏周围的草，防止一些动物通过周围的植物越过栅栏跑到道路上。

5）内部环境

内部环境营造重点：①要用土将涵洞底部覆盖，将涵洞内部营造成自然状态。②由于两栖类和河岸爬行类动物习惯有遮挡的东西来保护自己免受干燥的阳光照射和天敌的捕捉，因而通道内要有足够的水分和可用来藏匿的遮挡物，里面最好还要有树枝树叶等来吸引这类动物的使用。③水分对这类动物来说需要重点考虑，潮湿的通道环境具有重要的作用，可以将涵洞的底部多做些坑洼，营造两栖类喜欢的潮湿环境。④防止动物通道用作常年排水，妨碍动物使用。

4. 针对陆地爬行动物设计的管状涵洞。

1）设计要求

蜥蜴、乌龟和一些物种的蛇等陆地爬行动物一般喜欢干燥而有阳光的环境。要满足陆地爬行类动物的使用需要，通道设计应符合以下几个要求：①涵洞至少要有 0.4m 高，保证此类动物中最大动物能够通过并能留出一定高度。②涵洞入口处要有低矮的植被覆盖，满足此类动物的本能需求。③该类动物能够比较容易进入涵洞。④在动物栖息地范围内广泛设置，具有较高的通道密度。

2）入口处植被

陆地爬行类动物是容易被捕食的物种，需要靠低矮的灌木来保护自己，免于被天敌捕食。如果在入口处没有低矮的植物或灌木丛，这类动物一般不会使用这个通道。入口处种植植被能保持动物栖息地的连续性。

3）通道布局

两栖类和河岸类爬行动物的通道较小，管道和涵洞应布局在动物通过比较频繁的地方，通道间的距离为45～90m左右（图11－6）为宜。

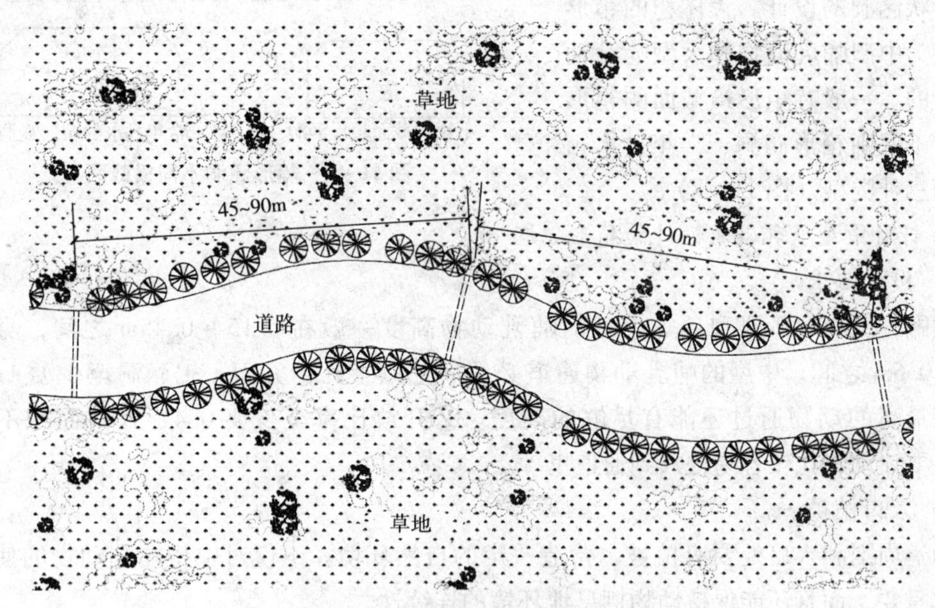

图11－6 陆地爬行动物通道布局

4）栅栏设置

栅栏的高度一般在0.45～0.75m之间，以防止陆地爬行动物爬过或跳过栅栏。材料可使用铝、塑胶、塑料、混凝土或一个细网丝（图11－7）。为了防止动物从栅栏两面挖掘，栅栏应根据当地动物的习性埋置适当的深度。定期清理栅栏周围的草。

图11－7 针对陆地爬行动物设置的栅栏

5）内部环境

陆地爬行类动物习惯有遮挡的东西来保护自己免受干燥的阳光照射和天敌的捕捉。不管通道内部是自然地面还是人工地面，只要有树枝、石块、树叶等可提供躲避天敌的藏身的可遮挡物，陆地爬行类动物都可以进入并使用该通道。

11.2.2 箱形涵洞的设计

1. 箱形涵洞的类型

根据体积大小箱形涵洞可划分为小体积的涵洞和大体积的涵洞两种类型。小体积的箱形涵洞一般是为小型哺乳动物、两栖类、河岸爬行类动物、陆地爬行类动物设计的。小体积的箱形涵洞跟管状涵洞很类似，具体的设计要求可以参考管状涵洞的设计。大体积的箱形涵洞是为中型哺乳动物和大型哺乳动物设计的。一般有矩形横截面的箱形涵洞、不规则箱形涵洞、常年过水箱形涵洞三种类型（图11－8）。

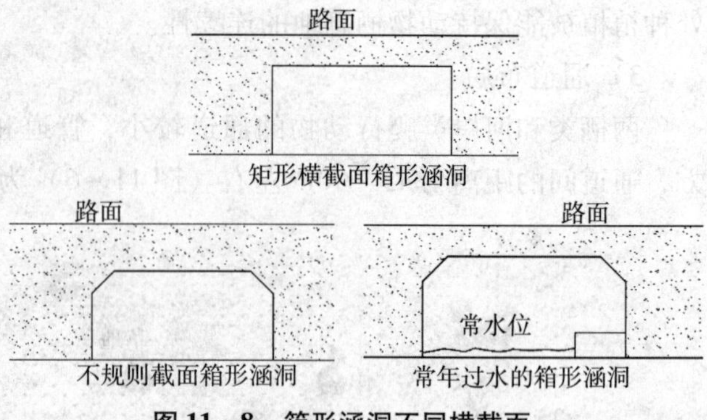

图11－8　箱形涵洞不同横截面

2. 针对中型哺乳动物设计的箱形涵洞

1）设计要求

臭鼬、浣熊、狐狸和兔等中型的哺乳动物高度一般在0.15～0.45m之间，身长在0.48～0.6m之间。中型的哺乳动物通道必须满足以下几个方面：①涵洞至少要1m高，要确保最高的动物通过还能有足够的高度。②开放比率至少要0.4，入口面积不用太大。③要让动物比较容易进入到通道里。

2）入口植被

通道周围和入口处要有植被，营造一定的自然环境。不仅对中型哺乳动物的使用来说非常重要，而且还能保持动物栖息地环境的连续性。

3）通道布局

通道之间的距离会影响中型哺乳动物对通道的使用，虽然此类动物行动能力较之小型动物强。再就是箱形涵洞的造价不是太高，可以在动物栖息地附近多设置此类通道。例如，一个长1km的巷道，每隔150～300m应设置一个动物通道（图11－9）。

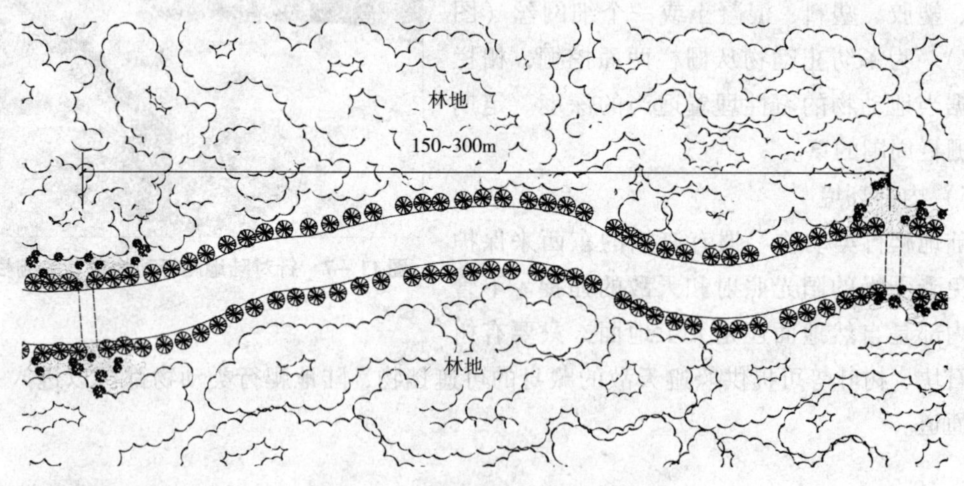

图11－9　中型哺乳动物通道布局

4）栅栏设置

对中型哺乳动物来说，为防止这些动物跳过或爬过栅栏，将栅栏的高度设在1～2m，将栅栏做成铁的链环（图11－10）。为了防止动物从栅栏下面挖洞，设置栅栏时应将栅栏埋入地下，具体深度因各类动物而定。

图11－10 针对中型哺乳动物设置的栅栏

5）通道尺寸

为中型哺乳动物设置的通道高度不应小于1m。一些研究表明，通道的长度跟动物的使用是成反比的，即通道越长，动物使用得越少。一般来说，针对中型哺乳动物设置的通道入口的横截面随着通道的长度要变大，应将开放率维持在最低的0.4左右。

3. 针对大型动物设计的箱形涵洞

1）设计要求

这里所说的大型哺乳动物包括山狮、鹿、熊、狼和山猫等。这类动物一般至少有45cm高，身长最少也有60cm（不包括尾巴）。大型哺乳动物由于生活范围比较大，数量增长缓慢，因而密度很低。在这种情况下受到生境破碎化的影响格外严重。大型哺乳动物使用的桥梁式或箱形通道必须满足以下几个条件：①通道至少要有1.8m高，要保证最高的使用动物能够进得去而且还要有足够的空余高度。②进入通道是动物使用通道的第一步，动物能够比较方便地进入通道，入口处没有障碍。③开放比率最少要在0.75，最好是0.9。

2）栅栏使用

通道周围若设栅栏，为了防止大型哺乳动物跳过或爬过栅栏，通常将栅栏高度设定在2.4m。对于大型哺乳动物的栅栏网孔可以大一点，材料一般为金属或木头（图11－11）。为了防止一些会挖洞的动物如郊狼等从栅栏下面挖洞，在设置栅栏时应将栅栏埋入地下，具体埋置深度要根据当地动物种类而定。另外，在栅栏附近不能有如树枝、大灌木等可攀附的“天然梯子”，防止动物利用可攀附的东西翻越栅栏。当只在通道的一侧设置栅栏时，还应在设置栅栏的这一侧设置单向门或逃生坡，防止跑到道路上的动物被困在上面。

图11－11 针对大型动物设置的栅栏

3）通道尺寸

研究表明，为适应大型哺乳动物，动物通道至少要有1.8m高。在长度上，涵洞越长动物使用得越少。一般来说，涵洞入口的横截面随着通道长度的增加也会变大，以便维持0.75的最低开放比率。

4）开放的视线

许多研究表明，开放的视野有利于大

型哺乳动物利用通道。这类动物都比较敏感，如果涵洞设计得较为黑暗或是看不到涵洞对面的情况，这类动物一般不会使用通道。开阔的视野与大的开放比率是对应的。

11.2.3 桥梁式动物通道的设计

桥梁式通道跟管状涵洞、箱形涵洞一样，也是路下式通道的一种。这类通道可满足各种类型动物的需要，主要包括跨水桥梁和无水桥梁两种类型。

1. 跨水式桥梁

当道路修建时遇到了河流需要建桥，而桥正好在动物栖息地附近，就需要考虑到动物穿越使用的功能。根据动物习性，一般来说动物是不喜欢涉水而是沿着河流移动，在这种情况下架桥就要为动物预留出一定的通道。做法是加宽河流上的桥梁跨距，除了容纳水流以外，也预留不小于3m宽的动物行走空间，让动物可以通过（图11－12）。

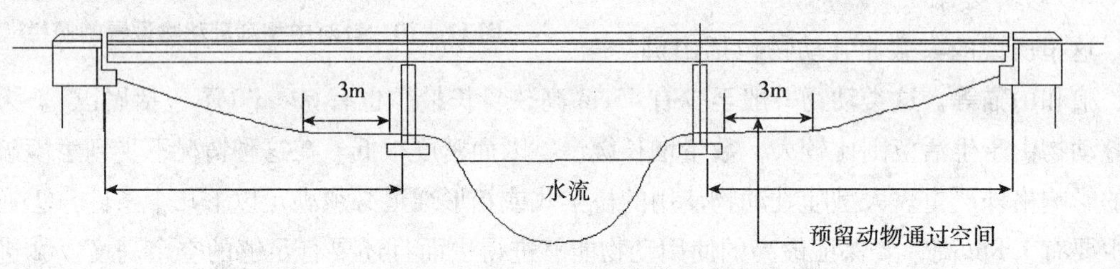

图11－12　有水的桥梁式通道

2. 无水式桥梁

无水式桥梁是一种刻意建构的通道，也就是刻意建筑一座桥梁，让动物在底下通过。按照跨的数量还可以分为单跨式桥梁通道、两跨式桥梁通道、连续跨式桥梁通道（图11－13）。桥梁的高度与跨度，应依本区经常通过的动物体积大小而定。由于同时考虑到维修与人行通过，桥面高度最少高于地面3m。然而如果只有爬虫类动物通过，则高度还可以再行降低。动物通过的地面要种植植被，最好是选用原生草种，或任其自然更替，不需要刻意将地面景观化。也不应该让人类随意通行或穿越。

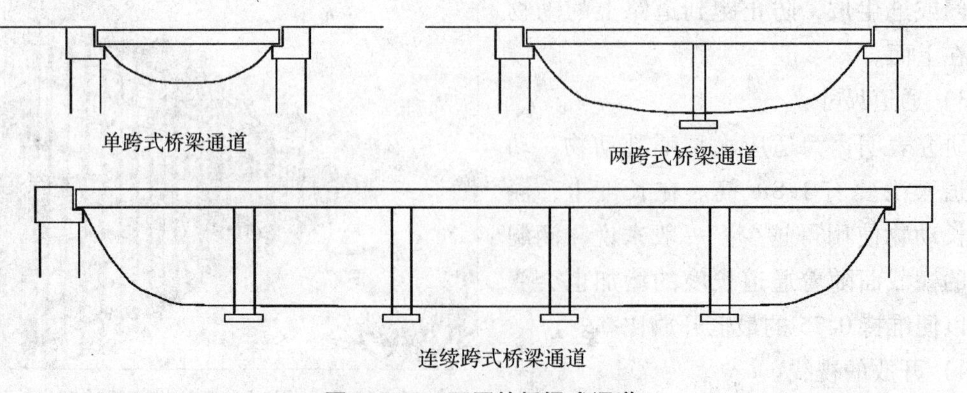

图11－13　不同的桥梁式通道

11.2.4 路上式动物通道

这种通道也是可以供各种类型动物使用的。在道路的上方架设桥梁，桥梁要有一定的厚度，上面种植植物营造自然状态，形成动物通道。宽度一般多数为30～50m，也有200多米宽的。图11－14是路上式动物通道典型断面图。

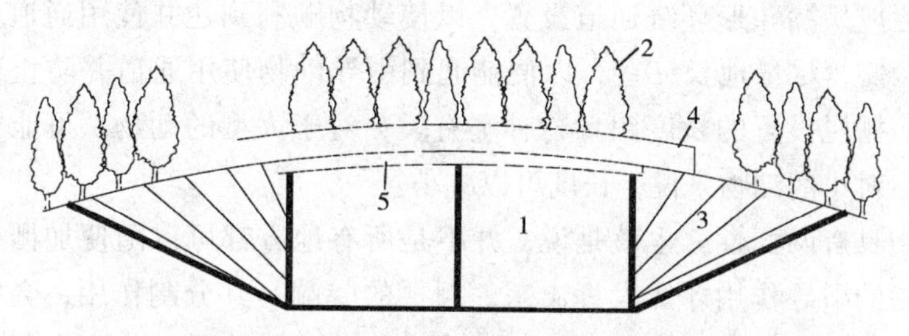

图11－14 路上式动物通道典型剖面图

1—开放或封闭式车道系统；2—用于阻隔车灯与减少交通噪声的绿化隔离带；3—两侧护坡绿化有利于小型动物和昆虫利用；4—通道两侧的围板以保证野生动物安全，同时还具有减噪防眩功能；5—隧道顶层结构至少要0.5m厚

这类通道一般在设计时将入口做成喇叭状，从桥一直延伸到地面，逐渐扩大。这样做是为了更好地跟周围环境相结合，吸引动物走上通道。在入口处种植植被，植物类型与通道周边的植物类型一样，让动物走到入口处感觉不到有什么变化，避免出现较大的差异，防止因为差异造成动物回避。桥两侧密植灌木和乔木，降低道路噪声干扰，避免动物受到视觉惊扰。桥两侧还应设计防护板，一方面可以防止动物由桥面掉落到下面的道路上；另一方面，还能降低噪声。防护板可选用有隔声效果的材料，高度可根据针对的动物类型而有所不同，

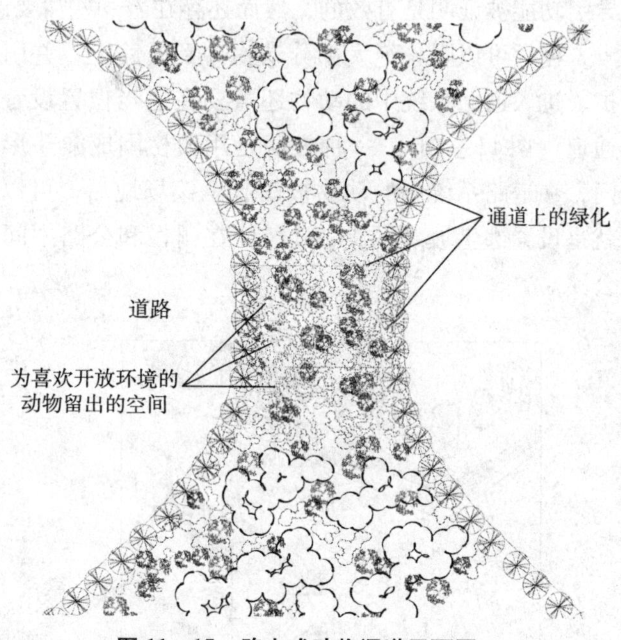

图11－15 路上式动物通道平面图

高度应不小于1m。至于植物覆盖的面积一般占桥面的70%左右，选用一些低矮的灌木和一些比较高大的乔木。灌木能为小型的动物提供遮挡庇护，高大的乔木为那些在活动时喜欢有遮挡的地方动物和一些喜欢在树与树之间活动的动物（如猴子）提供方便。桥面上的其余地方覆盖一些砾石或碎石，为那些喜欢开放环境和视野开阔的动物提供使用的环境（图11－15）。还可在桥面上撒放一些动物的粪便，用气味吸引动物走上通道。

11.3 引导动物使用通道的方法

11.3.1 栅栏的引导

栅栏除了能防止动物跑到道路上去的作用外，另一重要作用是将动物向生物通道处引导。因此栅栏应呈漏斗形环绕通道设置，以使动物顺利到达并使用通道。栅栏的设置应围合在通道两侧，尽量地长一些，以便能起到引导动物使用通道并防止这些动物跑到公路上的作用。栅栏设置的长度跟动物种类有关，对于大型的动物，可能要将整个地段都围合起来，但对小的动物来说，长度可以减小。

栅栏的使用具有两面性。也就是说，并不是所有地方都可以随便加栅栏，只有结合适当的通道栅栏的引导作用才能发挥出来。栅栏的弊端是其分割作用，会使地块的分散和孤立更严重；另外还容易被某些动物利用而成为其狩猎陷阱。如班夫国家公园里的山狼沿全加高速将美洲大角羊追逐逼入栅栏，大角羊的脱逃路径被栅栏阻断。1988 年有 14 头羊在高速沿线被猎杀，到 1991 年上升为 47 只。现在，几乎没有羊敢进入该地域。美洲狼和美洲豹也被观察到将鹿群赶入高速边的栅栏的现象。栅栏减少动物车祸及漏斗形的导引功能被证明是有效的，然而还存在着一些需要改善的方面。

栅栏可以阻止绝大部分动物冲到公路上，并引导动物使用通道。但对已突破栅栏围护、进入道路系统中的动物还需要在适当位置设置出口。一般的做法是为动物提供逃生通道（图 11－16）。一种方法是用栅栏围成漏斗形场地，在漏斗处设立一扇单向开启的门，在道路系统中的动物被驱赶至该场地后，可以从漏斗处的单向门逃离。另一种方法就是设置逃生坡（图 11－17）。在栅栏和公路中间作一个斜坡，以便动物能从此坡逃离公路。

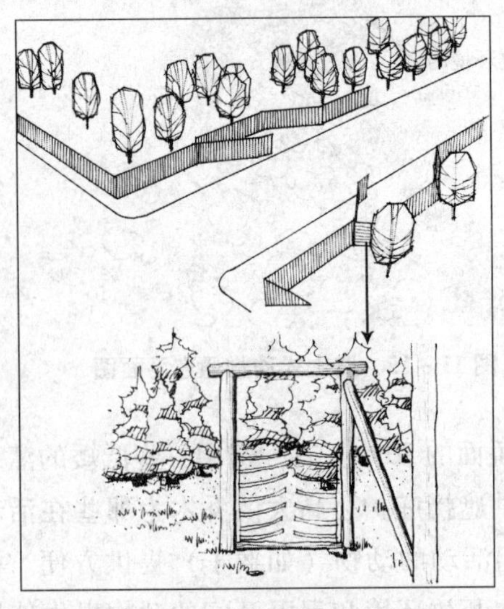

图 11－16 逃生通道与单向门

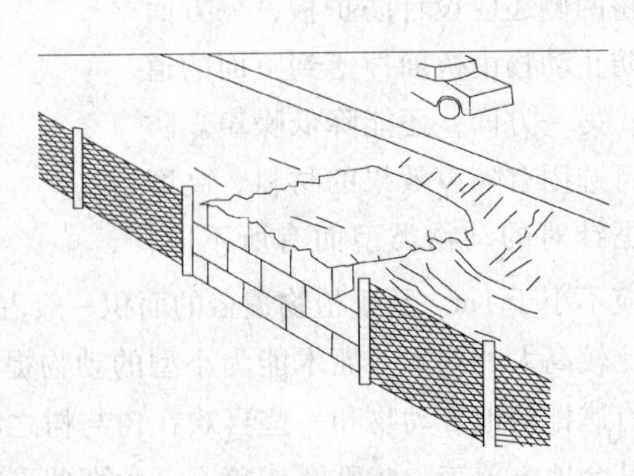

图 11－17 逃生坡

11.3.2 利用植被引导

1. 种植灌木引导动物

这种方法一般适合于小型的动物。根据小型动物喜欢沿着有遮挡的线路下活动以避开天敌的生活习性，在比较开阔的草地生境下，小型动物的活动需要选择有可遮挡的路线，可在通道附近种植灌木，将灌木作为小型动物的遮挡物（图11－18）。

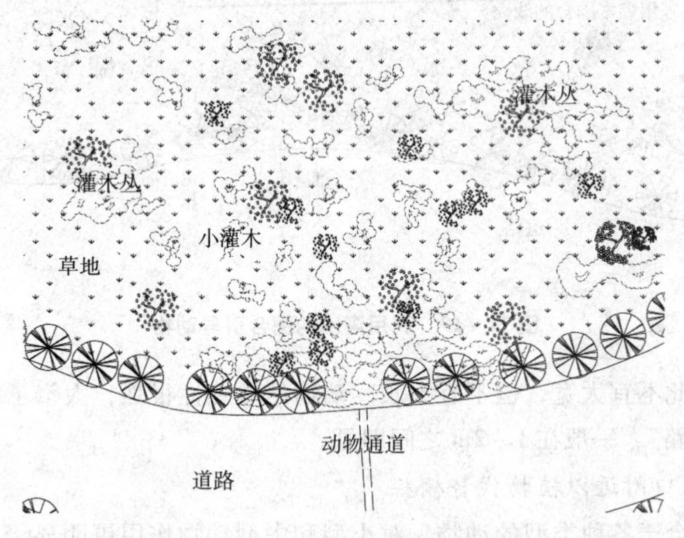

图11－18 利用灌木种植引导动物

由于小型动物的活动能力有限，植物引导距离通道不要太远，离通道约20m左右的范围内即可，太远就会失去作用。这种引导从通道口成扇形发散，即离通道入口越远，引导的灌木种植面积越大，比较大的灌木丛可能为这些小型动物提供一个小的栖息环境，吸引小型动物从远处过来。之间的一些较小的灌木起到引导连接性的作用。小型动物沿着设计好的灌木路线就能到达通道入口，从而能使它们使用通道。

2. 利用灌木的围合引导动物

这种方法一般适合于中型或大型动物。因为这类动物的活动能力较小型动物强，所以一般可把这类动物的引导做到离通道100m左右。我们预先设定下几条线路，在路线的两侧密植灌木，从而形成了用灌木围合的“道路”，这些“道路”可引导动物来到通道入口（图11－19）。

线路的选定也有一定要求：①围合成的“道路”最好能呈发散的树状。即离洞口越远越发散。这样便于大面积地引导动物。②这类灌木只是起到一种阻挡的作用，作用类似于栅栏，但又没有栅栏那么绝对的阻碍。目的只是不让中型或大型动物很轻易地穿过，但也不是绝对不能通过。当中型动物遇到危险时，能让它们从这些灌木丛中穿过。否则围合的这些引导性的“道路”会成为捕食陷阱。③至于这些“道路”的宽度也是根据不同动物类型来定的，用灌木围合“道路”多少还是会破坏通道周围的生境，会妨碍一些

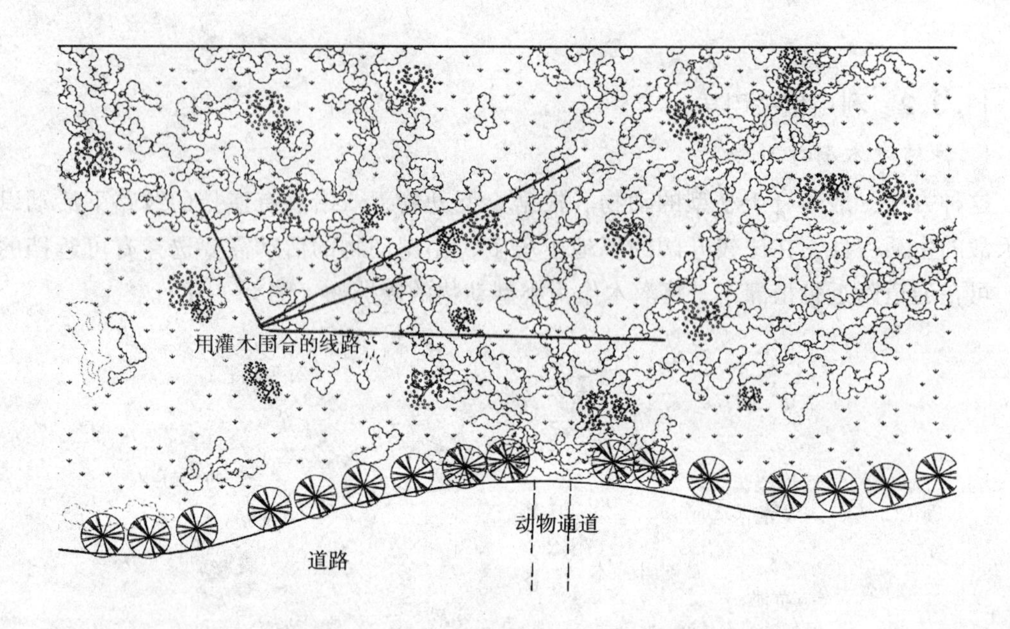

图 11－19　利用灌木的围合引导动物

动物的行动，因此不宜太宽，也不宜太长。动物的敏感性很强，太窄了它们也不太会愿意使用这些"道路"，一般在 1 ~2m 之间即可。

3. *在通道入口附近以植物代替栅栏*

这种方法适合于各种类型的动物，对小型和中型动物作用更明显。一般是用密植的灌木代替栅栏，种植的灌木呈喇叭状，从远处一直收缩到通道入口。具体的长度视不同类型的动物而定（图 11－20）。

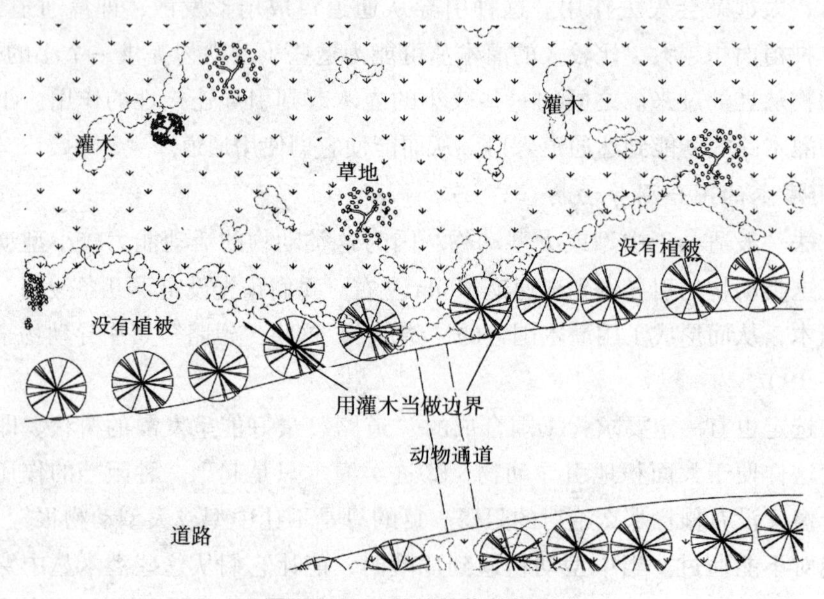

图 11－20　以植物代替栅栏

为了使这种方法更好地引导动物，可只在灌木围合的范围内种植植被，在范围以外的部分没有植被。由于大部分小型动物喜欢在有植被的地方活动，这样可以让动物只在围合的范围内活动，边缘就是灌木。灌木以外是没有植被的，动物就会沿着灌木活动，这样就会被引入动物通道。灌木跟栅栏比较起来不但有栅栏的阻挡作用，更大的优点是能让动物在危急时刻可以穿过，不会再出现一些食肉动物利用栅栏捕食动物的现象。所以对边缘灌木的种植密度要求很高，既不能太密也不能太疏。

11.3.3 利用食物引导

按食物的来源可以分为人工定期投放食物和利用一些植物的果实，如针对一些爱吃坚果的动物，在通道周围种植一些坚果类植物。

人工定期投放食物将动物吸引到通道的方法受外界的条件影响较小，是比较有效的方法，但费时费力价格也较高。具体做法就是根据使用动物的种类而选择食物。在动物通道周围及通道内部放置一些动物喜欢的食物，来引导动物靠近并使用通道。食物的投放点最好呈发散状，远离通道的投放范围加大，这样能比较容易地将动物吸引过来（图11－21）。还要注意的就是对不同类型的动物食物的投放距离有不同的要求。对于大型的动物投置食物的距离可能要离通道稍微远一些，因为这类动物的活动范围比较大，行动能力也比较强。太靠近通道就失去引导作用了。相反，对于小型动物来说投放食物要离通道近点，投放食物的密度要大点，因为这类动物的数量较多，但其行动能力较差，离通道太远了可能很难将它们吸引过来。要注意，在通道的内部，以及通道的另一端也要投放食物。不但要让动物靠近通道，还要让它们进入并穿过通道。

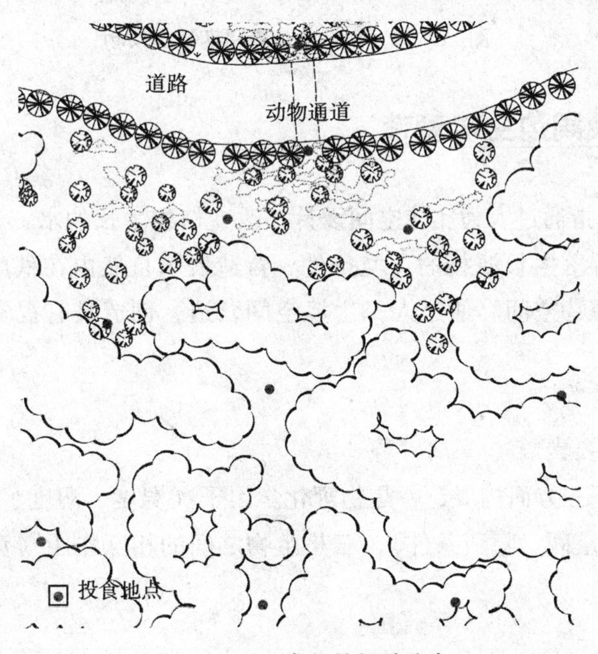

图11－21　食物的投放分布

利用一些植物的果实引导食用此果实的动物使用通道的方法受外界的影响较大，一般都是季节性的，但能省人力，投入也较低。这种生长果实的植物的布置也应呈发散状，离通道越远种植得越多，到通道入口处可减少为几棵或者一棵。

11.3.4 两栖类动物的引导

两栖类动物是比较特殊的物种，喜欢潮湿的环境，其行动能力也不强。针对这种情况可以为这类动物在其栖息地和动物通道口之间人工布置一些小水坑。可以作为两栖类动物休息和寻找食物的地方。同时，为了大面积地吸引动物而将这种水坑分布呈扇形，越远离通道面积越大，到通道口附近逐渐减少和变小（图 11-22）。水坑的面积也不宜过大，在 $10m^2$ 左右即可。

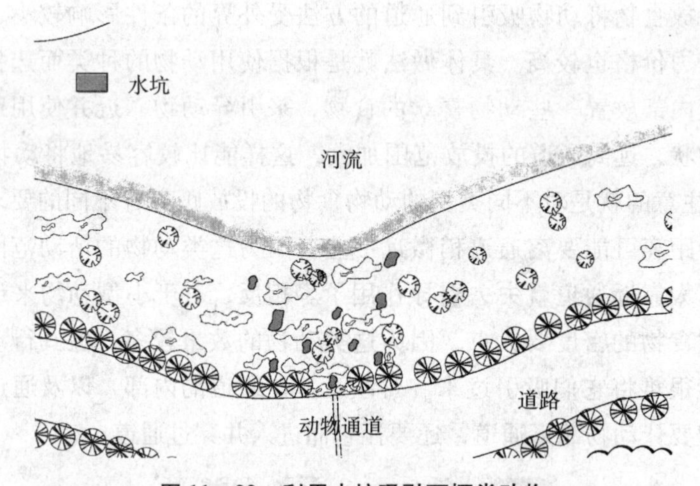

图 11-22 利用水坑吸引两栖类动物

11.4 通道及周边生境营造

“生境营造”是指通过人为实体空间设计，改变植物生长的水、光、热、养分等生态因子，创造植物及群落生长演替的环境条件，营造展示自然内在秩序的空间组织，为物种提供适宜的生长演替空间。通过人工生境空间营造，创造具有视觉审美和生态意义的活动场所。

11.4.1 生境要素

生境主要由以下三方面构成，一是物理化学因子（温度、湿度、盐度等），二是资源（能量、食物、水、空间、隐蔽条件），三是生物之间的相互作用（竞争、捕食等物种间互作等）。

1. 气候因子

1）光及其生态作用

光对动物的影响主要取决于光的性质、强度和光周期。光直接影响动物的生长、发育及活动节律，不同光照下的动物具有不同的繁殖、取食、迁移等节律，每种动物对周期性变化产生的适应均在动物的取食行为与取食选择上表现出明显的差异。值得注意的是在生境分析中，光的生态作用较少受到重视。光周期的变化常导致野生动物在异地引种时繁殖失败。

2）温度及其生态作用

每种动物只能在一定的温度范围内生存，温度过高或过低将对动物产生不良影响，超过某一范围的温度将引起动物死亡，同时温度还影响动物的发育与繁殖。生活在不同地带的动物产生了对温度的不同适应机制。温度对水生动物分布的限制作用是极其明显的，鱼类的分布受到水温的严格限制。温度对于恒温动物的影响往往通过对食物资源或其他环境条件的影响来实现，如大熊猫的分布范围就与箭竹的分布区非常近似。高大山体使植被具有垂直分带现象，各种动物的分布也相应地具有明显的海拔范围。在动物的垂直分布中，温度可能起着重要的作用。如羚牛是一种耐寒的动物，但不耐酷热，因此，为寻找适宜的温度范围，羚牛会随着季节的变化选择不同的海拔高度。

3）雪的生态作用

雪在高纬度地区和极地生活中起着重要作用，在该地区生活的动物在形态、生理和行为三个方面都有对雪的适应。喜雪动物能够在雪覆盖的地区很好地生存，并且它们的分布也只限于这些地区。雪的密度、硬度、深度都影响到动物对生境的选择。

2. 水分因子

生物体内水的含量约占体重的50%～70%，动物体内所有生理代谢过程均依赖于水，并通过主动地饮水来满足对水的需求。一些大型有蹄类动物选择生境的某些特点表明了它们对水存在一定的依赖性，且这种依赖性存在季节和年度的变化，如生活在美国爱达荷州的北美马鹿，其夏季的生境多在距水源536 m范围内。动物获取水分行为的适应性表现在日常活动规律和主动选择微环境方面。降水对动物有直接和间接两方面的影响，但降水在大多数情况下是通过环境温度对动物施加影响的。湿度以及食物资源的状况对动物产生间接影响，特别是在干旱草原上，降水量对植被状况影响极大。从年际变化来说，年降水量的多少会直接影响动物种群的数量。

3. 土壤和基质的作用

土壤是野生动物赖以生存的基质，其物理、化学性质直接或间接通过植被而影响动物的分布。一个地区的土壤中缺乏某些矿质元素或含有过量的一些矿质元素都可能影响动物在这一地区的生存和繁殖，从而使某些野生动物不能在这一地区生活，如土壤中盐分对某些动物的生境选择具有决定性的作用。

基质（substrate）是指动物在全部或部分生活过程中栖息或在其中生活的物质。在某些时候基质也起着为动物提供隐蔽所和营养物质的作用。水体的基质可能是固体的基质，如岩面、木头、金属、珊瑚礁；也可能是颗粒状的基质，如细沙和淤泥等。陆生基质包括土壤、岩石、沙地、雪被、植被等。不同的陆生动物要求不同的基质，如岩石是山羊、岩羊、大角羊等物种生活的基质，它们的日常活动和躲避敌害均依赖于岩石。

4. 食物

食物是连接动物与环境的纽带，也是建立动物群落中各种种间关系的基础。捕食、寄生、竞争等种间关系是动物间食物联系的最具体的体现。食物研究是从营养角度探讨动物与生境间相互作用机制的基础，确定动物的食性及动物的取食行为是进行种群管理的前提。

动物对食物的需求包括对食物的质和量两个方面。这种需求因物种、性别、年龄、生理功能、季节变化、天气条件及不同的地理分布而有所差别。不同种间的食性差异是由动物物种身体结构的特异性及在长期进化中对环境的适应决定的，它不但来自动物的体形大小以及行为、生理等方面的差异，也是不同动物在不同的和相同的营养环境中为维持自身的生存所表现出来的。不同营养需求食性的分析可粗略地判断出适宜生境，根据食物组成及其喜食性程度可确定生境的适宜度。

研究食物与生境关系的主要目的是弄清野生动物利用哪些食物，怎样、何时、在什么地方取得这些食物，以了解野生动物的需求并对其进行有效的管理。研究食物与生境关系包括野外和实验室两部分。野外调查可提供大量有关动物食物的信息，是实验室分析的基础。如果实验室研究不与野外调查相关联，就不能解释实验室工作的结果。食物的可利用性对评价食物的重要性十分重要。目前确定野生动物食性的方法主要有胃内容物分析法、粪便分析法、野外直接观察法和动物取食利用法。

5. 隐蔽条件

1）隐蔽条件构成

隐蔽条件是指生境中能提高动物繁殖力或生存力，或两者都能得到提高的所有结构资源，这里的结构资源包括除营养因子外的一切生境因子。虽然隐蔽条件可以构成或直接成为野生动物的躲避场，但不能简单地把隐蔽条件理解为躲避场所。由于长期进化的适应，野生动物在生理、形态结构及行为等方面都对隐蔽条件有特定的需求，因此也可以说，隐蔽条件是指生境中任何野生动物需要的结构性实体。

隐蔽条件的组成成分十分复杂。植被是野生动物隐蔽物最主要的组成成分。然而，植被并非生境中影响野生动物的唯一结构性资源。野生动物常常依赖于非植被性的生境结构资源。例如，大片开阔水面在水禽生境中是至关重要的结构资源。在大角羊生境中，岩石是必需的结构资源（崎岖的路径和陡峭山崖有利于逃避天敌捕食）。因此，隐蔽条件的组成包括：①植被（植被类型、植被密度、植物种类组成及植被结构等）；②地形地貌：坡向、坡位、坡度、海拔、峭崖、岩洞、砾石、沙漠等；③水面、湖面（水深水温）；④雪被；⑤土壤结构；⑥小气候。

2）隐蔽场所类型

（1）逃遁隐蔽场所

主要指被捕食者借以逃脱捕食者或人类猎杀的结构性资源。逃遁隐蔽场所是在天敌存在条件下野生动物所必需的生存条件，小的野生动物（如小兽类和鸟类）往往借助于稠密、带刺的灌丛或林木等隐蔽物以逃遁天敌的追杀。一些较复杂的沟壑和崖壁也是有蹄类野生动物的隐蔽场所。此外，逃遁隐蔽物也包括野生动物躲避蚊虫叮咬和侵扰的结构资源。如鹿类夏季卧息时在林中通风的空旷地带和山脊处。

（2）越冬隐蔽场所

主要指可供野生动物越冬的具有防风、防寒或防雪作用的结构资源。在冬季，树冠郁闭的林下热量反射受到阻碍，使得林内温度较空旷地高2～3℃；其次，稠密灌丛具有防风作用，是许多野生动物在大风时避风的地方（如有蹄类选择林中卧息或过夜）。

（3）繁殖隐蔽场所

指野生动物繁殖期所要求的特殊结构资源，可分为孵卵隐蔽场所、育仔隐蔽场所、求偶及产仔隐蔽场所等。繁殖隐蔽场所具有种的特异性，一般说来动物对繁殖隐蔽场所要求十分严格。

（4）睡眠隐蔽场所

指野生动物睡眠时所需要的结构资源。它不仅要求能防御天敌的侵害，也要求能抵御恶劣气候的侵袭。如鼠类、鼬科、犬科等动物利用洞穴；鸟类利用树洞和高大的树木枝桠筑的巢等；羚类栖息在铺满碎石的通道上方较陡峭的岩石上，当天敌接近时可被碎石发出的声响惊醒。

（5）休息隐蔽场所

指能为野生动物提供安静休息地方的结构资源。一般要求在通风庇荫和高坡处，使动物可以利用嗅觉和视觉很快发现天敌，以便迅速逃跑。

11.4.2 通道两侧的生境类型

通道两侧的生境大致可分为林地生境、草地生境、湿地生境三类。当修建道路时，肯定会穿越这三类生境中的一类或两类（图11－23）。由于道路的修建会对两边的生境造成破坏，所以当道路修建完后要及时地恢复两边的生境。

1. 林地生境

林地里面有较为广泛的动物，林地环境为这些动物提供了丰富的食物，另外林地能提供较好的隐蔽条件。林地生境主要是靠不同层次的植物如不同树冠层、树干、枯枝落叶层、土壤腐殖质层、林下的灌木层、草本层及地被层等来营造的。

2. 湿地生境

湿地环境里的物种也很丰富，也能为动物提供丰富的食物。湿地生境主要靠水生植物、河滩地地被植物和河滩湿地等来营造。

3. 草地生境

草地环境相对来说食物较为单调，主要有一些啮齿动物、蹄类动物和一些肉食动物。草地上的植物包括草和灌木等为啮齿动物和蹄类动物提供了食物。草地的特点就是景观开阔，但同时也缺乏隐蔽性，因此应利用灌木来营造一些可以提供保护的场所。

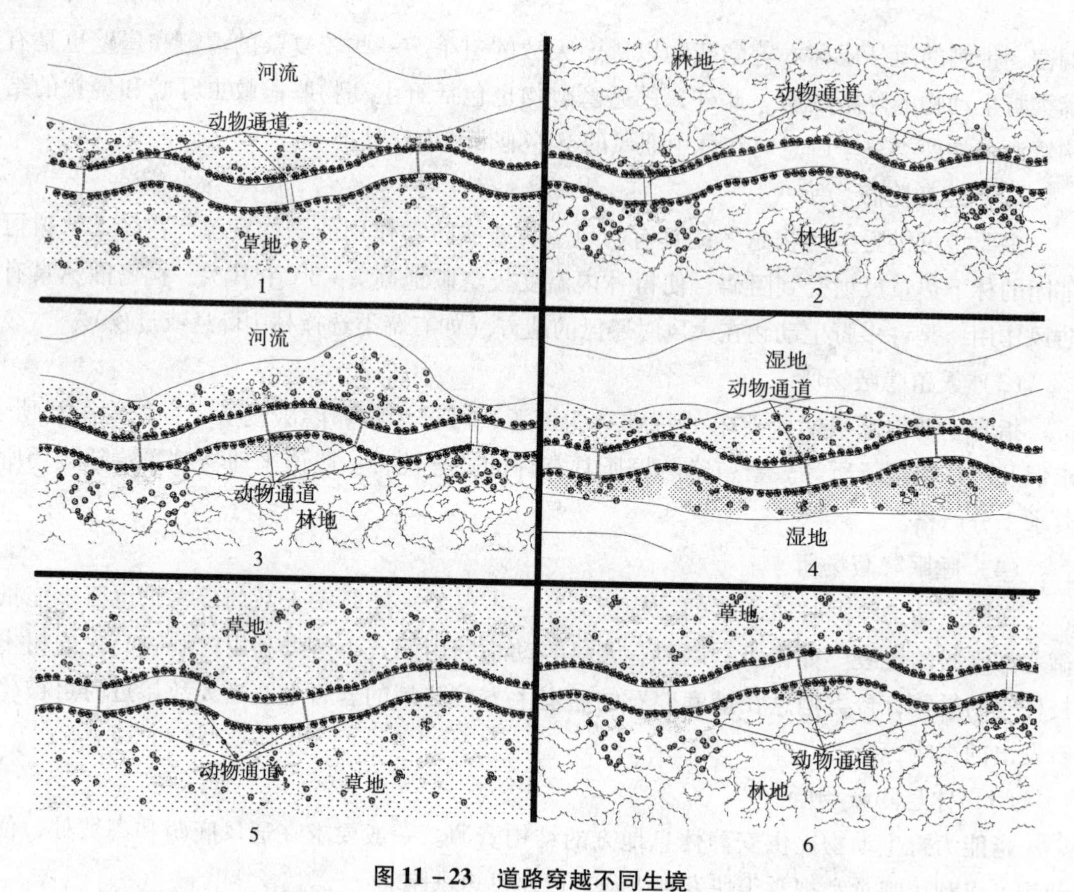

图 11-23　道路穿越不同生境

1—道路两边为湿地和草地；2—道路两边为林地和林地；3—道路两边为湿地和林地；4—道路两边为湿地和湿地；5—道路两边为草地和草地；6—道路两边为草地和林地

11.4.3　通道及周边的生境营造

1. 光照

研究表明，路灯的光和汽车灯光等人工光源对动物使用通道是不利的。在路下式通道或动物栖息地中人工光源就特别有害，美洲豹对任何人工光源均认为是威胁，其更愿意在黑暗的区域感知新的地形或环境；而有蹄类动物却能较易适应人工光源的干扰。天然光源对一些动物使用通道有重要作用，如果外部环境的天然光能照进动物通道内，使通道看起来很明亮，会吸引动物来使用通道。特别黑熊、狮子之类等大型的哺乳动物看到通道里面是黑暗的就会拒绝使用通道，但一些小型动物却喜欢黑暗的环境。因此在通道附近尽量不设置路灯，道路两侧多种植植物，可遮挡汽车灯光，以此来减少人工光源对动物的影响。

一个较大横截面积的通道入口，确保更大的开放性比率可以实现自然采光，将吸引大型哺乳动物。相反，较小的横截面积入口，要创造一个黑暗的环境，来吸引小型哺乳动物、两栖类和爬行类动物。还有种办法就是在通道上面开一个小孔，将自然光引入即可增强通道的亮度，但是这类小孔会集聚交通噪声，对某些物种形成新的干扰，因此这种做法只能用在交通较少的地段上。

2. 噪声

许多动物对噪声都很敏感，特别是交通和人类活动的噪声，这些噪声会影响一些动物对通道设施的使用。相关研究表明：涵洞或桥梁式这类路下式通道内噪声若不超过60dB，动物可预期地使用通道。因此，减少通道噪声可提高其使用效率。设置通道时，要尽量远离人类活动的地方，减少人类活动对动物使用的影响。

防治噪声的主要方法有以下几种：①加强交通管理，上路前进行车辆噪声监测，管制重车百分比、交通量及行车速度。②调整纵坡，减少纵坡过大可能导致汽车爬坡时增加的噪声量，尤其是在设置有动物通道的附近。③改进路面结构类型，改善面层混合料成分，适度修正横向刮纹间距或改作纵向拖纹处理，以降低交通噪声。④尽可能采用降噪效果好的路堑形式，尤其是路线通过敏感区时。⑤适当设置遮蔽物。植物具有隔声效果，通道入口周围尽量多种植树木，可选择灌木、乔木一起搭配，以降低交通噪声。在修建通道的道路两侧设置隔声墙，这种方法比较有效，但造价较高（图11－24）。⑥通过改善车辆本身构造，实施直接有效减少噪声的方法。

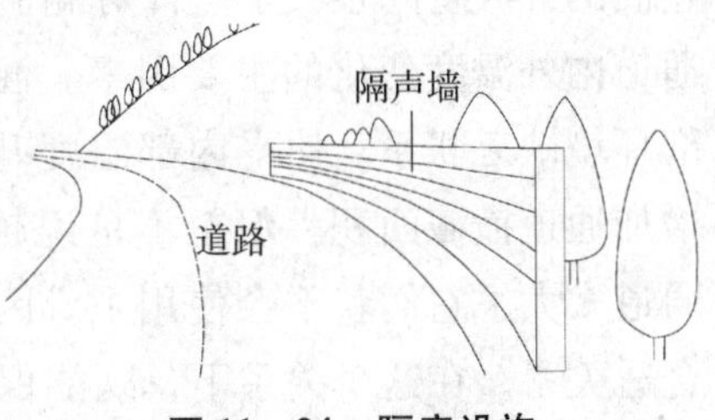

图11－24 隔音设施

3. 多样化的通道适应性

诸如原木、空桶、干燥的地形等自然甚至霉变的基层和内部特征能使路下式通道更受小型掠食动物欢迎。然而，一些研究表明，尽管许多动物更喜欢自然地面类的环境，也还是有一些动物会欣然接受由混凝土制造的地下通道或金属涵管。沿着滨水或排水道的路下式生物通道一般采用桥梁形式，在洪水来临之时桥梁内部应有不被水淹的部分作为廊道的联系。这些沿着河流或溪沟的栈道通常也是由混凝土或金属制作的，不被水淹的通道对通行安全是必要的。

4. 通道周围植被的营造

生物通道表面的自然覆盖对提高通道效益有重要意义。不管哪种通道，其开口处的自然植被对大大小小的各类动物均意味着是其首选环境。在入口处要注意自然植被的种植，营造跟栖息地里一样的生境，不会让动物到了通道入口处感觉到生境有变化，要让动物感觉是从栖息地连续过来的，这样会促使动物靠近并使用通道。如果周围没有植被，这种突然的变化可能会使得动物远离通道。

对于路上式通道来说，桥面入口处的植被要跟连接地的植被是一样的，不能随便选择植被种类。这样动物会很自然地走上桥面并使用通道。围绕通道增加自然植被使通道两侧连接自然顺畅，像喜爱植被覆盖区域的黑熊等动物就不会感觉走进了通道。通道周围及其内部的自然覆盖越少的构筑越能减少这些设施对被掠食动物的风险；自然覆盖对某些动物暗示着一种潜在危险，因此，要建造可以适合所有物种的某种通道是不可能的。

此外，对于一些小型动物来说，在通道入口处种植低矮的灌木可以保护它们免于被天敌捕食，因此动物栖息地里的野生动物走廊和通道周围植被是必不可少的。

5. 温度

动物一般比较喜欢内外温度一样或是变化很小的通道，这样它们在穿越通道时才会放心。因为，温度上的变化可能引起动物的不适或者害怕，从而使其拒绝使用通道。通道的这种温度上的变化对于连续的桥梁式通道和路上式通道来说是不需要考虑的，因为它们的开放空间很大。但针对涵洞类通道来说，涵洞长度与通道横截面积的关系是影响通道内外温度变化的主要因素。涵洞越长，入口面积越小，这样就造成了通道内部与外部环境缺乏联系，使得内部温度升高，尤其是在夏天。①在通道长度不变的情况下，只增加通道横截面积。但也不是说越大越好，因为一些小型的动物喜欢比较阴暗的环境，通道太大了它们就不会使用了。因此，要经过测试和研究，找到一个长度跟横截面积的合适关系，在这个关系下，既能保证小型动物喜欢的阴暗环境，还能把通道内外温差降到最低。②变相地改变通道的长度。我们可以在通道中间或其他位置的上方开个槽，便于通道跟外部联系。但这种做法会增加通道里的交通噪声。这就造成了矛盾。所以这种在通道上开槽的做法最好是在交通量相对较小的道路上实施。③还有就是在修建通道时，采取保温措施，使用保温材料或是隔热材料。这种做法效果应该比较好，而且不用考虑通道长度跟横截面积的关系，也不用担心开槽带来的噪声。唯一的缺点就是造价可能会比较高。

6. 湿度

不同的动物对通道内的湿度要求是不一样的。有些动物喜欢干燥的环境，而有些动物喜欢潮湿的环境，干燥的环境相对来说容易营造。在修建通道的时候将通道内部的排水做好就可以了。对于两栖类和河岸爬行类动物来说，是比较喜欢潮湿的环境的，因此不要将通道底部做得太平整，多设置坑洼，可以贮存些水。干旱季节，定期在通道里浇水可以维持湿度。

7. 通道的可达性

只有在动物能够方便地靠近通道入口的情况下，通道才能被使用，这个通道才算是有效。在实地场地中有很多物理因素影响动物对通道的使用，如连接通道的斜坡比较陡峭，动物们难以爬上去；还有就是通道的入口处高于地面，动物也上不去。因此，在设置通道时要将通道入口放在比较平整的地方，不要陡峭的斜坡，保证动物能爬得上去。如果动物通道还要兼有过水功能的话，还应保持通道入口的泥土，不要让水流冲走；要防止在通道里面和入口处形成积水；要避免涵洞用来长年排水，这样会影响动物的使用。

11.5 通道的监测与维护

11.5.1 通道的监测

设置通道后，动物使用频率、使用时间和使用动物类型等都要通过监测得到。通过监测可以分析数据，对成功的通道进行经验总结；对于动物很少或不使用的通道要分析原因并进行改建。常用的通道监测方法有以下几种。

1. 足迹法

这是最简单的一个研究方法，通过统计通道两侧动物足迹的种类和数量判断通道使用的情况。为获得清晰的足迹可在通道出入口处设置沙床，也可在青蛙或为昆虫设置的窄小通道出入口放置染料和一些白纸，得到染色的印记。足迹法适合乌龟、蜥蜴和一些小型哺乳动物。

2. 自动摄影

在通道内部或周围安装自动相机记录动物穿越通道的情况。当有动物通过相机时，通过感应器来感知并拍下动物的照片，要注意定期下载图片并更换电池。

3. 直接计数

使用红外或动态移动计数装置，当有动物移动或触动红外光束时启动计数器。这种方法只能记录动物的数量，只有数字没有影像，不能获取动物类型的信息。

4. 摄像监测

在通道安置摄像设备，进行全天候观测，不仅可以记录通道使用频率，还可以用来研究动物穿越通道时的行为。对于夜间活动可采用红外摄像，定期下载图像并更换电池。这种方法的缺点是费用较高，每个工作点可达1万美元。

5. 无线电遥测

这是评估通道使用率最有效的方法。通过给动物安装无线装置（如项圈，或植于皮下的芯片）进行全程跟踪。不仅可以观察通道使用情况，还可以观察通道对动物活动领域和迁移路线的影响。再者可以通过租用卫星频道对动物进行精确的GPS定位。但是，要安装无线装置涉及捕捉野生动物，一方面，不慎可能造成伤害；另一方面，这种方法的费用相当昂贵。一个可自动脱落的项圈价格在3000美元左右，而租用卫星频道，每发送一个数据就要2~3美元。

6. 标记重捕法

这是在以往研究中统计小型动物数量的一种常见方法，最早用于鼠类种群数量的研究。方法是对一次捕获的动物进行标记后释放，统计在下一次捕获时标记个体所占比例，估算种群数量。凭借多种标记和推算方法，可反复进行多次捕捉—标记—释放。这种方法适用于昆虫、蜥蜴、青蛙或鼠等小型动物。

具体使用哪种方法要看通道的类型、哪种动物使用。有时候可能要几种监测方法一起配合使用。如对桥梁式通道的监测可采用两个摄像机，分别放在通道的两侧，当桥梁通道下面的情况无法捕捉时，可以在桥下放细沙，靠每周观察哺乳动物的脚印来补充摄像机的监测。每种动物的行为和在时间、空间上的特征是不一样的，这就给监测造成了困难，需要资深的生物学家来为检测设定计划，制定适当的检测频率和时间表，进行长时间的监测，以此来对通道进行评估并改进。

11.5.2 通道的维护

1. 断点疏通

通道是网络的局部，保持通道的连通性是保持网络生态效应的关键。但由于环境的复杂性和自然过程的永恒性，通道时时刻刻都处在自然过程之中。因此，自然灾害往往成为通道断裂的根源，如滑坡、泥石流、洪涝灾害等，都直接导致通道失去效应。因此，对通道要进行定期的检查，进行人工疏通，恢复通道的生态效能。

2. 淤积清理

动物通道的维护频率和程度取决于通道的类型、尺寸大小和功能。例如，较小的通道或者是兼有过水功能的通道，相对较干燥的桥梁式通道维护的频率更高一些。在雨季，会经常有水流入动物通道，这就会造成一些淤泥堆积在通道内外，还会对通道入口造成冲刷侵蚀。淤泥的堆积会使得小动物使用该通道的机率大大降低。冲刷和侵蚀使得小型动物难以到达入口，这样动物自然不会使用通道。因此，在雨季的时候要定时清淤，修补被侵蚀的环境，能让小型动物很容易地进入通道。

3. 隔离设施修补

栅栏是人工设置的隔离物，以及通过其围合形成通道的有效工具。栅栏也是要定期进行维修的。有些动物可能在栅栏下面挖洞；或是栅栏上有缺口，动物可能从这些缺口中跑到道路上。为防止栅栏附近的植物生长后，动物利用这些植物跳过栅栏，就要对这些周围的植物定期修剪，特别是在植物的生长季节。

4. 植物群落维护

由于人为的生态破坏或自然灾害等因素的影响，原来作为通道系统有机构成的植物群落会因生境的改变而改变，而且这种植物群落改变的范围越大，它对通道的影响也就越大。有的群落是通道目标动物的栖息地或食物来源，由于群落的变化，一方面导致原有的动物不再适应新的群落环境，另一方面是由于群落的变化使新的动物种类进入到这个区域，有的甚至是通道适应动物的天敌。在这两方面因素的影响下，原有的通道就会不再适应目标效应的设计，需要重新选择和设计新的通道，或对原有通道动植物群落进行人工干扰，恢复原有通道的生态效能。

第 12 章

水域与鸟类通道的规划设计

12.1 水域与鸟类通道的类型与特点

12.1.1 水域通道的类型与特点

水域通道是指在水环境中形成的供水生动物穿行、洄游的自然或人工通道。水域通道和陆路通道一样重要，分别担负起构建陆地生态系统和水域生态系统两大类型的生态网络的重要作用。在不同的水环境中，水域通道的大小差异较大。海洋中的通道具有尺度大、距离长、适合鱼群通过的特点，在全球海洋生态系统建设中具有重要意义。对于陆地空间中的河流、湖泊、库塘等水环境，中小型水域通道最为广泛，也是在水环境中建设工程通常面对的重要通道类型。陆地水环境中通道主要面向各种鱼类及其他水生动物在河流上下游、湖泊的不同水域之间通行的需要。由于陆地水环境中各种人工隔断设施的广泛应用，水坝、水闸等工程成为水域通道破坏的核心因素。在群落生态设计中，水环境是重要的生境类型，不同的水体类型之间的连通性和无障碍性既是水域通道的特征，也是保障水域群落生态设计效能的重要环节。

12.1.2 鸟类通道的类型与特点

鸟类通道主要指空中供鸟类通行的人工或自然通道。依据鸟类在空中飞行的特点可以将鸟类通道划分为低空通道和高空通道以及短距离通道和长距离通道两个系列。无论是哪个系列的通道，鸟类通道的存在都必须在空中和地面建立起相对应关系。这种关系主要体现在为鸟类提供安全的栖息地和丰富的食物来源两个方面。因此，在鸟类通道部分的空间特征上可以看出：①沿海岸带滩涂湿地形成的鸟类通道；②沿河流和湖泊沿线形成的丰富的湿地资源带。这两者由于空间延伸尺度较大，通常成为鸟类迁徙通道上重要的环境特征。在小尺度空间中鸟类通道主要为应对人工设施的建设而形成的鸟类通行障碍。如高速公路建设、高压电线网建设、飞行通道建设等都是常见的鸟类通行的障碍性因素，在这些工程设计中必须进行鸟类通道的设计以避免工程建设后形成的不良后果。

12.2 鱼道设计

12.2.1 鱼道设计原则

1. 指导意义

1）多样性与适应性

没有两条河流有相同的鱼类分布，甚至同一条水系不同支流的鱼类组成都不相同。在修建水利工程前要对实际鱼类生存繁殖状况进行详细的考察，进行鱼类的最适宜流速和极限流速试验。目前大多数攀爬性或粘贴性的生物种类很难通过鱼道，应适当扩大鱼道的适用范围，使得多种鱼类能在同一鱼道中通过。

2）专业化与专业联合

通过多专业的专家联合，做好河流水力学研究和了解鱼道内的流动特性。在修建水利工程前做好充分的准备工作，如勘测地形、掌握气候、水文状况、河川生物组成、分析洄游鱼类、了解鱼类特性、试验模拟水流速度及方向的变化等。结合生态学原理，运用生态工法对鱼道进行设计，使鱼道的出入口温度变化较缓，促进上下游营养物质的双向交换，形成合适流速把鱼类诱入鱼道等；结合声波等辅助手段诱鱼进入鱼道入口，减少由于修建水库对整条河流的影响。

从生态学观点出发，通过对鱼类习性、水力特性、生态保护等问题的了解，结合天然河道内水流特征等来进行设计规划。修建的鱼道尽量接近天然河道的水流特性，符合鱼类的洄游习惯，如规划设计的鱼道弯曲度接近天然河道，鱼道断面尽量不要用混凝土修建成规则的矩形和梯形，设置浅滩供鱼类洄游时休息等。由于水力发电或泄洪时下泄水流变化较大，导致上下游水位变幅也可能较大，所以鱼道入口应尽量远离修建的水利工程，以避免影响鱼类进入鱼道。对于高水头水利工程来讲，鱼道设计和建设更要重视水流的消能，在设计鱼道时加大它的弯曲度，使鱼道在有限的空间范围内长度变长，有利于鱼道内水流的消能，并且避免由于短距离高强度紊动消能引起的急变流，避免水流空气过饱和现象的发生，为鱼类的通行提供良好的环境。

3）工程跟踪与经验总结

针对已建的工程开展应用研究并进行跟踪观测，总结水利工程对地区生态环境造成的影响及变化，如水温、流速、含氧含氮量等的变化对鱼类生长、繁殖带来的影响。找出所建设鱼道的优点和不足，对有缺陷的工程考虑进行修复，已建设鱼道的优点可作为建设新鱼道的宝贵经验。

2. 鱼道设计原则

1）生态原则

生态鱼道应与周围环境相协调，尽量使其对环境的破坏影响达到最小。这种协调意味着设计应以多学科理论为依据，以生态工法为基本施工方法，以保护种群完整性和物种多样性为目标，以生物资源和水利资源的永续利用、人与自然和谐相处为最终目的。

2）当地原则

在生态鱼道的设计过程中，不仅建筑材料要取材于当地，通道植物要选择地方物种；而且还应保护当地水生生物，阻止外来物种入侵。同时考虑当地经济发展与环境保护，建立自然—社会—经济复合的生态系统。

3）保护过道鱼类的原则

通过对鱼类进行水力学适应性的试验，或者通过对鱼类原有栖息地的流态进行分析，得出鱼类对水流条件的要求，从而使用水利工程手段控制鱼道流态，满足不同鱼类的要求，并让鱼在鱼道中尽可能减少体力消耗。另外，在底部和岸坡铺垫原河床的河床质以恢复原有鱼类的觅饵环境。

4）回归自然原则

在生态鱼道的设计中，应该考虑原有河床的曲折情况，尽量在鱼道中保持原有河道的走势。在可利用面积许可的情况下，尽量通过人造弯曲和植物糙率等手段来消能防冲；同时，可以考虑在绕岸式鱼道中间模拟创造产卵场和孵化条件，这些产卵场和孵化场可以作为观赏和教育基地向大众开放，兼具休闲功能。

5）维持最小生态流量的原则

生态鱼道的上游出口端应该在水库的回水末端，鱼道的高程应该和出口处河道的高程相近。下游入口处的底高程也应该和那里的河床高程相近。这样鱼道中终年维持相当的流量，是对下游的最小生态流量的有益补充。

12.2.2 堤坝外侧的鱼道设计

1. 鱼道设计参数

目前鱼道还没有成型的设计规范，设计时一般根据实际情况，或参考国内外现有鱼道的设计经验及水工设计手册。

1）鱼道净宽

鱼道净宽尺寸越大，每级鱼道内的平均流速就越小，有利于鱼类在中间休息；但净宽尺寸越大，鱼道造价也就越高。考虑到所过鱼类的习性，并参考国内外已建鱼道的经验，一般认为鱼道净宽取2.5m，能满足过鱼要求且比较经济。

2）鱼道净深

在其他条件一定时，鱼道越深，需要的鱼道出鱼口数量就越少，相对减少了建设出鱼口的投资和施工难度。但随着鱼道深度的增加，又要增加建设鱼道主体的投资。所以在选择鱼道深度时，主要考虑的是深度的增加将增加鱼道中水的流量。对于有水力发电机组的，应尽可能减小鱼道中水的流量。

3）鱼道每级净长

鱼道净长尺寸越大，每级鱼道内的平均流速就越小，利于鱼类的中间休息；但净长尺寸越大，鱼道总长度就越长，鱼道造价也就越高。考虑到所过鱼类的习性，并参考国内外已建鱼道的经验，一般鱼道净长取3.0m，能满足过鱼要求且比较经济。

4）鱼道的坡度

当上下游水位差一定时，鱼道的坡度越大，所需鱼道的级数就越少，鱼道的总长度相应较小，鱼道的建设费用也就越低；相反，鱼道的坡度越大，鱼道中水的流速就越大，鱼类就越不容易通过鱼道。通过模型试验和实际验证发现，1/10是比较理想的坡度。

5）鱼道垂直竖缝的宽度

选择鱼道垂直竖缝的宽度首先应考虑所过鱼类的个体大小，如果针对的鱼类个体较大，宽度要适当加大；但是垂直竖缝的宽度越大，鱼道中水的流量就越大。由于水利枢纽工程中有水力发电机组，所以应尽可能减少鱼道中水的流量。参考国内外现有鱼道的设计，一般选择竖缝宽度为0.32m。

6）鱼道有效工作水深

考虑使用鱼类的习性和保证鱼道中有一定的流量，使鱼道进口产生一定的水流，吸引鱼类进入鱼道。一般来说鱼道净高为2.5m左右，最高工作水深取2.2m左右，上部预留0.3m左右的高度，主要是防止水位波动时鱼道中的水流从鱼道两侧墙溢出。

7）鱼道流速

通过鱼道隔板过鱼孔中的流量一般为0.2～2.0m^3/s，以控制断面流速不超过“容许流速”。鱼类克服流速的能力与鱼的种类、大小、水温、河床、性别以及悬浮物质等因素有关，个体差别较大。经研究表明，紊动对鱼类游泳能力的影响与鱼类的体长有关，如果鱼类体长大于紊动漩涡的尺度，那么紊动对鱼类的游泳能力影响不大；反之，紊动对鱼类的影响较大。在熟知鱼类习性的前提条件下结合数值模拟并辅以模型试验的方法研究鱼道，通过改进结构形式获得理想的流速和流态，以吸引更多的鱼类通过鱼道。

8）池室水力条件

池室水力条件的主要决定因素是隔板形式、水池尺寸及鱼道流量等。在各种类型的鱼道中，淹没孔口式适应水位变幅的能力较好，水位变化对室内流态的影响不大，鱼类也能较强地适应。国外研究认为，当潜孔最小尺寸为0.45m×0.45m时，最小的水池尺寸应为3.0m×1.2m×1.2m。国内淹没孔口式鱼道多为交叉布置的长方孔，布置匀称，品字形的鱼道能够较好地适应水流流态及水位变幅，自由水面流速较小，对生活在表面的幼鱼非常有利。

2. 鱼道的位置选择

1）鱼道布置在溢洪道外侧

从理论上讲这是鱼道比较理想的位置，上溯鱼类可沿河岸线直接进入鱼道，受溢洪道泄洪及发电机组涵洞尾流影响较小。由出鱼口出来的鱼可沿着河岸线继续上溯，直至汇入河道主流。此种布置的缺点是，从主河道到鱼道进口和出口的距离均较长，需要较长的导鱼引水渠道，工程量较大，工程造价也很高。

2）鱼道布置在溢洪道内侧

优点是从主河道到鱼道进口和出口的距离均较短，需要较短的导鱼引水渠道，这可以大大减小工程量，降低了工程造价。缺点是由于进鱼口在溢洪道内侧，当溢洪道泄洪时，会对鱼类的上溯产生一定程度的不利影响，应采取相应措施，减小这种不利影响。①将溢洪道与主河道、发电机组涵洞尾流与主河道交汇处的河道适当加宽，以改变流态、减小流速；②将溢洪道与主河道交汇处及其下游一定区域的河道沿岸做成曲线状并沿岸投放石块，人为制造一定数量的石丘，使上溯鱼类以克流速度上溯一段距离后，能在河道弯曲部分或石丘周围作适当休息。

3）鱼道进鱼口的设计

鱼道进鱼口能否被鱼类较快地发觉和顺利地进入是鱼道设计成败的关键因素之一。若进鱼口设计不当，纵然鱼道内部有良好的过鱼条件，也是徒劳。因此，在设计鱼道时应充分了解鱼类生活习性、游泳能力和洄游规律等，合理设计鱼道进口位置、进口形态、高程及相应的色、质、光等特征，以适应鱼类习性，强化诱鱼、导鱼、集鱼效应，提高进鱼能力。

4）鱼道出鱼口的设计

鱼道出鱼口除保证上溯鱼类从鱼道游出进入上游产卵外，还要使鱼类能易于发觉和进入，并顺利通过鱼道进入下游。出口设计不当，很可能使已经顺利通过鱼道游至上游的鱼类，被卷入溢洪道或发电机组，重新回到下游。因此，设计鱼道出口时应考虑：①能适应水库水位的变动，保证鱼道出口有足够的水深；②出口应远离溢洪道、发电机组及其他取水建筑物的进水口；③出口应傍岸，出口外水流应平顺，流向明确，没有漩涡，以便鱼类能沿着水流和岸边线顺利上溯；④出口应远离水质有污染的水区和有噪声的地方；⑤出口方向应迎着水库水流方向，便于下行鱼类顺利进入鱼道。

3. 鱼道辅助设施

1）闸门

出鱼口处要设置出鱼闸门，一般出鱼口闸门洞的尺寸为800mm×2500mm（宽×高），闸门的启闭均采用螺杆升降方式，设置自动与手动两种控制，自动控制时采用电力驱动，通过水位控制开关、控制器和电动机来实现。

2）拦污栅

鱼道的进鱼口与出鱼口处应设有拦污栅，防止杂物进入鱼道。拦污栅规格一般为25cm×30cm。

3）防护栏

鱼道两侧墙的顶部至少要设有防护拦，可以防止鱼类跳出鱼道，又可避免杂物从鱼道两侧落入鱼道；同时，对人员还起到安全防护作用。一般防护栏高为1m，防护网规格为12.5mm×12.5mm。

4）辅助供水系统

考虑到洄游性鱼类对局部的水流、水花、溅水声等的敏感性和趋近性，特地在鱼道的进鱼口和出鱼口设置辅助供水系统。辅助供水系统所喷出的多股水柱溅落时，在进鱼口和出鱼口周围的水面形成水流、水花，并产生溅水声，这样易于吸引洄游性鱼类，从而提高过鱼效果。辅助供水系统包括水泵、管道、管件、阀门、喷头及自动控制系统。下游进鱼口处辅助供水系统的供水，可用水泵从下游河道中抽取；上游出鱼口处辅助供水系统的供水，则用水泵直接从上游水库中抽取。所有辅助供水系统均可根据水位变化或时间来实现自动控制。

12.2.3 穿越堤坝的潜水鱼道设计

1. 生物通道位置的确定

由于大型江河闸坝多为高水位蓄能电站大坝，上下游水位差较大，无论采用哪种泄流形式，都会带来坝后水流的极大动能，因此坝后的上层水位不利于生物通行，生物通道应设计在坝后下游水位的中层位置，以避开表层的紊乱水层（图 12－1）。

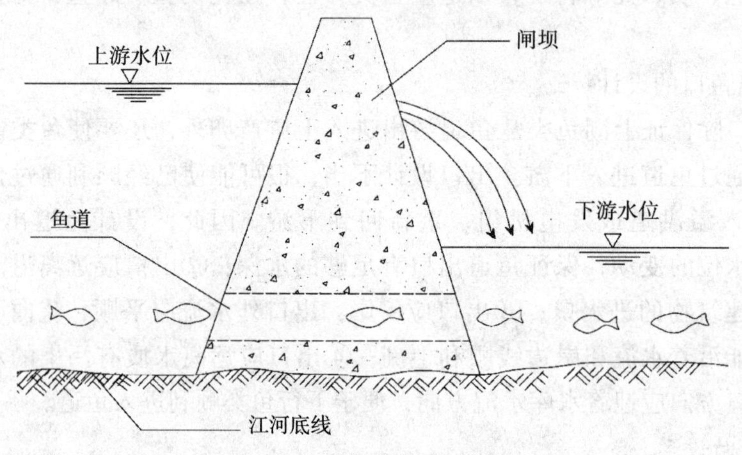

图 12－1　鱼道位置示意图

2. 生物通道的结构形式

生物通道的结构形式以生物的通行方便为前提，以生物便于顺利通过为目标。通道的横断面结构采用圆涵、方涵均可。通道孔洞尺寸的大小和孔洞的数量，要根据所在江河及所修闸坝的大小而定。结构设计的关键在于在上下游闸门进口处的两侧设有进出水孔和调流室。主要作用是当上游闸门关闭时，通道内的水能有一定的流动性，即微小的流动状态，以便于生物辨认上下游的方向，但进出水孔的射流量不能过大，进出水孔大小和个数与生物通道断面尺寸的大小相适中，以确保通道内水流微动状态为宜。为了使进出水孔的射流量能够实现可控性，进出水孔可设计成自动调控的，能够进行自动调控。另外，在通道内的洞顶内或侧壁内设计顶灯或壁灯，以提供通道内的照明，但亮度要适宜，应与自然状态的光线相同。同时在洞壁设置监控设备，以实现对通道内生物通行情况的自动监控（图 12－2、图 12－3）。

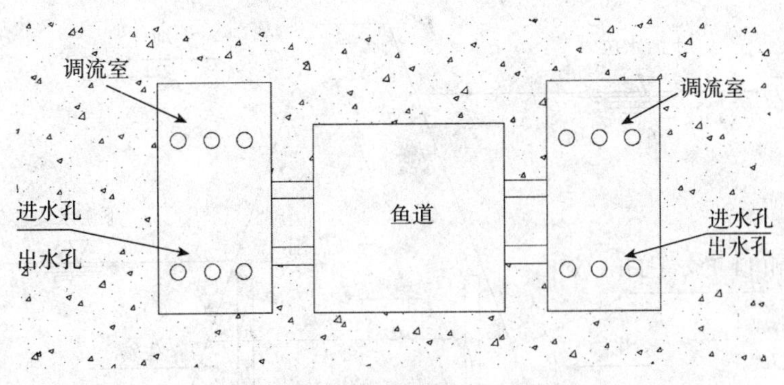

图 12－2　鱼道横断面示意图

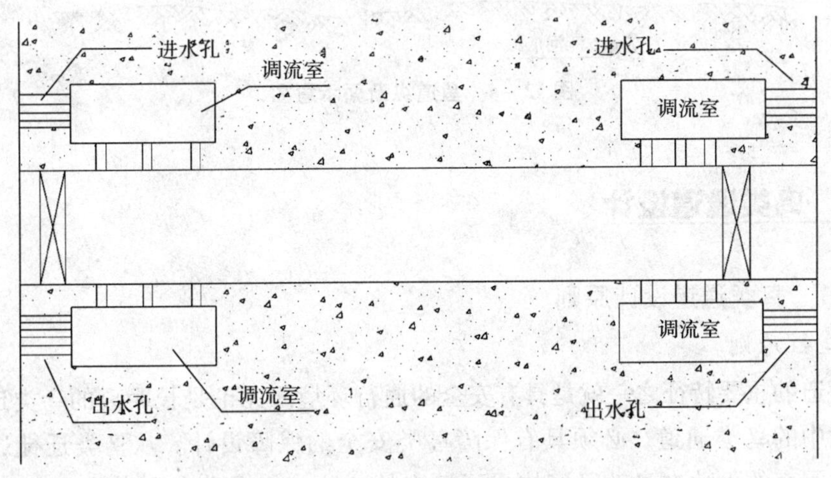

图 12－3　鱼道平面示意图

3. 生物通道的闸门设计

江河闸坝的生物通道设计的关键是闸门和使用方法。闸门应采用垂直升降或水平推拉式的平板钢闸门双门结构。在通道的上下游洞口均设闸门，采用电脑自动控制上下游闸门交错开启与关闭，当上游闸门开启时下游闸门关闭，当下游闸门开启时上游闸门关闭，既能保证生物通行，又不影响大坝蓄水及发电等其他各项指标，这就是实现生物通行的双门交错启闭法。当下游闸门开启时，生物从下游洞口进入通道，向上游游动，当其接近上游闸门时，上游闸门开启，同时下游闸门关闭，生物便可出通道游向上游。同时，上游的生物可以同时完成从上游向下游的通行和游动，当游到下游闸门时，下游闸门开启上游闸门关闭，生物便可向下游游去。这就完成了一个上下游生物通过生物通道的通行过程。上下游双闸门如此交错启闭、循环往复，就实现了生物的上下自由通行（图 12－4）。在生物通道的设计和使用上，还有一个重要指数，就是确定上下游闸门的交错启闭时间，一般根据洞长和生物游动速度而定，等于一般生物从下游通道口进入通道游至上游通道口的游动时间。

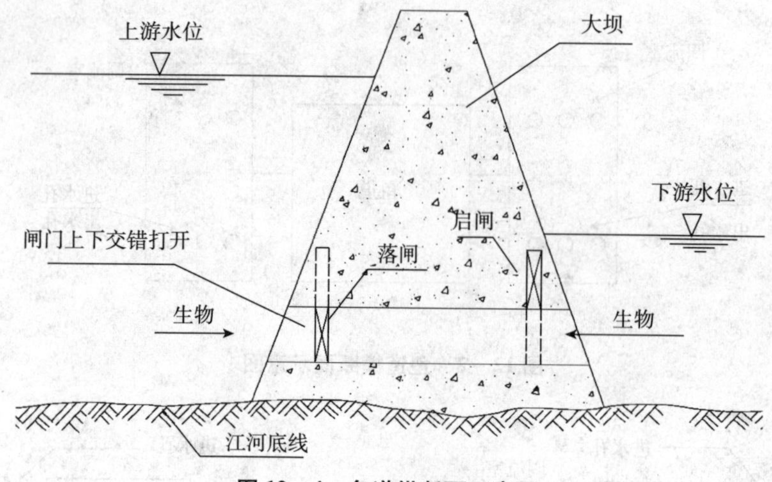

图 12－4　鱼道纵断面示意图

12.3　鸟类通道设计

12.3.1　鸟类通道设计原则

1. 安全性原则

鸟类通道的重要特征之一就是具有安全的通行环境。无论是长距离的鸟类迁徙通道，还是小环境中的鸟类通道，必须具有保障鸟类安全的保障设计。从鸟类迁徙通道来说，鸟类通道中固有的天敌本身就已经构成了极大的威胁，如果没有人为的安全性保障，鸟类的通道就更加不安全。因此，创造安全性的通道环境和条件是通道设计重要的原则之一。

2. 栖息地原则

鸟类通道的设计不是仅仅提供一个狭窄的空间，而是立足于通道沿线整体生态系统设计和通道本身就能够成为鸟类通行过程中的一个栖息地。通道成为鸟类生存环境的重要构成部分，只有这样鸟类才能够长期稳定地使用已经规划设计好的通道体系。这也就要求鸟类通道的设计必须建立在自然环境与动植物群落设计的基础上，并建立具有一定宽度和丰富食物的通道类型。

3. 依存性原则

鸟类在天上飞，看起来鸟类的通道在空中，但是鸟类在通行过程中的栖息地和食物都来源于地面多样性的景观环境中，这就决定了鸟类通道的设计必须建立在空中—地面一体化的通道体系中。依据鸟类的习性设计地面的鸟类栖息地环境、人工鸟巢设置和地面湿地设计，建立起具有高度依存性特征的地表景观生态特征和鸟类通道特征。

12.3.2　鸟类通道设计

鸟类的迁移和觅食有较大的特殊性。由于鸟类在天空中可以自由飞翔，似乎不受地面景观格局的制约，但并非如此，在研究鸟类与景观格局的关系时，暂息地在鸟类迁移和飞翔中起着重要的作用，特别是当鸟类飞越较长的距离时，常常会因为疲劳过度，十分容易为天敌所捕获。如果在长距离的飞翔中存在一个或几个暂息地，那么它们可以得到适当的休息，从而有效地避免被天敌捕获。因此，对于不同的物种来说，应充分分析物种的生态特性，研究不同景观要素和物种保护的关系。在已探知的鸟类迁徙通道上，多为鸟类开辟栖息地，针对不同鸟类喜欢的环境，营造不同鸟类的栖息生境。

车辆也威胁着迁徙中的鸟。在中国额尔古纳地区通向海拉尔的公路上，春秋时节车辆在草原中的公路上撞上迁飞的候鸟是很常见的。有些公路的修建阻断了鸟类迁移的通道，针对这种情况，可以在道路两侧种植相当于护栏的高大乔木，迫使鸟类在穿越道路飞行时的线路提高，诱导鸟类顺利飞过道路（图 12－5）。

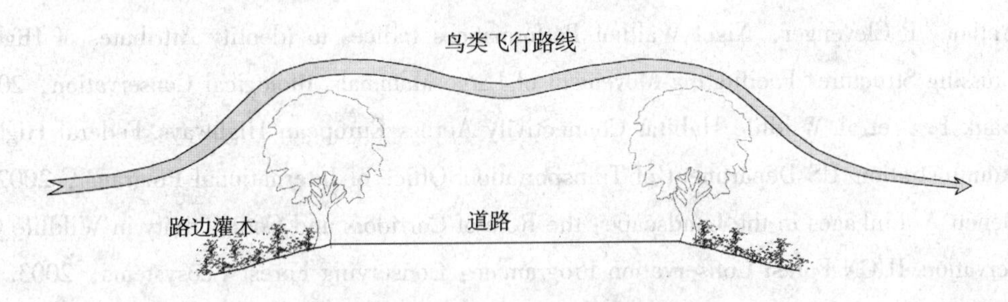

图 12－5 鸟类飞行路线

主要参考文献

[1] Anthony P Clevenger, Nigel Walthol. Performances Indices to Identify Attributes of Highway Crossing Structures Facilitating Movement of Large Mammals. Biological Conservation, 2005.

[2] Bank F., et al. Wildlife Habitat Connectivity Across European Highways. Federal Highway Administration/US Department of Transportation. Office of International Programs, 2002.

[3] Benett A. Linkages in the Landscape: the Role of Corridors and Connectivity in Wildlife Conservation. IUCN Forest Conservation Programme: Conserving Forest Ecosystems, 2003.

[4] Brian Clouston 著. 风景园林植物配置 [M]. 许慈安译. 北京: 中国建筑工业出版社, 1992.

[5] Brudin C. Wildlife Use of Existing Culverts and Bridges in North Central Pennsylvania. International Conference on Ecology and Transportation, 2003.

[6] Casterline M., et al. Wildlife Corridor Design and Implementation in Southern Ventura County. Donald Bren School of Environmental Science and Management, University of California, Santa Barbara, 2003.

[7] Cavallaro L., K. Sanden, J. Schellhase, M. Tanaka. Designing Road Crossings for Safe Wildlife Passage: Ventura County Guidelines. Masters Thesis. University of California, Santa Barbara, California, 2005.

[8] Clevenger A., N. Walthol. Factors Influencing the Effectiveness of Wildlife Underpasses in Banff National Park. Conservation Biology, 2000.

[9] Clevenger A., B. Chruszuz, K. Gunson. Drainage Culverts as Habitat Linkages and Factors Affecting Passage by Mammals. Journal of Applied Ecology, 2001.

[10] Clevenger A., B. Chruszuz, K. Gunson. Spatial Patterns and Factors Influencing Small Vertebrate Fauna Road-kill Aggregation. Biological Conservation, 2003.

[11] Conover M. Resolving Human-Wildlife Conflicts: the Science of Wildlife Damage Management. Boca Raton: FL, Lewis Publishers, 2002.

[12] Dodd C., W. Barichivich, L. Smith. Effectiveness of a Barrier Wall and Culverts in Re-

ducing Wildlife Mortality on a Heavily Traveled Highway in Florida. Biological Conservation, 2004.

[13] EO Wilson, Francis M. Peter. Biodiversity [M]. Washington, D. C.: National Academy Press, 1998: 145 - 154.

[14] Forman R T T, et al. Road Ecology, Science and Solution. Washington, D. C.: Inland Press, 2003.

[15] H. D. van Bohemen. Habitat Fragmentation, Infrastructure and Ecological Engineering [J], 1998 (11): 199 - 207.

[16] H·J·欧斯汀著. 植物群落的研究 [M]. 吴中伦译. 北京：科学出版社，1962.

[17] Hardy A., A. Clevenger, M. Huijser, G. Neale. An Overview of Methods and Approaches for Evaluating the Effectiveness of Wildlife Crossing Structures: Emphasizing the Science and Applied Science. Proceedings of the International Conference on Ecology and Transportation, Lake Placid, NY, 2003.

[18] Hartmann M. Evaluation of Wildlife Crossing Structures: Their Use and Effectiveness. Wildlands CPR Website, 2005.

[19] Illka Hanski 著. 萎缩的世界——生境丧失的生态学后果 [M]. 张大勇，陈小勇等译. 北京：高等教育出版社，2006.

[20] Jacobson S. Using Wildlife Behavioral Traits to Design Effective Crossing Structures. Wildlife Crossings Toolkit, U. S. Department of Agriculture's Forest Service, 2002.

[21] Little S. J., et al. "Do Wildlife Passages Act as Prey-traps?" Biological Conservation, 2002.

[22] Lode T. Effect of a Motorway on Mortality and Isolation of Wildlife Populations, 2000.

[23] Margaret Livingston, William W. Shaw, Lisa K., Harri S. A. Model for Assessing Wildlife Habitats in Urban Landscapes of Eastern Pima County, Arizona (USA) [J]. Landscape and Urban Planning, 2003 (64): 131 - 144.

[24] McDonald W., C. St. Clair. Elements that Promote Highway Crossing Structure Use by Small Mammals in Banff National Park. Journal of Applied Ecology, 2004.

[25] Ng S., J. Dole, R. Sauvajot, S. Riley, T. Valone. Use of Highway Undercrossings by Wildlife in Southern California. Biological Conservation, 2004.

[26] Planning and Governance of the Asian Metropolis [R]. Centre for Human Settlement UBC, 1996 (4).

[27] Pugh I. Habitat Conservation Planning: Endangered Species and Urban Growth [J]. Landscape and Urban Planning, 1996 (12): 237 - 239.

[28] Putnam A R. The Science of Allelopathy [M]. New York: John Wiley & Sons, 1986: 232 - 246.

[29] Randall Arendt, MRTPT Rural Design: Maintaining Small Town Character [M]. Planners Press, 1994.

[30] Richard T. , T. Forman, Michel Godron. Landscape Ecology [M]. New York: Wiley, 1986.
[31] Sipes J. L. , J. Neff. Fencing, Wildlife Crossings and Roads [J]. Landscape Architecture, 2001.
[32] Taylor B. D. , R. L. Goldingay. Cutting the Carnage: Wildlife Usage of Road Culverts in North-eastern New South Wales [J]. Wildlife Research, 2003.
[33] 鲍淳松，楼建华．杭州城市园林绿化对小气候的影响［J］．浙江大学学报（农业与生命科学版），2001（4）：415－418.
[34] 曹凑贵．生态学概论［M]，北京：高等教育出版社，2002.
[35] 曹光球，林思祖，丁日必等．杉阔混交林中杉木及伴生树种种群空间格局分析［J]．中南林学院学报，2002（1）：66－69.
[36] 陈爱侠．公路建设对野生动物的影响与保护措施［J］．西北林学院学报，2003（4）：107－109.
[37] 陈波．杭州西湖园林植物配置研究［D］．浙江大学农业与生物技术学院，2006.
[38] 陈定如．关于自然风景区植物群落改造问题的思考［J]，中国园林，2001（2）：8－10.
[39] 陈芳清，王祥荣．从植物群落学的角度看生态园林建设——以宝钢为例［J］．中国园林，2000，16（71）：35－37.
[40] 陈其兵，任艳军．成都野生世界亚热带常绿阔叶林景观营建理念与模式研究［J］．中国园林，2002（5）：39－42.
[41] 陈三茂，黄莉，陈图顺．植物多样性在城市生态系统中的作用［J］．湖南教育学院学报，1998（2）：76－79.
[42] 陈勇，罗雄，曾香．石虎塘航电枢纽工程鱼道设计初探［J］．水运工程，2008（9）：125－129.
[43] 程绪珂．生态园林是城市园林绿化发展的方向［A］//程世抚程绪珂文集．上海：上海文化出版社，1997.
[44] 储亦婷，杨学军，唐东芹．从群落生活型结构探讨近自然植物景观设计［J］．上海交通大学学报（农业科学版），2004（2）：176－180.
[45] 丛日晨，揭俊，赵黎芳．论城市绿地中的自然化植物群落建设［J］．园林科技，2006（4）：15－17.
[46] 达良俊，方和俊，李艳艳．上海中心城区绿地植物群落多样性诊断和协调性评价［J］．中国园林，2008（3）：87－90.
[47] 达良俊．生态型绿化法在上海“近自然”群落建设中应用［J］．中国园林，2004（3）：38－40.
[48] 董丽，胡洁，吴宜夏．北京奥林匹克森林公园植物规划设计的生态思想［J］．中国园林，2006，22（8）：34－38.
[49] 董清福，洪丽娟，唐建军等．高速公路建设对路域生态系统中生物的影响及生物廊道设计的意义［J］．科技通报，2007（2）：289－293.

[50] 董仕萍，王海洋，吴云霄．重庆城市园林植物群落树木多样性研究［J］．西南农业大学学报，2006（2）：290－294.

[51] 都市绿化技术开发机构．地面绿化手册［M］．北京：中国建筑工业出版社，2003.

[52] 杜峥嵘，乔业斌，昂胜贵．巢湖闸鱼道设计［J］．安徽水利科技，2002.

[53] 封云．公园绿地规划设计［M］．北京：中国林业出版社，2004.

[54] 冯国禄，向小奇．群落生境在城市生态再生中的作用及其构建［J］．吉首大学学报（自然科学版），2006，27（3）：87－89.

[55] 冯义龙，田中，何定萍．重庆市区绿地园林植物群落降温增湿效应研究［J］．园林科技，2008（25）：1－6.

[56] 傅徽楠，严玲璋．上海城市园林植物群落生态结构的研究［J］．中国园林，2000（2）：22－25.

[57] 韩轶，高润宏，刘子龙等．北方城市森林绿地植物群落的树种选择与配置［J］．内蒙古农业大学学报（自然科学版），2004（3）：9－13.

[58] 郝日明，毛志滨．浅议城市绿地系统建设中的树种规划［J］．中国园林，2003（11）：69－72.

[59] 郝日明．运用恢复生态学原理规划建设天目湖植物园［J］．中国园林，2003（9）：25－28.

[60] 何东进，洪伟，胡海清．景观生态学的基本理论及中国景观生态学的研究进展［J］．江西农业大学学报，2003（3）：276－283.

[61] 何兴元，陈玮，徐文铎等．城市近自然林的群落生态学剖析——以沈阳树木园为例［J］．生态学杂志，2003（6）：162－168.

[62] 和丽忠，李世萍．国内植物化感作用研究概况［J］．云南农业科技，2001（1）：37－41.

[63] 侯碧清，杨谷良．运用地植物学原理构建有株洲特色的园林城市［J］．中国园林，2003（3）：36－38.

[64] 胡洁，吴宜夏，张艳．北京奥林匹克森林公园种植规划设计［J］．中国园林，2006，22（6）：25－31.

[65] 胡永红，王丽勉，秦俊等．不同群落结构的绿地对夏季微气候的改善效果［J］．安徽农业科学，2006（2）：235－237.

[66] 胡忠军，于长青，徐宏发．道路对路栖野生动物的生态学影响［J］．生态学杂志，2005（4）：433－437.

[67] 黄宝龙．江苏森林［M］．南京：江苏科学技术出版社，1998.

[68] 黄光瀛．为野生动物设计生态廊道［J］．CHINA NATURE，2008（3）：20－21.

[69] 黄莉群．生态园林［M］．济南：山东美术出版社，2006.

[70] 黄良美，黄玉源，黎桦等．南宁市植物群落结构特征与局地小气候效应关系分析［J］．广西植物，2008（2）：211－217.

[71] 黄晓雷．初谈生态园林［J］．生态科学，1999，18（3）：76－77.

[72] 黄志新．生态学理论与风景园林设计理念——试论生态思想在风景园林实践中的应用 [D]．北京林业大学，2004.
[73] 江苏省植物研究所，广东省植物研究所，中国科学院北京植物园等．防污绿化植物 [M]．北京：科学出版社，1978.
[74] 江苏省植物研究所．江苏植物志（上，下）[M]．南京：江苏科学技术出版社，1982.
[75] 焦健，王子强，武文强．兰州市高校木本植物群落研究 [J]．中国城市林业，2007 (4)：22－23.
[76] 靳铁治，吴晓民，苏丽娜等．青藏铁路野生动物通道周边主要野生动物分布调查 [J]．野生动物杂志，2008 (5)：251－253.
[77] 康杰，刘蔚秋，于法钦等．深圳笔架山公园的植被类型及主要植物群落分析 [J]．中山大学学报（自然科学版），2005 (6)：10－31.
[78] 孔杨勇．杭州城市绿地中地被植物运用现状调查 [J]．中国园林，2004 (5)：57－60.
[79] 冷平生．园林生态学 [M]．北京：中国农业出版社，2003.
[80] 李博．生态学 [M]．北京：高等教育出版社，2002：97－100.
[81] 李房英，吴少华．福州市园林绿地植物应用调查研究 [J]．城市环境与城市生态，2002 (1)：50－52.
[82] 李建强．探讨人工自然植物群落在北京的应用 [J]．北京园林，2006 (3)：18－21.
[83] 李静，陶务安，张浪等．上海公园绿地植物群落调查与景观优化 [J]．林业科技开发，2007 (4)：106－109.
[84] 李妮，陈其兵，杨玉培．近自然植物群落景观理念在园林绿化中的应用探讨 [J]．西南园艺，2006 (3)：24－26.
[85] 李少丽，许文年，丰瞻等．边坡生态修复中植物群落类型设计方法研究 [J]．中国水土保持，2007 (12)：53－55.
[86] 李小凤，王锦．西南林学院校园园林植物群落结构分析——以教学区为例 [J]．西南林学院学报，2007 (3)：22－24，28.
[87] 李亚雄．地带性植物群落在岳阳市街道绿化中的应用 [J]．湖南林业科技，2006 (6)：62－64.
[88] 李耀增，杨奇森．青藏铁路动物通道设置评价的研究 [R]．北京：铁道科学研究院环控劳卫研究所，2007.
[89] 李耀增，周铁军，姜海波．青藏铁路格拉段野生动物通道利用效果 [J]．中国铁道科学，2008：127－130.
[90] 李月辉，胡远满，李秀珍．道路生态研究进展 [J]．应用生态学报，2003 (3)：447－452.
[91] 林源祥，杨学军．模拟地带性植被类型建设高质量城市植被 [A] //杭州城市绿色论坛论文集．杭州：中国美术学院出版社，2002 (12)：47－50.

[92] 刘滨谊. 美国自然风景园运动的发展 [J]. 中国园林, 2001 (5): 89-91.
[93] 刘滨谊. 现代景观规划设计 [M]. 南京: 东南大学出版社, 2005.
[94] 刘福智. 景园规划与设计 [M]. 北京: 机械工业出版社, 2003.
[95] 刘洪莉. 生境营造与景观设计——以甘肃永昌戈壁湿地公园为例 [D]. 西安建筑科技大学, 2007.
[96] 刘晖, 董芦笛, 刘洪莉. 生态环境营造与景观设计 [J]. 城市建筑, 2007 (5): 11-13.
[97] 刘应竹, 朱世兵, 张士芳. 公路建设与野生动物保护 [J]. 国土与自然资源研究, 2007 (4): 61-62.
[98] 刘郁, 李琪安, 刘蔚秋等. 深圳围岭公园植被类型及主要植物群落分析 [J]. 中山大学学报 (自然科学版), 2003 (12): 14-22.
[99] 吕海燕, 李政海, 李建东等. 廊道研究进展与主要研究方法 [J]. 安徽农业科学, 2007 (15): 4480-4482.
[100] 吕红霞, 陈动, 张万里. 上海新建绿地植物群落结构的特征 [J]. 东北林业大学学报, 2007 (3): 31-33.
[101] 马军山. 杭州花港观鱼公园种植设计研究 [J]. 华中建筑, 2004 (4): 104-105.
[102] 马素芳. 蚊虫及其检疫 [M]. 北京: 科学出版社, 1979.
[103] 孟兆祯. 园林设计之于城市景观 [J]. 中国园林, 2002 (4): 13-16.
[104] 南京水利科学研究所主编. 鱼道 [M]. 北京: 水利电力出版社, 1982.
[105] 诺曼·K·布思. 风景园林设计要素 [M]. 北京: 中国林业出版社, 2006.
[106] 欧阳育林. 把森林引入城市——构建城市近自然生态植物群落 [J]. 中国建设信息, 2007 (01S): 44-45.
[107] 欧阳育林. 城市近自然生态植物群落的构建 [J]. 环保园林, 2007 (7): 39-41.
[108] 彭惠兰. 植物他感作用探讨 [J]. 四川师范学院学报 (自然科学版), 1997 (3): 224-227.
[109] 邢勇. 植物的他感作用 [J]. 生物学教学, 2002 (4): 1-3.
[110] 彭建松, 肖辉. 昆明市公园不同类型景观植物群落特征比较 [J]. 林业调查规划, 2006 (2): 1-4.
[111] 彭建松, 肖辉. 昆明市公园不同类型植物群落树种多样性比较 [J]. 西南林学院学报, 2006 (3): 20-22.
[112] 祁继英, 阮晓红. 大坝对河流生态系统的环境影响分析 [J]. 河海大学学报, 2005 (1): 37-40.
[113] 祁云枝, 谢天寿, 杜勇军. 养生保健型生态群落在城市园林中的构建 [J]. 中国园林, 2003 (10): 31-33.
[114] 钱江勤, 达良俊, 薛松等. 上海宝钢生态园林植物群落类型及丰富度 [J]. 中国城市林业, 2007 (1): 25-27.
[115] 秦俊, 王丽勉, 高凯等. 植物群落对空气负离子浓度影响的研究 [J]. 华中农业

大学学报，2008（2）：303－308.

[116] 秦俊，张明丽，胡永红等．上海植物园植物群落对空气质量评价指数的影响［J］．中南林业科技大学学报（自然科学版），2008（1）：70－73.

[117] 丘小军．中国南方生态园林树种［M］．南宁：广西科学技术出版社，2006.

[118] 阮宏华．镇江市金山湖湖滨带植物群落恢复的设计［J］．南京林业大学学报（自然科学版），2008（1）：107－110.

[119] 邵治亮．沙漠高速公路生态景观植物群落选择与设计——以榆靖高速公路为例［J］．西北林学院学报，2006，21（6）：21－23.

[120] 盛大勇，刘克旺，侯碧清．长沙市自然植物群落在植物造景中的应用探讨［J］．江西农业学报，2006，18（5）：109－113.

[121] 宋德敬，姜辉，关长涛等．老龙口水利枢纽工程中鱼道的设计研究［J］．海洋水产研究，2008（1）：92－97.

[122] 苏雪痕．植物造景［M］．北京：中国林业出版社，1994.

[123] 孙乔宝，甄晓云．高速公路建设对生态环境的影响及恢复［J］．昆明理工大学学报，2000（2）：68－71.

[124] 谭家伟．安徽省滁洲市琅琊山森林公园不同距离带上植物群落结构对比［J］．科技信息，2007（31）：316.

[125] 唐秋子，应雅琴．巧借自然营造人工园林植物群落——公园生态建设小议［J］．广东园林，2006（5）：12－16.

[126] 铁道部野生动物保护考察团．铁路野生动物通道及生态保护［J］．铁道劳动安全卫生与环保，2003（1）：8－11.

[127] 童丽丽．南京城市森林群落结构及优化模式研究［D］．南京林业大学，2007.

[128] 万敏，陈华，刘成．让动物自由自在地通行——加拿大班夫国家公园的生物通道设计［J］．中国园林，2005（11）：17－21.

[129] 王硕，贾海峰．生态交通建设中的动物因素考虑［J］．生态学杂志，2007（8）：1291－1296.

[130] 王成玉，陈飞．山区高速公路对野生动物的影响及保护措施探讨［J］．公路，2007（12）：97－102.

[131] 王桂华，夏自强，吴瑶等．鱼道规划设计与建设的生态学方法研究［J］．水利与建筑工程学报，2007（4）：7－12.

[132] 王雷，周永斌．沈阳浑南新区人工湿地植物群落结构的初步研究［J］．辽宁行政学院学报，2007（2）：223－225.

[133] 王力，王锦．昆明世博园福建生态园园林植物群落结构［J］．林业调查规划，2006（4）：142－144.

[134] 王力，王锦．昆明世博园内万春园——明珠苑园林植物群落结构分析［J］．西南林学院学报，2006（2）：52－55.

[135] 王凌等．城市湿地景观的生态设计［J］．中国园林，2004（3）：39－41.
[136] 王希华，陈小勇．宫胁法在建设上海城市生态环境中的应用［J］．上海环境科学，1999（2）：100－101.
[137] 王晓俊．风景园林设计［M］．南京：江苏科学技术出版社，2000.
[138] 王孝泓．上海绿地植物群落特征及优化对策［J］．南京林业大学学报（自然科学版），2007（6）：142－144.
[139] 王欣怡，卢光辉．生态廊道在水土保持上的效益［J］．资源科学，2006（3）：193－199.
[140] 王琰．城市植物群落在园林景观设计中的应用分析［J］．科学之友，2006（8）：96－97.
[141] 王颖，李湛东，张志强．人工植物群落的生态配置形式初探［J］．河北林业科技，2004（2）：34－36.
[142] 王云，李海峰，崔鹏等．卧龙自然保护区公路动物通道设置研究［J］．公路，2007.
[143] 王云才，陈田，郭焕成．江南水乡区域景观的体系特征与整体保护机制［J］．长江流域资源与环境，2006（6）：708－712.
[144] 王云才，陈田，石忆邵．文化景观遗址敏感度评价与持续利用——以新疆塔什库尔干石头城为例［J］．地理研究，2006（3）：517－525.
[145] 王云才，郭焕成．北京市西部山地景观生态整治与景观规划［J］．山地学报，2003（3）：265－271.
[146] 王云才，胡玎，李文敏．宏观生态实现之微观途径——生态文明倡导下风景园林发展的新使命［J］．中国园林，2009（1）：41－45.
[147] 王云才，薛东前．景观规划设计的生态性评价［J］．陕西师范大学学报（自然科学版），2006（3）：113－116.
[148] 王云才，刘悦来．城市景观生态网络规划的空间模式应用探讨［J］．长江流域资源与环境，2009（9）.
[149] 王云才，王敏，严国泰．面向LA专业的景观生态教学改革［J］．中国园林，2007（9）：50－54.
[150] 王云才，王书华．景观旅游规划设计核心三力要素的综合评价［J］，同济大学学报（自然科学版），2007（12）：1724－1728.
[151] 王云才．巩乃斯河流域游憩景观生态评价及持续利用［J］．地理学报，2005（4）：645－655.
[152] 王云才．沟谷经济综合区创意与景观规划设计［J］．山地学报，2002（2）：141－149.
[153] 王云才．景观生态理论教学中的实践环节［M］//第三届全国风景园林教育学术年会论文集，北京：中国建筑工业出版社，2008.
[154] 王云才．区域本底与异质浮岛的融合——榆林开发区步行商业街生态景观规划设计

[J] //理想空间. 上海：同济大学出版社，2008 (28)：52-55.
[155] 王云才. 景观生态规划原理 [M]. 北京：中国建筑工业出版社，2007.
[156] 王云才，石忆邵，陈田. 生态城市评价体系对比与创新研究 [J]. 城市问题，2007 (12)：17-21.
[157] 王云才. 论大都市郊区游憩景观规划与景观生态保护 [J]. 地理研究，2003 (2)：324-333.
[158] 王云才. 上海市城市景观生态网络连接度评价 [J]. 地理研究，2009 (2)：284-292.
[159] 王云才. 传统地域文化景观之图式语言及其传承 [J]. 中国园林，2009 (10).
[160] 王云才，石忆邵，陈田. 传统地域文化景观研究进展与展望. 同济大学学报（社会科学版），2009 (1)：18-24.
[161] 王浙浦. 生态园林——二十一世纪城市园林的理论基础 [J]. 中国园林，1999，19 (63)：33-34.
[162] 魏长顺，吴军霞. 芜湖市公园绿地植物群落基本类型及其物种多样性研究 [J]. 安徽农业科学，2008 (9)：3641-3643.
[163] 吴浩人. 昆山市农业志 [M]. 上海：上海科学技术文献出版社，1994.
[164] 吴刘萍，李敏. 论热带园林植物群落规划及其在湛江的实践 [J]. 广东园林，2005 (3)：6-10.
[165] 吴人伟. 国外城市绿地的发展历程 [J]. 城市规划，1998，22 (8)：39-43.
[166] 吴圣薇. 昆山市血防志 [M]. 上海：上海科学技术文献出版社，1995.
[167] 吴晓民，王伟. 青藏铁路之野生动物保护 [M]. 北京：科学出版社，2006.
[168] 伍玉容，杨成. 铁路建设对动物生态行为的影响与控制策略 [J]. 交通环保，2001.
[169] 夏霖，杨奇森. 我开我的阳关道　你过你的独木桥——青藏铁路上的野生动物通道 [J]. 大自然，2004 (4)：28-30.
[170] 夏霖，杨奇森. 野生动物通道 [J]. 发现生境，2004 (4)：26-28.
[171] 夏霖，杨奇森. 自由奔行在蓝天下——记青藏线上的野生动物通道 [J]. 中国环境报，2005-03-28.
[172] 夏先芳. 青藏铁路建设对沿线野生动物的影响与保护 [J]. 甘肃科技，2004 (9)：27-29.
[173] 夏云霄，李华军，董仕萍等. 重庆市公园 7 种植物群落结构对夏季微气候的改善效果 [J]. 西部林业科学，2007 (2)：75-79.
[174] 项卫东，郭建，魏勇等. 高速公路建设对区域生物多样性影响的评价 [J]. 南京林业大学学报，2003 (6)：43-47.
[175] 徐公天. 我国城市园林植物病虫害的现状及对策 [J]. 中国森林病虫，2002，21 (1)：48-51.
[176] 赵梁军. 观赏植物生物学 [M]. 北京：中国农业大学出版社，2002：369-371.

[177] 徐惠中．昆山土地志［M］．上海：上海科学技术文献出版社，1998.
[178] 徐岭．上海环城绿带植物群落特征分析及优化探索［J］．上海农业科技，2007（2）：63，71.
[179] 徐晓清，施侠，郝日明．南京主要滨河绿地植物群落的调查［J］．江苏林业科技，2006（33）：4－7.
[180] 许绍惠，徐志钊．城市园林生态学［M］．沈阳：辽宁科学技术出版社，1994.
[181] 许伟．无锡市城市生态绿地人工植物群落结构研究［D］．南京林业大学，2007.
[182] 闫立功．可持续发展和生物多样性及其保护［J］．太原城市职业技术学院学报，2004（6）：153－154.
[183] 严莉，陈大庆，张信等．西藏狮泉河鱼道设计初探［J］．淡水渔业，2005（4）：31－34.
[184] 颜忠诚，陈永林．动物的生境选择［J］．生态学杂志，1998（2）：43－49.
[185] 杨京平，田光明．生态设计与技术［M］．北京：化学工业出版社，2005.
[186] 杨奇森，夏霖，吴晓民．青藏铁路线上的野生动物通道与藏羚羊保护［J］．生物学通报，2005（5）：15－17.
[187] 杨奇森，夏霖．青藏铁路沿线野生动物资源现状与保护对策［J］．沈阳师范大学学报，2003（21）：69－77.
[188] 杨维康，钟文勤，高行宜．鸟类栖息地选择研究进展［J］．干旱区研究，2000（3）：71－78.
[189] 杨文斌．高速公路对野生动物生存环境的影响［J］．生命科学研究，2004（51）：147－151.
[190] 杨学军，林源祥．上海城市园林植物群落的物种丰富度调查［J］．中国园林，2000（3）：67－69.
[191] 杨宇，严忠民，陈金生．鱼道的生态廊道功能研究［J］．水利渔业，2006（3）：65－67.
[192] 杨振华，秦华，黄丽霞．康体植物群落的园林造景应用［J］．西南园艺，2005（5）：30－31.
[193] 姚中华，徐冬云，鲁平等．仿自然式植物群落种植设计初探［J］．西南园艺，2006（2）：27－29..
[194] 叶功富，洪志猛．城市森林［M］．厦门：厦门大学出版社，2006.
[195] 叶其刚，王畅，王诗云．三峡库区稀有濒危植物异地保护群落设计的初步研究［J］．武汉植物学研究，2000，18（1）：33－41.
[196] 殷悦来．谈鱼道的设计与施工［M］．黑龙江水利科技，1996.
[197] 尹建华．生态型植物群落在城市森林建设中的应用——以宝安同乐检查站综合治理景观设计为例［J］．中国城市林业，2006（3）：10－13.
[198] 俞孔坚，段铁武．生物多样性保护的景观规划途径［J］．生物多样性，1998（3）：

205－212.
[199] 俞孔坚. 景观与城市的生态设计：概念与原理［J］. 中国园林，2001（6）：3－9.
[200] 张海霞. 园林规划中如何体现植物多样性［J］. 广东园林，2004（4）：30－31.
[201] 张洪亮. 应用 GIS 技术进行野生动物生境研究概况及展望［J］. 生态学杂志，2001（3）：52－55.
[202] 张静，张庆费，陶务安等. 上海公园绿地植物群落调查与群落景观优化调整研究［J］. 中国农业通报，2007（6）：454－457.
[203] 张浪，陶务安，李明胜. 上海营造生态园林注重群落景观——上海市公园绿地植物群落探析［J］. 中国城市林业，2008（5）：23－25.
[204] 张明丽，胡永红，秦俊. 城市植物群落的减噪效果分析［J］. 植物资源与环境学报，2006（2）：25－28.
[205] 张明丽，秦俊，胡永红. 上海市植物群落降温增湿效果的研究［J］. 北京林业大学学报，2008（2）：39－43.
[206] 张明丽，王玉勤. 上海植物园植物群落调查报告［J］. 中国园林，2005（10）：24－25.
[207] 张前进，刘森，李莉. 文化型人工植物群落构建初探［J］. 科技信息（学术版），2007（30）：220，292.
[208] 张前进，刘森. 沈阳浑河带状公园的植物群落结构调查分析与修复方案研究［J］. 科技情报开发与经济，2007（21）：160－161.
[209] 张庆费，夏檑. 上海城区主要交通绿带木本植物多样性分析［J］. 中国园林，2002（1）：72－74.
[210] 张庆费，郑思俊，夏檑等. 上海城市绿地植物群落降噪功能及其影响因子［J］. 应用生态学报，2007（10）：2295－2300.
[211] 赵黎芳，丛日晨. 模拟自然植物群落恢复地带性植被［J］. 北京园林，2005（3）：15－18.
[212] 赵杨景，王德荣，曾强. 植物化感作用在药用植物栽培中的重要性和应用前景［J］. 中草药，2000（8）：1－4.
[213] 赵志模. 群落生态学原理与方法［M］. 重庆：科学技术文献出版社重庆分社，1990.
[214] 郑海峰，管东生. 公路建设的主要生态影响［J］. 生态学杂志，2005（12）：1520－1524.
[215] 郑辉，屈宇，李帅英等. 唐山市主要交通绿地植物群落组成与多样性研究［J］. 河北林果研究，2005（3）：294－296.
[216] 支建江，刘勇，张明娟. 南京市主要广场的木本植物群落物种组成分析［J］. 浙江林学院学报，2007（6）：719－724.
[217] 仲铭锦，许涵，陈考科等. 深圳围岭公园人工次生林植物群落及林分改造［J］. 中山大学学报（自然科学版），2003（2）：87－91.

[218] 周琦，季旭华，车生泉．上海市外环线人工植物群落调查——以 2000 年段为例［J］．上海交通大学学报（农业科学版），2005（4）：416－423.

[219] 朱强，俞孔坚，李迪华．景观规划中的生态廊道宽度［J］．生态学报，2005（9）：2406－2412.

[220] 朱光良，牟永铭．区域生态规划中野生动物保护走廊规划研究［J］．浙江教育学院学报，2006（5）：64－68.

[221] 朱娇，王德源．云南省个旧市城市绿地植物群落研究［J］．山东林业科技，2006（3）：29－30.

[222] 朱文泉，何兴元，陈玮等．城市森林结构的量化研究——以沈阳树木园森林群落为例［J］．2003（12）：2090－2094.

[223] 朱元恩，吕振华．基于生物多样性的园路规划［M］．长江大学学报（自然科学版），2005（11）：42－46.

[224] 邹首民，王金南，洪亚雄．国家“十一五”环境保护规划研究报告［M］．北京：中国环境科学出版社，2006，377－378.

[225] 邹亚海，王锦一，佟越等．昆明县华寺公园园林植物群落结构分析［J］．山东林业科技，2007（5）：22－24.

附录

植物索引

安息香科

垂珠花　　*Styrax dasyanthus* Perk.

芭蕉科

芭蕉　　*Musa basjoo* Sieb. et Zucc

百部科

百部　　*Stemona sessilifolia*

天门冬　　*Asparagus cochinchinensis*

沿阶草　　*Ophiopogon japonicus*

柏科

侧柏　　*Platycladus orientalis*（Linn.）Franco

龙柏　　*Sabina chinensis* cv. Kaizuka

车前草科

车前草　　*Plantago asiatica* L.

冬青科

冬青　　*Ilex purpurea* Hassk.

豆科

合欢　　*Albizzia julibrissin*

山槐　　*Albizia kalkora*（Roxb.）Prain

紫穗槐　　*Amorpha fruticosa* L.

紫藤　　*Wisteria sinensis*（Sims）Sweet

杜鹃花科

杜鹃　　*Rhododendron simsii* R. spp.

椴树科

南京椴　　*Tilia miqueliana* Maxim.

凤仙花科

凤仙花 *Impatiens balsamina* Linn.
禾本科
狗牙根 *Cynodon dactylon* L.
茭白 *Zizania aquatica*
芦苇 *Phragmites australis*
铺地竹 *Sasa argenteastriatus* E. G. Camus
紫竹 *Phyllostachys nigra* （Lodd. ex Lindl. ） Munro
香茅 *Cymbopogon citratus* （DC. ） Stapf
胡桃科
枫杨 *Pterocarya stenoptera* C. DC.
胡颓子科
胡颓子 *Elaeagnus pungens*
虎耳草科
华茶藨 *Ribes fasciculatum* var. *chinense* Maxim.
黄杨科
瓜子黄杨 *Buxus microphylla* Sieb. et Zucc
金缕梅科
枫香 *Liquidambar formosana* Hance
蚊母 *Distylium racemosum* Sieb. et Zucc.
桔梗科
半边莲 *Lobelia chinensis* Lour.
菊科
苍耳 *Xanthium sibiricum* Patrin
除虫菊 *Pyrethrum cinerariifolium* Trev.
菊花 *Dendranthema morifolium* （Ramat. ） Tzvel.
孔雀草 *Tagetes patula*
木香 *Aucklandia lappa* Decne
壳斗科
白栎 *Quercus fabri* Hance
槲树 *Quercus dentata* Thunb.
苦槠 *Castanopsis sclerophylla* （Lindl. ） Schott.
麻栎 *Quercus acutissima* Carruth.
苦木科
臭椿 *Ailanthus altissima* Swingle
蜡梅科
蜡梅 *Chimonanthus praecox* （Linn. ） Link

棟树科

棟树 *Melia azedarach*

菱科

菱角 *Trapa japonica*

龙舌兰科

凤尾兰 *Yucca gloriosa* L.

罗汉松科

罗汉松 *Podocarpus macrophyllus*（Thunb.）D. Don

马鞭草科

牡荆 *Vitex negundo* Linn.

逐蝇梅 *Lantana camara* L.

美人蕉科

美人蕉 *Canna indica*

木兰科

玉兰 *Magnolia denudata* Desr.

木犀科

丁香 *Syringa julianae*

桂花 *Osmanthus fragrans*

迎春 *Jassminum nudiflorum* Lindl.

葡萄科

爬山虎 *Parthenocissus laetivirens* Rehd.

槭树科

红枫 *Acer palmatum*

漆树科

黄连木 *Pistacia chinensis*

千屈菜科

紫薇 *Lagerstroemia indica*

茜草科

栀子 *Gardenia jasminoides* Ellis

蔷薇科

蔷薇 *Rosa* spp.

桃花 *Prunus persica*

贴梗海棠 *Chaenomeles speciosa*

杏花 *Prunus armeniaca*

忍冬科

荚蒾 *Viburnum dilatatum* Thunb

琼花 *Viburnum macrocephalum* Fort.
三尖杉科
粗榧 *Cephalotaxus sinesis*
桑科
构树 *Broussonetia papyrifera*
桑树 *Morus alba* L.
山茶科
格药柃 *Eurya muricata* Dunn
木荷 *Schima superba* Gardn et Champ
山茶 *Camellia japonica*
山矾科
白檀 *Symplocos paniculata*（Thunb.）Miq
杉科
杉木 *Cunninghamia lanceolata*（Lamb.）Hook
芍药科
牡丹 *Paeonia suffruticosa*
石蒜科
石蒜 *Lycoris radiata*（L. Herit.）Herb
睡莲科
并蒂莲 *Nelumbo nucifera*
松科
白皮松 *Pinus bungeana* Zucc. ex Endl
黑松 *Pinus thunbergii* Parl.
金钱松 *Pseudolarix kaempferi*（Lindi.）Gord.
雪松 *Cedrus deodara*（Roxb.）G. Don
苏木科
黄槐 *Cassia surattensis*
天南星科
菖蒲 *Acorus calamus* Linn
卫矛科
大叶黄杨 *Euonymus japonicus* Thunb.
小檗科
南天竹 *Nandina domestica* Thunb.
旋花科
打碗碗花 *Calystegia hederacea* Wall.
杨柳科

垂柳 *Salix babylonica* L.

银杏科

银杏 *Ginkgo biloba*

榆科

榉树 *Zelkova serrata*（Thunb.）Makino

榔榆 *Ulmus parvifolia* Jacq

云实科

芡实 *Euryale ferox*

樟科

红脉钓樟 *Lindera rubronervia* Gamble

山胡椒 *Lindera glauca*（Sieb. et Zucc.）Blume

香樟 *Cinnamomum camphora*（L.）Presl.

紫楠 *Phoebe sheareri*（Hemsl.）Gamle

后记

作为同济大学建筑与城市规划学院景观学专业的核心框架“风景园林——环境生态——游憩旅游”、“资源与生态——规划与设计——技术与管理”的重要构成的一部分，生态规划设计一直是重点培育和发展的学科方向之一。在相继出版景观生态规划原理（王云才，2007）、园林植物与应用（李文敏，2006）、现代生态规划设计的基本理论与方法（骆天庆、王敏、戴代新，2008）等多部生态规划设计教材的同时，承担了国家支撑计划“城镇绿地生态构建和管控关键技术研究与示范”（项目编号 2008BAJ10BO2，刘滨谊，2008）和国家自然科学基金委工程与材料科学部建筑、环境与结构工程学科风景园林“十二五”科学研究发展战略研究，将城乡景观的生态化设计理论与方法研究作为重要的学科建设方向（刘滨谊、王云才、刘晖、徐坚）。在开展自然生态与风景、城乡绿地生态研究的同时，开展了以国家自然科学基金项目“传统地域文化景观破碎化和孤岛化现象及形成机理”（项目编号 50878162，王云才，2008）为切入点的人文生态系统研究，试图建立融合自然生态和人文生态为一体的整体人文生态系统的规划设计体系，成为风景园林生态规划设计的重要理论和方法。

新时代和新格局需要有新的研究思路，才能摸索出新的教学体系和方法。从 2003 年开始就试图建立这样一个富有同济特色的生态规划设计教学体系，包括了生态学原理、景观生态学、植物生态学、园林植物与应用、景观生态规划原理、种植设计与群落生态设计、生态规划设计等构成的生态类教学课程体系，成为同济景观学培养的重要理论与技能平台。《群落生态设计》作为种植设计的一个新途径和新思路，在过去的设计和教学体系中是没有的，一方面缺乏相应的研究经验，另一方面如何建立群落设计的理论和方法成为这些年对风景园林生态规划设计思考的一个难点和重点。为了开展这项研究，投入了大量的人力在这个领域作了很多有益的尝试和拓展。韩丽莹以“基于群落理论的生态设计方法与途径——以江南生态园为例”（2009）开展的群落生态设计和王春平以“生物通道应用与规划设计”（2009）开展的群落中的动物活动通道与设计，两者结合的目的在于建立起场地群落生态的整体性特征与格局，也成为本书在成书过程中群落生态研究过程的重要研究基础。我的研究生谢皓、王忙忙、李佳芯同学在后期对书中部分插图进行了清绘。

在此感谢所有给予帮助的各位前辈、同事和同学。可以预见到将有更多的同道在此领域进行辛苦的工作和拓展，成为推动风景园林生态规划设计发展的新生力量。

王云才

2009 年 8 月